森 林 认 证 理 论 与 实 践 丛 书

CFCC
森林经营认证实践指南

徐 斌 胡延杰 陈 洁 ◉主编

中国林业出版社

图书在版编目（CIP）数据

CFCC森林经营认证实践指南/徐斌，胡延杰，陈洁主编 . —北京：中国林业出版社，2016. 4

ISBN 978-7-5038-8474-0

Ⅰ . ①C…　Ⅱ . ①徐…　②胡…　③陈…　Ⅲ . ①森林经营—认证—指南 Ⅳ . ①S75-62

中国版本图书馆CIP数据核字（2016）第070118号

出版　中国林业出版社（100009　北京西城区德内大街刘海胡同7号）
电话　（010）83143564
发行　中国林业出版社
印刷　北京中科印刷有限公司
版次　2016年4月第1版
印次　2016年4月第1次
开本　787mm×1092mm　1/16
印张　15.25
印数　1~1000册
字数　360千字

定价　45.00元

CFCC 森林经营认证实践指南

编委会

编委会主任：王 伟 陈绍志

主 编：徐 斌 胡延杰 陈 洁

副 主 编：刘小丽 夏恩龙 李 岩
　　　　　赵麟萱 李秋娟

编 著 者：（按姓氏笔画排序）
　　　　　刘小丽 李 岩 李 静 李秋娟
　　　　　陈 洁 赵麟萱 胡延杰 胡新艳
　　　　　夏恩龙 徐 斌 黄选瑞 崔玉倩

前 言

目前，中国林业正面临着由木材生产为主向生态建设为主的历史性转变，林业承担着改善生态、发展资源、促进经济发展的历史重任。森林认证作为一种具有创新意义的手段和工具，符合世界林业发展的潮流和中国林业跨越式发展的要求。开展森林认证，有利于促进中国森林经营进入可持续发展的轨道。同时，中国开展森林认证，也有利于中国林业经济的发展与世界接轨，有利于中国企业争取主动，打开林产品的国际市场，防止贸易壁垒对中国的不利影响。另外，中国是世界上重要的林业大国，也是一个负责任的发展中国家，促进全球林业的可持续发展，是中国应尽的义务与责任。开展森林认证，有利于提高中国的国家形象，落实中国政府对森林可持续经营和林业可持续发展的承诺。

我国政府非常重视中国森林认证体系的建立和发展。2001年，国家林业局成立了中国森林认证工作领导小组，并在局属科技发展中心设立森林认证处，而后启动了中国森林认证体系（China Forest Certification Scheme，CFCS）的建设进程。2003年《中共中央 国务院关于加快林业发展的决定》明确提出"积极开展森林认证工作，尽快与国际接轨"。经过10多年的发展，我国已建立起较为成熟的森林认证制度框架，组建了中国森林认证委员会（China Forest Certification Council，CFCC）、全国森林可持续经营与森林认证标准化技术委员会、利益方论坛、争议调解委员会、认证机构等完善的组织架构；发布并实施了中国森林认证标准、实施规则、审核导则、认证标识使用规则等一系列标准和技术规范；开展了不同层次、不同内容的培训、研讨和宣传活动；开展了广泛的国际交流与合作，并于2014年成功实现了与PEFC国际森林认证体系的互认，标志着中国森林认证体系正式走向了国际舞台。

但是在实践中，我国企业开展森林认证还面临着很多技术难点，当

1

前我国的森林认证领域已从传统的森林经营和产销监管链认证扩展至非木质林产品认证、竹林认证、碳汇林认证、森林生态环境服务认证、生产经营性珍贵稀有濒危物种认证等领域，这些都需要相应的科研和技术支持。为了加快推进中国森林认证体系的实践步伐，推广、宣传和普及森林认证基础知识并提高森林认证实践中相关人员的理论水平，有效指导森林认证的实践，确保森林认证的科学性和可信度，亟须系统地编撰国内森林认证实践指南方面的教材。

鉴于此，在国家林业局科技发展中心的资助下，国家林业局森林认证研究中心、中国林业科学研究院林业科技信息研究所组织开展了森林认证能力建设与典型森林认证类型推广项目研究。《CFCC森林经营认证实践指南》作为该项目的研究成果，系统介绍了森林认证的基础知识、中国森林认证体系及其发展现状，指导企业如何准备和开展森林认证，详细解读了《中国森林认证 森林经营》（GB/T 28951-2012）的标准和指标的要求，同时针对森林认证的技术难点、标识的使用等进行了专门解析，并针对技术难点给出了范例和模板，为森林经营企业开展森林经营认证提供了实践指南。同时，本书也可作为中国森林认证的普及教材，满足林业管理人员和林业基层工作者对森林认证理论知识与实践经验的需要，指导开展森林认证实践工作，共同促进我国森林认证事业的发展。

本书各章节作者如下：第一章，徐斌、陈洁；第二章，陈洁、李秋娟、胡延杰；第三章，陈洁、徐斌；第四章，刘小丽、徐斌；第五章，夏恩龙、徐斌；第六章，胡新艳、徐斌；第七章，胡延杰、徐斌；第八章，黄选瑞、胡延杰；第九章，胡延杰、徐斌；第十章，胡新艳、徐斌、胡延杰；第十一章，刘小丽、胡延杰；第十二章，李岩、徐斌；第十三章，赵麟萱、胡延杰。最后由徐斌、胡延杰、陈洁和刘小丽完成全书的统稿和审稿工作。

本书在撰写过程中，得到了国家林业局科技发展中心、中国林业科学研究院林业科技信息研究所、国家林业局国际竹藤中心以及河北农业大学各位领导与专家的大力支持，在此一并表示感谢。下一步，国家林业局森林认证研究中心和中国林业科学研究院林业科技信息研究所将继续在国家林业局科技发展中心的支持下，联合其他合作单位，共同出版森林认证实践指南系列专著。

由于作者水平有限，本书疏漏和不足之处在所难免，敬请广大读者批评指正。

编　者

2015年12月

目　录

下篇　森林经营认证技术难点解析

上 篇

森林认证基础知识与准备

森林认证作为促进森林可持续经营的一种市场机制，创立于 20 世纪 90 年代。经过 20 多年的发展，在世界范围内取得了快速发展。目前，森林认证作为保护与利用森林资源、协调与发挥森林环境效益与经济效益的有力市场调节手段，受到大多数国家、政府和非政府组织以及贸易组织的广泛支持与认可。它也成为林产品进入欧美等环境敏感市场的绿色通道。我国是林产品加工与贸易大国，森林认证作为促进森林可持续经营的一种具有创新意义的手段和工具，符合世界林业发展的潮流和中国林业可持续发展的需要，有利于中国林业经济的发展与世界接轨，也有利于中国企业争取主动，打开林产品的国际市场，防止国际贸易壁垒对中国的不利影响。本篇主要介绍了森林认证的基础知识，中国森林认证的发展现状以及企业如何准备和开展森林认证。

第一章 森林可持续经营与认证概述

　　1992 年联合国环境与发展大会以来，森林问题，特别是森林可持续发展问题作为全球环境问题中的一个重要组成部分，受到了国际社会和各国政府的普遍关注。林业已经不再被视为一个仅仅以造林采伐为主的狭义封闭的产业，在全球环境与发展格局中具有举足轻重的地位和广泛的影响。近年来，随着可持续发展观念的普及，森林可持续经营正在逐渐取代传统的森林经营方式，森林可持续经营已成为全球广泛认同的林业发展方向。

　　在 20 世纪 90 年代，人们将森林可持续经营与木材销售市场联系在一起，环境意识强的消费者希望通过他们只购买源自经营良好森林的木材产品的行动来支持森林可持续经营。森林认证为适应这种市场机制应运而生，并蓬勃发展起来。森林认证的核心理论是以森林可持续经营的理论为基础的，其主要目标就是促进森林的可持续经营或负责任经营，即环境适宜、社会公平和经济上可行的森林经营，寻求环境、社会和经济利益的平衡。

一、森林可持续经营概述

（一）林业可持续发展理论的形成与实践

1. 可持续发展的概念和基本原则

　　（1）可持续发展的概念。可持续发展这一思想虽然已得到国际社会的普遍接受，但是到目前为止还没有一个明确严格的定义。可持续性这一概念首先是由生态学家提出来的，认为可持续发展是不超越环境系统更新能力的发展，是寻求一种最佳的生态系统以支持生态的完整性和人类愿望的实现，使人类的生存环境得以持续。而经济学家认为可持续发展是"今天的资源使用不应减少未来的实际收入"的一种经济发展。

　　联合国环境与发展委员会在其报告《我们共同的未来》将可持续发展定义为"既满足当代人的需求又不危及后代人满足其需求的发展"。这个定义鲜明地表达了两个基本观点：一是人类要发展；二是发展是有节制的，不能危及到后代的发展。1992 年联合国在巴西召开的环境与发展大会（以下简称环发大会）通过了《关于环境与发展的里约内热卢宣言》，其中对可持续发展的内涵进一步界定为："人类应享有以与自然和谐的方式，健康而富有成果地生活的权利，并公平地满足当代和后代在发展和环境方面的需要，求取发展的权利必须实现"。

（2）可持续发展的三大原则

社会公平原则：包括两层意思：一是代内公平。可持续发展要满足全体人民的基本需求和给全体人民机会以满足他们要求更好生活的愿望，因此把消除贫困作为可持续发展进程特别优先和问题来考虑。二是代际公平。这一代人不能为自己的需求满足而损害人类世代满足需求的条件——自然资源与环境，要给后代以公平利用自然资源的权利。

可持续原则：可持续发展必须以不超越环境与资源的承载力为前提。

共同性原则：国家不论大小、强弱，都要以平等地位，本着合作精神，通过多边和双边合作，对人类所产生的不良环境影响加以协调和控制。本着命运同一、使命同一的原则，共同研究、评价、监测环境、资源和生态的变化，保护我们共同的环境。

2. 林业可持续发展思想的孕育与形成

林业可持续发展思想和理论的形成经历了较长的发展历程。17 世纪中叶，德国创立了森林永续利用理论，它是当时世界各国传统林业的理论基础，对各国林业产生了很大的影响。18 世纪，德国林学家 G. L. 哈尔蒂希提出了"木材培育论"，其中心思想是以获得木材为目的的森林永续利用经营，对当时德国林业生产起着主导的作用。19 世纪初，德国林学家 J. C. 洪德斯哈根又创立了"法正林"理论；1905 年，德国林学家恩特雷斯又提出了森林效益理论，进一步发展了森林永续经营理论。第二次世界大战后，德国著名林学家第特利希提出了"林业政策效益论"，相继又提出了"船迹理论"和"协同论"。到 20 世纪 60 年代，德国开始推行了森林多功能理论，进入了森林多效益经营阶段。到 1975 年，德国正式确定了木材生产、自然保护和游憩三大效益一体化的森林经营方式。森林永续利用理论，不但对德国森林经营产生很大的影响，而且对世界各国林业的发展均有很大的影响，如奥地利、瑞典、美国、日本、印度等国家均采用了森林永续利用理论来指导本国的林业生产。1960 年美国制定了《森林多种利用及永续生产条例》，利用森林多效益的理论和森林永续利用的原则，实行了森林多效益综合经营。这两种理论对中国、日本、印度等亚洲国家林业的发展有很大的影响。1985 年，美国 J. F. 福兰克林教授又提出新林业理论，以森林生态学和景观生态学的理论为基础，并吸收森林永续经营理论的合理部分，建成不但能永续生产木材和其它林产品，而且也持久发挥保护生物多样性及改善生态环境等多种效益的森林，以实现森林的经济价值、生态价值和社会价值相互统一的目标。这些理论为逐步形成林业可持续经营理论奠定了基础。

1992 年环境与发展大会正式提出了森林可持续经营理论，指出森林可持续经营是经济可持续发展的重要组成部分；森林是环境保护的主体，森林是各部门的经济发展和维持所有生物的不可缺少的资源。森林和林地应采取可持续的方式进行经营管理，以满足当代和子孙后代在社会、经济、文化和精神方面的需要。

3. 林业可持续发展的目标

可持续林业是对森林生态系统在确保其生产力和可更新能力，以及森林生态系统和生物多样性不受到损害前提下的林业实践活动。通过综合开发培育和利用森林，发挥其保护土壤、空气和水的质量，以及森林动植物的生存环境等多种功能，既满足当代社会经济发展的需要，又不损害未来满足其需要的能力。

林业可持续发展的目标，是由一个个具体的区域对林业发展的需求所决定的。一般说来，应当从森林发挥的作用方面来考虑。以森林的作用来划分，林业可持续发展目标主要体现在社会、经济与生态环境 3 个方面。其中社会与生态环境目标，体现的是全人类的利益，即可持续发展的社会经济需要林业持续提供产品与生态环境服务功能。经济目标则要求林业生产经营者不仅需要为自身的活动提供产品服务，更具有意义的是要求其自身经济利益的持续性。三大目标的统一，是林业可持续发展最理想的境界。但是由于不同利益主体的存在，实践中 3 个目标常常处于矛盾之中，至今没有建立起合理的利益分配机制以协调三大目标，这就使林业处于一种不利的发展环境。可持续发展的提出，为重新认识林业以及重构林业与社会经济大系统之间的合理关系提供了机遇。

（二）森林可持续经营理论

1. 森林可持续经营的概念及其内涵

从 1992 年环发大会以后，森林可持续经营的研究和实践进入了实质性阶段。关于森林可持续经营的定义千差万别，国际热带木材组织、欧洲林业部长级会议和联合国粮农组织等对森林可持续经营都进行了定义。目前各国大多数林业专家和学者都认同在《关于森林问题的原则声明》中联合国可持续发展委员会对森林可持续经营的定义："可持续经营意味着对森林和林地的经营和利用时，以某种方式、一定的速度在现在和将来保持其生物多样性、生产力、更新能力、活力和实现自我恢复的潜力；在地区、国家和全球水平上，保护森林的生态、经济和社会功能，同时又不损害其它生态系统"。

虽然定义的描述不尽相同，但森林可持续经营的涵义集中体现为：森林可持续经营理论的内涵主要是指森林生态系统的生产力、物种、遗传多样性及再生能力的持续发展，以保证有丰富的森林资源与健康的环境，满足当代和子孙后代的需要。它是以当代可持续发展和生态经济理论为基础，结合林业的特点和特殊经营规律形成的林业经营指导思想。

2. 森林可持续经营的目标

从森林与人类生存和发展相互依赖关系的角度来看，森林可持续经营的总体目标是通过对现实和潜在森林生态系统的科学管理、合理经营，维持森林生态系统的健康和活力，维护生物多样性及其生态过程，以此来满足社会经济发展过程中对森林产品及其环境服务功能的需求，保障和促进社会、经济、资源、环境的持续协调发展。森林可持续经营的目标，按照森林的主导功能和作用可分为社会目标、经济目标和生态环境目标(张守攻等,2001)。

(1)社会目标。一般来说,持续不断地提供多种林产品,满足人类生存发展过程中对森林生态系统中与衣食住行密切相关的多种产品的需要是森林可持续经营的一个主要目标。森林可持续经营的社会目标,还包括为社会提供就业机会、增加收入、满足人们的精神需求目标等(如美学目的、陶冶情操目的、教育目的、文化目的、学术研究目的、宗教信仰目的、旅游观光目的等)。

(2)经济目标。森林可持续经营的经济目标,可从相互联系和彼此之间有一定区别的4个方面来考虑:①通过对森林的可持续经营获得多种林产品,带动林产工业发展,为国家或区域社会、经济发展提供经济贡献。在一些发展中国家和地区以及森林资源丰富的国家,经营森林的目的之一就是要为其他产业的发展提供原始材料。因此,林业是国家重要的经济部门。②通过森林的可持续经营,使森林经营者和森林资源管理部门获得持续的经济利益。没有坚实可靠的经济基础作保障,不从根本上改善经济条件,森林可持续经营是难以想象的。在森林生态系统环境允许的范围内,追求经济目标的最大化和应得利益,是改善林业经济条件的关键,忽视则会丧失森林可持续经营的基础。③通过森林的可持续经营,促进和保障与森林生态系统密切相关的水利、旅游、渔业、运输、畜牧业等一大批产业的发展,提高相关产业经济效益的目标。④通过森林的可持续经营,提高国家、区域(流域)等不同尺度空间防灾减灾的经济目标。

(3)环境目标。森林可持续经营的环境目标取决于人类对森林环境功能、森林价值的认识程度。就目前广泛认同的目标来看,主要包括以下一些内容:水土保持、涵养水源、二氧化碳储存、改善气候、生物多样性保护、流域治理、荒漠化防治等,从根本上为人类社会的生存发展提供适宜和可供利用的生态环境,为满足人的精神、文化、宗教、教育、娱乐等方面要求,提供良好的生态景观及其环境服务。

值得注意的是,森林可持续经营的发展目标,不仅受特定区域社会经济发展水平的制约,同时也受制于特定区域的自然生态环境条件。在实践中,对森林可持续经营目标的具体界定,应根据经营森林的社会经济、自然环境综合背景来考虑。同时,森林可持续经营的发展历程是建立在对森林生态系统功能、作用的认识,以及社会对林产品及其环境服务功能需求变化基础之上的,因此森林可持续经营的目标应当具有可操作性,有利于引导森林经营实践。

应当承认,由于不同利益主体对森林产品及其环境服务功能需求差异性的存在,在森林经营过程中,森林经营目标往往不一致。一方面,由于森林经营者经营森林的主要目标是为了获得最大经济利益,以追求利益最大化为动力。因此,客观上必然要以森林可持续经营的经济回报为首要目标,经济目标的实现必然影响和削弱社会目标和生态环境目标的实现。从另一方面看,在森林经营过程中,公共利益、全局利益和长远利益的维护是难以通过产权界定和市场来实现的,而且现实社会中,利益的分散性表现在各个层面。各种利益之间的冲突普遍存在,而且相互交织在一起,如果缺乏公正、合理、高效的调控机制,必然会影响森林可持续经营最终目标的实现。

二、森林认证概述

（一）森林认证的背景和起源

过去20年中，全球森林的破坏和退化问题引起了人们的普遍关注。保护环境、保护森林已成为人类的共识。国际社会包括各国政府和非政府组织为此采取了一系列的对策和行动。一些非政府组织在认识到一些国家在改善森林经营中出现政策失误，国际政府间组织解决森林问题不力，以及林产品贸易不能证明其产品来自何种森林等问题以后，提出森林认证作为促进森林可持续经营的一种市场机制。森林认证为消费者证明林产品来自经营良好的森林提供了独立的担保，通过对森林经营活动进行独立的评估，将"绿色消费者"与寻求提高森林经营水平和扩大市场份额，以求获得更高收益的森林经营企业联系在一起，并于20世纪90年代初逐渐兴起和发展起来的。森林认证的独特之处就在于它以市场为基础，并依靠贸易和国际市场来促进森林可持续经营。

为了监督森林认证的独立性和公开性，1993年在非政府环保组织的发起和推动下，成立了FSC体系。1994年FSC制定并通过了《FSC原则与标准》，开始认可认证机构根据该原则和标准开展森林认证。此后，一些地区和国家逐步建立了自己的森林认证体系，森林认证在世界范围内逐渐开展起来。

（二）森林认证的概念

森林认证（也称木材认证）包括森林经营认证和产销监管链认证。森林经营认证针对森林经营单位，由独立第三方认证机构根据所制定的森林经营标准，按照规定的和公认的程序对森林经营绩效进行审核，以证明其达到可持续经营或负责任经营要求的过程。产销监管链认证是对林产品生产加工企业的各个环节，包括从原木的运输、加工到流通整个链条进行跟踪，以确保最终产品源自于经过认证的经营良好的森林或其他合乎要求的来源。通过认证后，企业有权在其产品上标明认证体系的名称和商标，即林产品的标签。

随着森林认证的发展，森林认证的概念与内涵也在不断发展之中，如我国在传统的森林经营与产销监管链认证领域，进一步发展了针对不同森林类型的、竹林、人工林认证，以及非木质林产品认证；在传统森林认证领域以外进一步发展了碳汇林认证、森林生态环境服务认证（自然保护区和森林公园）、生产经营性珍贵稀有濒危物种认证（野生动物和野生植物）。

（三）森林认证的目标

森林认证有两个主要目标：提高森林的经营水平，实现可持续性；保证并促进市场准入，获取市场利益。

1. 提高森林经营水平和森林生产力，促进森林的可持续经营

森林认证的主要目标就是促进森林的可持续经营。虽然不同认证体系制定或应用的森林认证原则和标准有差异，但都包含了森林可持续经营的基本要求和要素，如遵守国家法律法规，明确林地和森林资源所有权和使用权，维护当地居民和劳动者权利，提高森林效益，保护森林生态环境和生物多样性，制定合理的森林经营规划，开展森林监测与评估等内容。按照认证标准经营森林，从长远来看，能持续提供木材，增加木材总产量，提高森林生产力。

2. 促进并保证林产品的市场准入

森林认证的主要推动力是市场压力，大多数企业是为了保证和开拓林产品的国际市场而开始认识并重视森林认证的，这正是森林认证的市场机制所在。随着消费者环保意识的不断提高，绿色消费已经成为一种时尚，越来越多的消费者开始使用符合环保要求的林产品。特别是欧洲、北美等十分关注环境问题的消费者，他们要求购买经过森林认证的林产品，以此项行动来支持森林的可持续经营。开展森林认证，是企业突破非关税贸易壁垒，开拓和进入环境敏感市场的有效工具，也有助于提高企业形象，增强企业的市场竞争力。

这两个主要目的在实践中相互作用，相互影响，促进森林可持续经营是非政府组织为解决森林问题而提出的，是开展森林认证的主要目的；促进市场准入是企业自愿运行这种机制所要实现的目标，它反过来又可以促进前者的实现。

除此之外，不同组织开展和推动森林认证还有其它的一些目的，包括：①提高森林经营的透明度和管理能力；②确保土地使用、森林经营、木材采伐等税费的征收；③有利于森林经营单位从有关方面获得财政资助，增加森林经营的资金；④降低用于环境保护措施的生产成本；⑤促进木材工业的合理发展；⑥提高生产效率，降低生产成本；⑦森林服务的商品化；⑧降低投资风险；⑨加强国家法律法规的实施等。

（四）森林认证体系及其要素

一般来说，认证都包含标准、认证和认可三大要素（图1-1）。森林认证标准规定了当地条件下森林经营单位满足森林可持续（良好）经营的准则，它是认证评估的依据。认证是由认证机构验证森林经营单位或企业是否达到认证标准要求的过程。而认可是对认证机构的能力、可靠性和独立性进行认定，以提高第三方认证机构的可信度。如果要对产品作出认证声明，还需建立产品跟踪和标签体系，即产销监管链认证和标签制度。以这几大要素为基础而成立的机构、制定的规则并开展相应的活动就组成一个完整的森林认证体系。

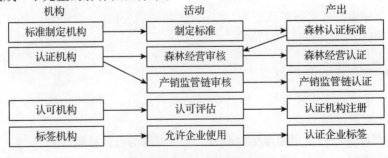

图1-1 森林认证体系要素

1. 标准

目前，世界范围内森林认证体系很多，包括全球体系、区域体系和国家体系。全球体系有森林管理委员会体系（FSC）和森林认证认可计划体系（PEFC）。FSC体系是由非政府组织发起，成立于1993年。它制定了全球统一的FSC原则与标准，通过其认可的认证机构认证森林，并提供全球统一的FSC认证标志。PEFC体系是由欧洲私有林场主协会于1999年6月发起成立，总部设在卢森堡。PEFC根据其《技术文件：共同要素与要求》来认可国家认证体系，发展了各国认证体系的相互认可的框架。它通过各个国家认可的认证机构来认证森林，并提供统一的PEFC产品认证标志。另外，马来西亚、印度尼西亚、美国、加拿大、智利、巴西、澳大利亚等40多个国家发展了国家森林认证体系，绝大部分国家体系已加入国际体系PEFC。中国森林认证委员会（CFCC）体系也于2001年启动，目前已正式加入PEFC。

森林认证标准是经过多方参与协商一致制定的，在当地条件下森林经营单位满足森林可持续经营要求的准则。森林认证标准是整个森林认证体系的基础，是森林认证审核的依据。森林认证的标准分为绩效标准和进程标准。

（1）绩效标准。绩效标准规定了森林经营现状和经营措施满足认证要求的定性和定量的目标或指标。但是由于任何一个标准都不能完全反映全球不同地区、不同森林类型和不同经营条件下的情况，所以在应用上有一定的局限性。任何一个体系都不能制定出适用于全球不同类型森林的森林认证标准，在实际审核时，必须制定更详细的区域性或地方性的森林认证标准。不同区域的绩效标准存在一定的差别，但具有兼容性和平等性。例如，全球认证体系FSC制定了全球统一的《FSC原则与标准》。但是在实际应用中，为了其适用性，FSC允许各个国家和地区制定FSC的地区标准、国家标准或针对某种森林类型和某种产品的认证标准。

（2）进程标准。又称为管理体系标准，它规定了管理体系的性质，即利用文件管理系统执行环境政策。除法律规定的环境指标外，这种标准对企业绩效水平不做最低要求。申请认证的森林经营单位必须不断改善环境管理体系，承担政策义务，依照自己制定的目标和指标进行环境影响评估，并解决认定的所有环境问题。环境管理体系标准包括ISO 14001、欧盟环境管理和审核体系（EMAS），以及森林可持续经营体系的加拿大标准协会（CSA）的标准。

（3）两种标准之间的关系。绩效标准和进程标准在概念上存在明显的差别，但在实践中又有一定的联系，可以组成一套标准。

绩效标准是在森林认证中，用于评价森林经营单位或企业森林经营状况的定性和定量目标或具体指标。其优势在于，它保证了可接受的最低森林可持续经营的绩效水平。它的理念是如果经营绩效好，一定具有良好的经营体系。而进程标准为控制、维持和改进环境行为提供了系统框架，但对其经营状况没有提出具体的要求，并不保证任何最低的绩效标准。它的理念是如果有好的管理体系正在运作，将产生好的绩效。

两种标准都包括了持续提高的原则。在绩效标准中，可以通过定期调高绩效标准来不断提高森林经营单位的经营水平，而在进程标准中，要求森林经营单位不断改善经营水平并达到各阶段目标。如果把二者结合起来，就能达到一个有保障的绩效水平，它与为达到和维持这个水平的管理体系相近。实际上很多认证标准是两种标准的综合体，如中国森林认证委员会(CFCC)《中国森林认证 森林经营》，它既规定了管理体系的要求，而更重要的是经营绩效的要求。

2. 认证

认证过程应尽可能公正，即针对同一标准，不同的认证机构审核同一过程、产品或服务应得出相同或类似的结论。为了做到这一点，认证机构应以类似方式工作，也就是具有类似的审核方式和过程。

森林认证是由独立的认证机构进行审核。认证机构组织主审员和当地专家组成评估小组，依据森林认证标准对森林经营状况进行评估，并在审核过程中征求有关利益方的意见。森林经营认证一般包括以下步骤：申请、预审、利益方咨询、主审、同行评审、认证决定并颁发证书、年审。而产销监管链认证的过程相对简单，包括申请、主审、认证决定并颁发证书以及年审等步骤。如果通过认证，就可颁发认证证书，证书有效期一般为 5 年，每年进行一次年审。

3. 认可

认可由权威机构(指法律或特定政府机构依法授权的机构)依据有关的准则和程序，对有能力执行特定任务的机构或个人给予正式承认的程序。这里指是对认证机构的能力、可靠性和独立性进行合格评定，并对其认证过程进行监督。它是对认证和标签过程的补充，其目的是提高第三方认证机构的可信度。对森林认证和产销监管链认证机构的认可都需要经过必要的申请程序。另外，某些条件下，还需要对审核员的资格进行认定，也就是对审核员资质的认可。

4. 产销监管链认证和标签

一般来说，各森林认证体系都发布了自己的认证标志和标签。如果森林经营单位和木材加工企业要在最终的产品上贴认证标志，还需申请产销监管链认证。林产品产销监管链认证是森林认证的重要组成部分，日益受到越来越多木材加工企业的重视。现在，世界上共有几千家木材加工企业的数万条生产线通过了林产品产销监管链认证。

(五) 森林认证的特点

森林认证作为一种市场机制，它有以下特点。

(1)自愿性。森林认证是森林经营单位或企业在市场机制的驱动下，认识到认证的必要性后，主动向认证机构申请认证的。森林认证有别于国家制定的法律和法规，它是由与森林经营活动密切相关的利益团体广泛参与的自愿行为，没有人或组织强迫其必须开展森林认证。随着认证的广泛开展，根据各国情况的不同，也不能排除有的国家政府将森林认证作为本国推行森林可持续经营的一种政策的可能性。

(2)参与性。森林认证最初是由非政府组织发动起来的，它强调了公众广泛的参与，除了作为认证对象的森林经营单位外，强调让与森林经营有关的利益方，如社区、政府部门、消费者、企业、科研单位和宣传媒体等单位参与。一方面，认证标准的制定需要各方的广泛参与与咨询，才能保证标准的科学性和可行性，充分代表各方利益。另一方面，在认证审核过程中，也需要各方的参与与监督，才能保证认证审核的公开性、透明性、公正性和可靠性。

（3）市场化。森林经营单位和企业开展森林认证的动力主要来源于获取市场利益。一方面，它直接以市场需求为基础，满足客户要求；另一方面，它利用认证这种手段，提高企业形象和竞争力，开拓市场。随着人们环保意识的提高，越来越多的消费者愿意购买经过认证的林产品来支持森林的可持续经营。因此，随着时代的进步，与未经认证的林产品相比，经过认证的林产品在商业上更具有竞争力，这是促进森林的拥有者和木材加工企业自愿开展森林认证的主要动力。当然消费者环保意识的提高和认证产品市场的培育还需要一个较长的过程。

（4）独立性。森林认证的审核必须是独立的，不受任何利益方的影响。森林认证机构相对于受审核方来说具有独立性，认证机构及其工作人员必须与寻求认证的组织没有任何利益关系。在这种情况下开展森林认证，才能保证审核员的审核不受他人的影响，保证其审核结果的客观、公正。

（5）公正性。在开展森林认证的过程中，森林认证机构必须严格按照认证体系制定的森林认证标准来客观地评价森林的经营状况，不受他人影响，不带偏见，其结果符合实际情况。另外，针对不同的国家、不同规模的企业和不同类型的森林，森林认证评估都是一致的、公正的。

（6）透明性。森林认证的过程是公开而透明的，认证的结果概要一般需要公开，接受各方的监督。

（7）可靠性。由于森林认证采取了由独立的第三方认证，要求审核员具有一定的资质和认证过程的参与性、独立性、公正性、透明度和同行评审，以及认证后的监督机制，保证了森林认证审核结论是可信的，准确地反映了受审核单位的经营状况。

（六）森林认证的费用

森林认证的费用包括直接费用和间接费用。直接费用，即认证本身的费用；间接费用，即为满足认证要求，森林经营单位在提高管理水平、调整经营规划、培训员工等方面所支付的费用。多数情况下，后者比前者高。

1. 直接费用

又称固定费用，主要是审核员对申请认证的森林经营单位进行审核的费用和年度审核的费用，其中包括审核员的工资、差旅费等，通常是直接付给认证机构。直接费用受以下因素影响。

（1）森林经营单位管理体制的健全程度和透明度。管理体制健全的森林经营单位，森林认证所需的文件、档案齐备，对其经营活动有详细记录，对森林生态系统进行了长期监测，积累了相关数据，可以减少审核员外业审核的工作量，从而可以降低认证费用。

（2）实施认证的规模和难易程度。受认证森林的面积、类型、管理水平、生物多样性、社会环境等因子的影响。与面积较小、林分结构和生物多样性较单一的森林开展森林认证相比，森林面积大、林分结构和生物多样性复杂的森林开展森林认证，审核员抽样地点和调查方法更多，因此工作难度和工作时间增加，认证费用增加。

（3）认证机构的信誉度和审核质量。由于各方面的原因，不同认证机构对森林认证的收费标准是不同的。所以，森林经营单位在申请森林认证前，应该进行多方咨询，选择声誉好、收费合理的认证机构开展认证。

一般来说，由于受森林经营管理水平、林型、气候条件和生物多样性等方面的影响，热带林的认证费用要高于温带林，天然林的认证费用要高于人工林。另外，如果森林经营单位的所在国没有认证机构和认证专家，需要从国外的认证机构聘请认证专家进行认证，也会提高认证费用。

根据不完全统计，目前在我国开展 FSC 森林经营认证的审核费用包括：初次审核约 10 万~35 万元，平均约 20 万元；年审每年约 5 万~15 万元，平均约 8.5 万元。其中东北国有林业局（10 万 hm^2 以上）平均初审费用为 28 万元，年审费用为 10 万元，5 年认证费用约为 68 万元，平均每公顷约 3 元；南方小规模森林（一般为 2 万 hm^2 以下），平均初审费用约为 16 万元，年审费用为 6 万元，5 年有效期认证审核费用 48 万元，平均每公顷为 28 元。相对而言，国家森林认证体系 CFCC 认证费用较低，如东北国有林业局的森林初审费用为 20 万元，年审费用为 6.5 万元。

2. 间接费用

间接费用是指申请认证的森林经营单位，为了使本单位的经营水平达到森林认证标准所做工作的花费，又称可变费用。间接费用可以很低，也可能很高，与认证企业的经营状况直接相关。经营状况良好的森林经营单位，其经营水平达到或基本达到认证标准，所用的间接费用较少，而经营状况差的森林经营单位，为使其经营水平达到认证的标准，就必须对现有的森林经营长远规划、森林作业操作规程做大的调整，开展能力建设（包括对职工进行生产技术、操作安全和管理方面的培训）、改善经营状况，这些都需要投入，因此间接费用就高。我国森林认证的间接成本包括改进森林经营管理投入的成本以及支付给咨询机构的咨询费用，这因企业的规模、认证的准备情况和认真程度、原有的经营水平、主要差距的性质而差异很大。根据不完全统计，企业用于改进森林经营管理的投入从几万元到 300 多万元，用于咨询的费用从 2 万元至 30 多万元不等。

森林认证的费用一般由申请认证的企业或森林经营单位承担，它们通过获取市场利益和占领市场份额而得到一定的补偿。但相对认证的收益来说，认证费用较为昂贵，很多企业难以承受，特别是发展中国家的中小型企业。因此，有些国家森林经营单位的认证费用得到了政府、国际环保组织、采购商的支持。如马来西亚各州国有林的认证由政府出资。中小企业组织起来开展联合认证也是降低认证费用的有效途径。

三、森林认证模式

按照森林经营者参与森林认证的方式，可将森林认证分为独立认证、联合认证、资源管理者认证和区域认证四类。目前我国森林认证体系主要采取的是独立认证和联合认证两种模式，其中联合认证体系还在完善与发展之中(徐斌等，2014)。

(一)独立认证

独立认证是指对独立经营者经营的森林进行认证。这里的森林经营者可以是国家、集体、企业，也可以是私有林主，他们拥有的森林面积各异，从上百万公顷到数公顷不等。其优点是，由于森林经营者的经营活动是独立的，其森林类型、经营方案和社会状况等条件相对较一致，开展森林认证较容易。独立认证一般适用于森林面积比较大的森林经营单位。

(二)联合认证

联合认证即将多个森林经营者拥有的，分散的、相互独立的小片森林联合在一起，组成一个"联合经营实体"来开展认证。联合经营实体可以是个人、组织、公司、协会或其它法律实体，负责组织整个认证进程。这种类型的认证在欧洲普遍应用，PEFC体系本身就是为适应欧洲的小私有林主开展森林认证而设计的，它的特点就是小林主联合起来开展森林认证，目的是解决小林主或小型林业企业很难获得认证的信息、不知道如何去改善经营管理和与认证机构联系、难以承受高昂的认证成本等问题。目前，FSC体系已经开展了联合认证，使该体系认证适用范围扩大到小林主。

联合认证不要求每块森林的经营方案完全一致，但它们的经营活动必须符合认证机构所采用的认证标准。因此，为了实现联合认证，参与认证的林主或企业必须成立一个具有独立法人资格的联合经营实体，此实体要具有与各个独立的林主(会员)签署协议和与认证机构签署合同的资格。认证机构将对这个实体的管理进行审核，并对其会员进行随机抽样检查。联合认证通过以后，每个林主或经营者的森林都将作为其中一部分而获得认证。联合认证具有以下优点。

(1)大幅降低每个小林主的森林认证成本。联合认证实体监督会员，并对认证机构负责，认证机构只需对协会和一部分会员进行审核，不用对所有会员进行审核，从而减少了(原本要对每个森林经营单位进行审核)工作量，并且使每个小林主承担的认证费用大幅度降低。

(2)为会员们提供信息和交流的机会。联合认证实体给会员们提供有关信息、培训和技术支持，同时为会员之间的信息、技术交流提供了机会。在实践中，独立而分散的小林主难以获得各方面的信息，缺乏对森林认证标准的理解、实现森林认证的知识和通过认证所必备的森林经营管理技术。通过联合认证模式，实体及时为会员提供信息和专家技术服务，可以帮助他们克服上述困难。

（三）资源管理者认证

资源管理者认证是由若干个林主将其拥有的森林委托给资源管理者（可以是一个组织，也可以是个人）经营管理，由资源管理者来负责这些森林的认证。这实际上也是小林主联合起来认证的一种方式，只不过资源管理者拥有经营权，而联合认证的经营权仍在小林主手中。资源管理者必须具有一定的森林经营管理能力，按照森林认证原则与标准来经营森林，使其管理的森林达到良好经营状态，能够通过森林认证。这种方式具有前两种认证类型的优点，其特点是由资源管理者负责若干小林主所有的森林的认证工作。与联合认证相比，同样是将小片森林联合起来认证，但资源管理者认证省去了由小林主成立联合认证协会带来的一系列组织工作，同样达到了简化手续、节省费用的目的。PEFC 和 FSC 都采用了这种类型的认证，在欧洲应用较多。

（四）区域认证

区域认证的概念是森林认证认可计划（PEFC）体系提出的，它可以对一个区域内的全部森林进行认证。区域认证的申请者必须是一个法律实体，并且必须代表在该区域经营了 50% 以上森林面积的林主或经营者。申请者负责让所有的参与者满足认证要求，保证认证参与者和认证森林面积的可信性，并实施区域森林认证条例。林主或森林经营者可以在自愿的基础上参加区域认证，具体方式可以是单独签署的承诺协议，也可以服从代表该地区林主的林主协会的多数决定。只有参与区域认证的林主或经营者采伐的木材才能被认为是来自经过认证的森林，并可贴上 PEFC 标志。参加区域认证的森林面积将记录在案。PEFC 认为，在很多国家区域认证是避免针对小林主的认证歧视的最佳方式。但很多环保组织认为此种方式不可信。

四、森林认证与其它管理工具的关系

（一）森林认证标准与森林可持续经营的标准和指标

许多国际组织参与了制定和实施森林可持续经营标准和指标的进程。这些进程的目标是一致的，都是为了推动世界各国的森林可持续经营。但是不同进程制定的标准与指标，在其结构和内容上存在一些差异。目前，国际上一些主要的地区进程参与国大多制定了国家水平上的森林可持续经营标准和指标体系，有的还制定了国内地区水平甚至森林经营单位水平上的森林可持续经营的标准和指标体系。

森林可持续经营的标准和指标是用来评价一个国家森林状况和森林经营趋势的工具，它提供了描述、监测和评价森林可持续经营的基本框架。森林认证是对森林经营绩效的审核，有其自身的标准。森林认证标准的制定可以以森林可持续经营的标准与指标为基础或框架来制定，但标准与指标不能直接作为认证标准。这二者推动森林可持续经营的总体目标和基本要素都是一致的，但也存在着明显的差异。

（1）用途。森林可持续经营的标准和指标的功能主要有3个方面：①描述和反映任何一个时间上（或时期内）森林经营的水平或状况；②评价和监测一定时期内森林资源的变化趋势及速度；③综合衡量森林生态系统及其相关领域之间的协调程度。它可以方便政府确定森林可持续经营进程的优先顺序，同时给决策者一个了解和认识森林可持续发展进程的有效信息工具。它为描述、监测和评价森林可持续经营随时间的进展提供基本框架，通过对指标数据的解释，评判所采取的经营措施是否促进了国家的可持续经营，进而对国家的政策、方针做出调整和纠正。森林可持续经营的标准与指标不能直接用来评价森林经营单位水平的可持续性，因此它不能直接作为认证标准。森林认证标准是在当地条件下森林经营单位满足森林可持续经营要求的准则，是认证机构对森林经营单位经营状况进行审核的依据，它针对的是森林经营单位，用于开展森林认证。其审核结论是被审核的森林是否达到良好经营的要求，能否通过认证。

（2）应用层次与规模。森林可持续经营的标准与指标是针对所有的森林，不分林权边界。它可应用于国家、地区和当地三个层次，以国家和地区层次为主。而森林认证标准仅针对森林经营单位或森林经营单位团体，它有明确的林权边界。

（3）应用对象。森林可持续经营标准与指标的主要应用对象是国家层次的决策者，用于分析国家的森林可持续经营进展情况。而认证标准主要的应用对象是想获取市场利益的林主或森林经营单位，同时也是认证机构开展认证评估的依据，证明其经营状况达到了可持续经营的要求。

（4）标准的制定。森林可持续经营的标准与指标主要由政府和有关专家共同制定，它具有政策性，依赖于公私机构的合作；森林认证标准的制定强调了社会、生态和经济3个方面的利益，要求相关利益方广泛参与森林认证原则与标准的制定。

（5）标准的性质。森林可持续经营标准与指标描述的是条件和过程，没有具体的目标和绩效，而认证标准描述的是具体的目标，具有明确的绩效要求。

（二）森林认证与产品质量

森林认证与产品质量之间无特定的联系。某个森林经营单位生产的木材或某个木材加工企业生产的林产品的质量可以是同行业最好的，但可能因为他们用于生产林产品的木材不是来自经营良好的森林而不能通过森林认证。同样，通过森林认证的森林经营单位生产的木材和木材加工企业生产出来的木制产品只能说明这些木材或生产木制品的木材来自可持续经营的森林，而这些木材及其木制品本身的质量未必达到一定的质量标准。也就是说，森林认证与产品的质量没有直接关系，经过认证的林产品的质量不一定比未认证的林产品高。

（三）森林认证与林业政策

政策是国家或政党为实现一定历史时期的路线而规定的行为准则。林业政策指国家为了实现一定时期的林业发展目标而规定的行动准则。它具有政府行为、强制性和公众利益机制等特点。而遵守国家的法律法规政策是森林认证的基本要求之一。

二者有联系，也有不同之处。

1. 认证标准与林业政策的一致性

现代林业的发展进入了可持续发展的阶段，总体上说，各国林业政策都是围绕森林可持续经营和林业可持续发展这个总体目标而设计的。而森林认证是促进森林可持续经营的一种市场手段。所以，二者的总体目标是一致的，只不过实现的途径不一样，林业政策依靠的是政府，是强制性的，而森林认证主要依靠市场，是自愿性的。

遵守国家的法律法规政策以及国家签署的国际公约和协议是认证标准的基本要求，合法性是森林认证标准制定的基本原则之一。同时，开展森林认证也有助于国家法律法规的实施和执行，也可检验森林经营单位是否守法经营。而遵守国家相应法律法规要求，具有完善森林经营体系的森林经营单位容易通过认证，可以降低森林经营单位的认证成本。

2. 森林认证和林业政策的互补性

森林认证的起因是非政府组织、民间组织为了弥补政府的政策失误、市场失灵和机构不健全造成的一系列森林问题而逐步产生的。反过来，制定林业政策的政府主管部门在推动森林认证、保障森林认证的公正、透明以及健康发展，最终实现森林资源的可持续经营方面可以发挥重要作用。森林认证作为一种市场手段，林业政策作为一种强制性的政策工具在促进森林可持续经营和加强林业管理方面具有较强的互补性。政府和非政府组织以及其它民间组织只有通力合作，共同采取法律的、行政的和经济的手段，才能实现森林资源的可持续经营(徐斌等，2014)。

(四)森林认证的限制

森林认证只是促进森林可持续经营的"一种"市场机制，与国家林业法规和林业政策等传统的管理工具相比，它具有一定的局限性，表现在：①林业政策是以一个国家特定的文化和政治制度背景为基础的。森林认证在一个国家能够发挥应有的作用，但在另外一个国家不一定有效。②森林认证是一种新生事物，很多影响和效果还需要时间和空间上的充分验证。③尽管森林认证可以为林业政策提供一种"持续改善方法"，但需要得到政府的认可和相应的制度变革才能得以采纳。④森林认证的成本相对较高，限制了作为政策手段等目的的应用。⑤森林认证是依靠市场来运作的，没有强制性，在缺乏认证产品市场和需求动力的地方，这种认证机制就会失灵(徐斌等，2014)。

第二章

中国森林认证发展现状

中国森林资源在全球经济、生态和社会的可持续发展、生物多样性保护和遏制环境日益恶化方面具有举足轻重的地位。此外，中国是世界上林产品出口的大国之一，尤其是木制品如家具、胶合板、纸和纸板等。在国际上森林认证是遏制非法采伐和促进森林可持续经营的重要举措，中国作为负责任的大国，充分肯定森林认证在促进森林可持续经营、提高森林经营水平和促进林产品国际市场准入等方面的作用。一些研究国际森林问题的专家将森林认证引入我国。早在1995年，中国林业科学研究院就成立了林业可持续发展研究中心，一批研究人员开始从事森林认证研究。此后，我国政府开始派专家参与国际上森林认证相关研究，通过国际森林认证科研项目等形式，在中国推广和宣传森林认证（唐小平等，2011）。2000年11月在中国召开了关于森林可持续经营的标准和指标体系的蒙特利尔进程第12次工作组会议，森林认证开始引起中国政府的高度重视（赵劼，2004）。中国政府认识到森林认证在促进森林可持续经营和扩大林产品国际市场准入等方面的重大作用。因此在2001年，国家林业局成立了中国森林认证工作领导小组，并在局属科技发展中心成立森林认证处，而后启动了中国森林认证体系的建立进程。在政府高度重视和支持下，中国森林认证体系稳步发展，制定了国家森林认证标准，建立了认证机构。通过借鉴国际森林认证体系建立的成功经验，综合考虑中国国情和林情，中国森林认证体系建成并运转。

一、中国森林认证体系

中国森林认证的监督管理机构有中国国家认证认可监督管理委员会（CNCA）和国家林业局（SFA）。CNCA负责统一管理、监督和综合协调全国认证认可工作，负责认可机构和认证机构的审批，在其管辖范围内批准成立了中国合格评定国家认可委员会（CNAS）和中国认证认可协会（CCAA）。CNAS是根据《中华人民共和国认证认可条例》的规定，由CNCA批准设立并授权的国家认可机构，统一负责认证机构、实验室和检验机构等相关机构的认可工作，是全国唯一的一家认可机构。CCAA是由认证认可行业的认可机构、认证机构、认证培训机构、认证咨询机构、实验室、检测机构和部分活动认证的组织等单位会员和个人会员组成的非营利性、全国性的行业组织，主要负责森林认证人员资格管理教育和培训。国家林业局作为林业行业主管部门，在科技发展中心下设森林认证处，负责全国的森林认证工作。中国森林认证委员会（CFCC）负责中国森林认证体系的管理工作，并代表中国进行国际合作交流。

中国森林认证的范畴主要包括森林经营认证、产销监管链认证、非木质林产品认证、竹林认证、碳汇林认证、森林生态环境服务认证（自然保护区和森林公园）、生产经营性珍贵稀有濒危物种认证（野生动物和野生植物）。随着林业发展需要，中国森林认证范畴将会不断扩大，未来可能还包括森林防火认证、花卉种植认证、经济林认证等。

（一）指导思想

森林认证是推动森林可持续经营，促进林产品市场准入，加快林业国际化进程的有效途径。我国森林认证主要是在政府引导、企业自愿下开展的。2003 年 6 月 25 日，中共中央 国务院发布的《关于加快林业发展的决定》（以下简称"决定"）中明确提出"积极开展森林认证工作，尽快与国际接轨"。2008 年 8 月 13 日，在《中华人民共和国认证认可条例》和《决定》的基础上，国家认证认可监督管理委员会和国家林业局联合发布了《关于开展森林认证工作的意见》，该文件明确了中国森林认证的原则和方式等，标志着中国森林认证制度基本框架的形成。并于 2009 年发布实施《中国森林认证实施规则》（试行），以指导中国森林认证的具体工作。2010 年 9 月 10 日，为了进一步推进中国森林认证工作，国家林业局发布了《关于加快推进森林认证工作的指导意见》（以下简称《指导意见》）。《指导意见》成为中国森林认证发展的纲领性文件，它明确了当前开展森林认证的重要意义、总体要求、指导思想、基本原则、总体目标和主要任务等内容，为中国森林认证的进一步推进提供了方向（SFA，2010）。

（二）组织框架

中国森林认证体系建设工作始于 2001 年，经过近十年的积极研究探讨和努力推进发展，中国森林认证体系于 2010 年正式建成并开始运行。

中国森林认证体系的组织结构如图 2-1 所示。

中国森林认证委员会（CFCC）是中国森林认证体系（CFCS）的最高管理机构，日常工作由秘书处负责，委员会下设技术委员会和仲裁委员会（CFCC，2011）。按照多方参与的原则，CFCC 由来自政府、科研单位和大专院校、生产企业、社会团体的代表组成，分别代表社会、经济、环境等方面的利益。

CFCC 秘书处设在国家林业局科技发展中心，负责森林认证的日常工作。

利益方论坛成立的目的是关注和支持中国森林认证进程的社会各方提供信息交流、参与合作的平台，增加体系建设的透明度，使中国森林认证体系更加符合中国

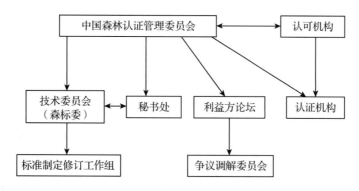

图 2-1　中国森林认证体系组织结构图

国情林情，更具有先进性。论坛每年不定期举行全体大会和部分会员参加的专题会员，就中国森林认证体系建设及发展战略等重大议题与全体利益方会员进行沟通与交流，充分听取各方意见。

全国森林可持续经营与森林认证标准化技术委员会（以下简称"森标委"）由国家标准化管理委员会和国家林业局共同领导，是从事全国森林可持续经营与森林认证标准化的技术工作组织，负责森林可持续经营与森林认证技术领域的标准化技术工作。

争议调解委员会是 CFCC 组织框架的一部分，不受 CFCC 等组织影响，独立开展工作，其工作宗旨是确保森林认证工作的客观、公正和有效，维护和反映森林认证申请者、认证机构、认可机构和有关利益方的合法权益与合理诉求。

（三）体系管理与技术规范文件

经过多年的发展，中国森林认证体系出台了系列体系管理文件和技术规范文件，以对中国森林认证进行管理和规范。

体系管理文件是指森林认证工作的指导性文件和程序性文件，主要包括国家管理指导层面的文件如《中华人民共和国认证认可条例》、《森林认证实施规则》和《关于加快推进森林认证工作的指导意见》，以及中国森林认证体系的程序性文件如《认证认可程序和对认证机构授权程序》、《争议处理程序》、《中国森林认证委员会审核标识使用程序》、《CFCC 森林认证标识申请使用程序及认证机构开展认证审核申请程序说明》、《中国森林认证标识使用规则》和《中国森林认证标识管理规则》等。

技术规范文件主要包括标准编制规则、森林认证标准、森林认证指南、森林认证导则等规范性技术要求文件。标准编制规则主要规定了标准编制过程中的主要技术及程序性要求，中国森林认证体系的认证标准、指南及导则的编制程序和内容必须满足编制规则的要求。森林认证标准规定了我国经营主体为开展各类认证应达到的要求，为森林认证机构开展森林认证审核和评估提供了依据。审核导则顾名思义是审核所用的指引或指导文件。中国森林认证审核导则的适用对象是森林认证机构及森林认证审核员。森林认证审核导则规定了森林认证的审核原则、审核方法、审核活动、审核类型以及审核指标的验证方法，为森林认证审核员实施认证审核提供指导和参考。森林认证操作指南是针对开展森林认证的组织制定的。森林认证操作指南提出了经营单位或企业根据标准开展相应类型的认证活动的程序和内容，使经营单位或企业能较为准确、方便地使用认证所依据的标准，高效、有针对性地实施认证准备，进而满足认证标准的要求。森林认证操作指南的适用对象是申请森林认证的经营单位或企业以及森林认证咨询机构等。

截至 2015 年 6 月底，已经发布的中国森林认证标准及技术规范共有 16 项，其中包括 2 项国家标准，6 项林业行业标准，操作指南 2 项，审核导则 6 项。具体标准见表 2-1。

表 2-1   已/拟发布的中国森林认证技术规范

序号	认证范围	技术规范
1	森林经营	《中国森林认证　森林经营》（GB/T 28951 – 2012）
2		《中国森林认证　森林经营操作指南》（LY/T2280 – 2014）
3		《中国森林认证　森林经营认证审核导则》（LY/T 1878 – 2014）
4	产销监管链	《中国森林认证　产销监管链》（GB/T 28952 – 2012）
5		《中国森林认证　产销监管链操作指南》（LY/T 2282 – 2014）
6		《中国森林认证　产销监管链认证审核导则》（LY/T 2281 – 2014）
7	自然保护区	《中国森林认证　森林生态环境服务 自然保护区》（LY/T 2239 – 2013）
8		《中国森林认证　森林生态环境服务　自然保护区审核导则》（LY/T 2240 – 2013）
9	人工林经营	《中国森林认证　人工林经营》（LY/T 2272 – 2014）
10	非木质林产品经营	《中国森林认证　非木质林产品经营》（LY/T 2273 – 2014）
11		《中国森林认证　非木质林产品认证审核导则》（LY/T 2274 – 2014）
		《中国森林认证　非木质林产品操作指南》（正在征求意见）
12	竹林经营	《中国森林认证　竹林经营》（LY/T 2275 – 2014）
13		《中国森林认证　竹林经营认证审核导则》（LY/T 2276 – 2014）
		《中国森林认证　竹林经营操作指南》（正在征求意见）
14	森林公园	《中国森林认证　森林公园生态环境服务》（LY/T 2277 – 2014）
15		《中国森林认证　森林公园生态环境服务审核导则》（LY/T 2278 – 2014）
16	生产经营性珍贵濒危野生动物	《中国森林认证　生产经营性珍贵濒危野生动物饲养管理》（LY/T 2279 – 2014）

二、我国森林认证的发展现状

（一）森林认证实践

1. 森林经营认证

截至 2015 年 5 月，共有 29 家森林经营单位通过了 CFCC 森林经营认证，面积约为 727.86 万 hm²，占我国森林总面积的 3.63%。主要认证森林类型包括天然林、人工林以及天然与人工混交林，以华北地区的落叶松、樟子松、云杉、白桦、杨树以及柳树，华南地区的桉树、桤树为主要树种(中林天合(北京)森林认证中心网站，2015)。经过多年发展，CFCC 森林经营认证企业和面积均呈逐年增长之势，并呈现出以下特点：

(1)国有林成为 CFCC 森林认证的主体。共有 18 家国有林场通过 CFCC 森林经营认证，认证面积约为 692.83 万 hm²，占总面积的 95%。国有与集体林混合认证林地，面积约为 27.4 万 hm²，占总面积约为 4%。集体林地认证面积约为 7.99 万 hm²，占总面积的 1%(表 2-2)。

表 2-2　CFCC 森林认证权属情况

林地权属	面积(万 hm²)	数量(个)
国有林	692.83	18
集体林	7.99	6
国有林与集体林	27.04	5
合计	727.86	29

(2)认证森林多集中于东北和华北地区。东北及华北地区的认证森林面积约 694 万 hm²，占认证总面积的 95.37%，主要分布在东北三省与河北省。华南地区认证面积约为 32 万 hm²，占比 4.8%，主要分布在广东、广西以及海南三省区。在山东、安徽等省份为主的华东地区，认证面积较小，约 3778 hm²。

(3)CFCC 认证推广与认证试点相结合。在国家有关部门的推动下，国有林企或林场率先通过自上而下的行政渠道了解到 CFCC 认证体系，并在林业部门的大力支持下，改善经营实践，提高可持续经营能力，加强环境和社会方面的活动和监测，最终通过 CFCC 森林经营认证。

2. 产销监管链认证

截至 2015 年 5 月，共有 20 家企业通过了 CFCC 产销监管链认证。由于 PEFC 与 CFCC 已经通过互认，加上通过 PEFC 的产销监管链认证的 219 家企业，开展 PEFC/CFCC 产销监管链认证企业的数量共计 239 家。

由于我国林产品加工贸易企业数量众多，且在林业部门触及范围之外，CFCC 产销监管链认证的发展道路与 CFCC 森林经营认证有较明显的差异，以市场开发为主，且以民营与外资企业为主。此外，受市场、认知度等因素的限制，CFCC 产销监管链认证目前的发展不及 PEFC 与 FSC 认证，体现为认证企业数量少，认证产品不足。

目前，PEFC 与 CFCC 产销监管链认证企业呈现出以下几个特点：

(1)大中型企业占比较少，而小型企业占比较大，且多为私营企业和外商独资企业。

(2)目前投入市场认证产品以纸类产品为主，而板材、地板、家具及其他高附加值产品只有极少数通过认证。在已获得 PEFC/CFCC 产销监管链认证的企业中，纸浆和纸张企业占比约 60%，木材加工企业占比约 30%，木材贸易企业占比不到 2%，而木质品贸易/零售企业占比 7.5%。认证纸产品的主要产区分布在华南和华东地区，包括广东、广西、海南等地为主要产品；而认证胶合板、纤维板等制品主要来自华北地区，如山东、河北、吉林等。

（3）产销监管链认证与市场要求密切相关。从市场上看，认证产品主要销往国外市场。小型私营企业多采取订单生产方式，依赖国外的订单开展生产活动，所有产品销往国外市场。大中型企业虽兼顾国内外市场，但认证产品仍以国外市场为主。

（4）多种体系并存，构成了企业的成本负担。相当数量的认证企业通过了两种认证体系，并根据认证原料供应情况和客户的要求，生产相应的认证产品。这样，即使企业通过了一种体系的认证，也没有生产该体系认可的产品，造成资源和成本的浪费。

（5）产销监管链认证的经济效益总体而言不高，但市场准入和社会形象是认证带来的最大效益。对大中型企业而言，认证还能为他们提高或改善企业社会形象，创造社会或文化效益。

3. 非木质林产品认证

非木质林产品认证是中国森林认证体系的认证范围之一。在 2014 年 4 月国家部署全面停止天然林采伐以保护森林资源和维护生态资源之后，非木质林产品认证已成为中国森林认证体系的重点，也是众多森工企业转型发展木材之外的林产品与生态服务所需要的认证服务类型。

CFCC 非木质林产品认证要求参与认证的产品需来源于可持续经营的森林，并按照可持续的原则生产，原料的栽培、采集和生产环境须符合环境、经济及社会标准，以此保障通过认证的产品是纯天然、纯绿色、无污染且来源可追溯的。通过认证，以非木质林产品市场需求为驱动力，促使认证企业保护森林，开展森林可持续经营。

CFCC 非木质林产品认证的推广方式仍以试点为支点、以点带面的方式为主。在国家林业局大力推动和宣传之下，非木质林产品认证试点于 2013 年 12 月开始运行，标识试点工作同期启动。黑龙江省柴河林业局和迎春林业局等单位成为首批试点单位，山野菜类、菌类、坚果类、浆果类、蜂产品类、饮品类、鲜果类七大类产品成为首批加贴标识的非木质林产品。

CFCC 非木质林产品认证服务经过一年多的实践发展证明，开展非木质林产品认证带来的不仅是经济效益、产品附加值和市场竞争力的大幅度提高，更重要的是，通过推行非木质林产品认证，传统林区实现了以木材生产为主向生态建设为主的历史性转型。同时，非木质林产品认证服务也获得了企业和市场的肯定。截至 2016 年 2 月非木质林产品认证面积达 567.3 万 hm^2。已开展 CFCC 非木质林产品认证的企业有牡丹江威虎山饮品有限责任公司、大兴安岭百胜蓝莓科技开发公司、富林山野真品科技开发有限公司、北极冰蓝莓酒庄有限公司、松益果仁食品有限公司以及绿源蜂业有限公司。所认证产品包括黑蜂蜂蜜、野生蓝莓果汁及果干等、核桃干果及白丁香等茶类饮品，各类经过认证的产品已推向市场，获得了良好口碑。

（二）认证产品市场

由于森林认证是一种利用市场机制推动森林可持续经营的一种方式，因此市场需求对森林认证的推动和促进作用明显，对于 CFCC 认证产品也不例外。多数认证企业之所以选择通过森林认证，最初就是为了满足客户对认证产品的要求。

2014 年，国家林业局森林认证研究中心针对 CFCC/PEFC 认证产品市场的调研发现，认证产品市场以国外市场为主，尤其是欧美市场。PEFC 认证企业生产的认证产品多销往国外市场，其认证原料来源地也多来自加拿大、美国、欧洲等环境敏感市场。与 PEFC 认证企业原料来源及销售以国外市场为主的情况相反，CFCC 认证企业主要采购国内的 CFCC 认证原料，认证产品以国内市场为主，主要分布在黑龙江、河北、广东、广西等主要省份。同时 CFCC 认证产品以初级产品为主，包括板材、非木质林产品、火柴梗等，本地化属性浓厚。

（三）认证机构与审核员

1. 认证机构

自中国森林认证体系筹备开始，就决定要建立中国自己的认证机构。在此背景下，2009 年，中林天和森林认证中心有限公司经国家林业局同意，并取得国家认证认可监督管理委员会（CNCA）批准而设立。自此，中林天和成为我国第一家开展 CFCC 森林认证的机构。随着 CFCC 的推广，得到市场的不断肯定，不断有新的机构申请开展 CFCC 森林认证业务。截至 2015 年 5 月，通过国家认监委批准挂牌、具有开展国家体系 CFCC 认证资质的审核机构已有四家，分别为中林天和森林认证中心有限公司，吉林松柏森林认证有限公司、江西山和森林认证有限公司和临沂市金兴森林认证中心。

就目前已开展国内 CFCC 认证工作的机构来看，中林天合具有较为丰富的审核经验，认证单位数量与面积最大，其次为吉林松柏。江西山和与临沂市金兴森林认证中心尚未正式开展森林认证工作，正在积极筹备，争取市场，启动认证审核。截至 2015 年 5 月中林天和已开展 23 个森林经营单位的森林经营（FM）认证以及 16 家公司的产销监管链认证（中林天合（北京）森林认证中心网站，2015），而吉林松柏已开展 6 家森林经营单位的森林经营（FM）认证以及 4 个产销监管链认证（表 2-3）。

表 2-3　CFCC 认证机构的认证数量和面积[*]

CFCC 认证机构	FM 认证面积（万 hm²）	FM 认证数量	COC 认证数量
中林天合	435.17	23	16
吉林松柏	292.68	6	4
合计	727.85	29	20

注：表中数据截至 2015 年 5 月。

CFCC 与 PEFC 互认后，一些外资认证机构看好 CFCC 森林认证的发展前景，也开始向国家认证认可监督管理委员会申请开展 CFCC 森林认证业务。可以预见，今后能开展 CFCC 森林认证业务的机构将会更多，彼时企业开展 CFCC 森林认证时有更多的选择，实现认证成本的最优化。

2. 审核员

国家林业局针对现有试点开展了多次林业单位审核员和培训机构的审核员培训班，同时具有培训资格的认证机构也可开班审核员培训班并组织考试。经试成绩合格者将获得国家认监委颁发的森林认证审核员资格证书，并可以在森林认证机构从事森林认证相关工作。国家认证认可监督管理委员会依照《认证及认证培训、咨询人员管理办法》对认证机构、认证人员、培训以及咨询人员的从业行为进行监督管理，并有权使其违规程度做出处罚。

截至目前，在认证机构中从业者约计 200 余人，其中中林天合森林认证中心具有专业合格资质的专兼职审核员 155 名，其中高级审核员 12 名（中林天合（北京）森林认证中心网站，2015）；吉林松柏森林认证公司公有森林认证审核员 14 名。

三、森林认证国际交流与互认

PEFC 代表着全球森林经营的最佳实践水平，这一体系能充分考虑各国不同的森林生态系统、法律和行政体系，以及社会文化背景等本土因素，因此中国森林认证体系（以下简称 CFCS）与 PEFC 的互认对于中国森林可持续经营的长远发展来说是战略性的选择。

森林认证体系认可计划（The Programme for the Endorsement of Forest Certification，简称 PEFC）是世界上最大的森林认证体系，于 1999 年 6 月 30 日成立于巴黎。该体系旨在通过第三方独立认证促进可持续性的森林管理，为推广可持续性森林经营的木材和纸制品的买方提供一个保障机制。PEFC 由 11 个官方组成的国家 PEFC 管理机构的代表组成，并获得了代表欧洲地区 1500 万林地业主的协会以及一些国际森林工业和贸易组织的支持。

PEFC 是一个国际性的森林认证体系，为其认可的国家认证体系提供一个互认框架。其针对通过对多利益方进程建立的国家认证体系开展评估，认可后的国家体系均可使用 PEFC 委员会的标识，并在 PEFC 的框架下实现国家体系的相互认可。寻求被 PEFC 委员会认可并使用 PEFC 标识的国家森林认证体系，必须符合 PEFC 委员会技术文档和相关附件中的 PEFC 森林认证体系要求。国家森林认证体系必须通过由多方利益相关者参与的进程，以开放和透明的方式进行发展。

要通过 PEFC 的互认，必须按照严格的评估程序要求，采用利益方公开咨询和独立评估等方式对申请的国家体系进行评估。评审程序包括由独立顾问将对体系是否符合 PEFC 委员会的指标和要求做出评估。根据独立的评估，所有 PEFC 的成员国家和他们的多方利益参与者采用知情投票，表决是否同意申请体系的认可。批准后，至少每 5 年一次对国家森林认证体系进行再审核。

截至 2016 年 1 月 22 日，已有 41 个国家森林认证体系成为 PEFC 的会员，其中 25 个国家体系已通过 PEFC 的认可。这 25 个国家认证体系覆盖了超过 2 亿 hm^2 的认证森林，并为市场供应上百万吨的认证木材。

早在 2007 年 10 月，PEFC 中国办公室于北京正式成立，以支持和促进中国林业的可持续经营，同时推广 PEFC 产销监管链认证（CoC），加强与中国林业和林产工业界的合作。自此，在 CFCC 与 PEFC 共同努力之下，CFCC 经过 5 年的努力，最终于 2014 年通过了 PEFC 的认可，成为 PEFC 认可的 25 个国家森林认证体系之一。其中最为关键且最具意义的事件包括以下三件：

2011 年 8 月 31 日，PEFC 委员会一致通过了中国森林认证委员会（CFCC）加入 PEFC 这一世界最大森林认证体系的申请，中国成为 PEFC 国家会员，为实现 CFCS 与 PEFC 的最终互认迈出了坚实的一步。次年 9 月中国森林认证体系正式向 PEFC 秘书处提交 CFCS 与 PEFC 体系的互认材料。

2014 年 3 月两个体系完成最终互认，这是中国林业国际化进程的重要一步，标志着中国森林认证体系进入与国际接轨后的时代。自此中国森林认证体系的认证标准和运行规则不仅得到了 PEFC 的认可，也得到了美国、英国、法国等近 40 个国家的认同，加载 CFCC 标识的产品将可获得进入国际市场的"绿色通行证"。

中国首批加载 CFCC 与 PEFC 联合标识的产品上市，亚太森博"红百旺"复印纸于 2015 年 6 月正式上市，成为自中国森林认证体系与 PEFC 实现互认之后首款加载 CFCC 与 PEFC 联合标识的产品。

四、影响与效益

中国森林认证体系经过近 10 年的发展，已从理论阶段走向实践阶段。截至 2015 年 5 月，共有 49 家森林企业通过了 CFCC 森林认证。为了追踪中国森林认证（CFCC）的影响和效益，国家林业局森林认证研究中心长期对 CFCC 认证单位和试点单位进行跟踪调研，评估 CFCC 认证森林经营单位的综合效益，以期寻找推动 CFCC 森林认证发展的动力，促进 CFCC 健康有序的发展。2014 年的调研结果显示，截至 2014 年 9 月，CFCC 认证森林总面积约为 217 万 hm^2。森林认证实践产生了良好的生态和环境效益，对 CFCC 认证未来发展起到了示范和引领作用。

CFCC 森林认证自建立之初，通过项目试点，推动 CFCC 认证实践的发展。因此，在效益方面，包括试点效益和认证效益两个方面。这两个方面相辅相成，有力推进了 CFCC 森林认证的市场发展。

（一）对森林可持续经营管理的促进作用

通过认证试点和 CFCC 认证审核的开展，增强了森林经营单位的森林可持续经营的认识。通过组织单位职工学习森林认证相关知识、参加相关培训，使职工认识到开展森林可持续经营、森林认证及环境保护的重要性。这为实施森林可持续经营奠定了基础。根据 CFCC 认证的原则和标准，加强了文件档案材料的建设工作，使之规范化，森林经营活动也更有计划性，按规章按计划经营，切实提高了认证试点单位的森林经营管理水平。最后，提高了试点单位森林经营决策的科学性。依据

CFCC 认证标准的要求，利益相关者的决策参与度大大提高，提高了认证企业经营决策的科学性。

CFCC 认证森林经营单位调研也发现，CFCC 认证的推广和发展对森林经营单位的管理体制、认证市场的发展、认证机构数量增加等方面产生了积极的影响。

调查结果显示，各个森林经营单位开展了大量工作准备和实施 CFCC 认证。经统计，有 11 家（61%）企业派人员参加了 CFCC 认证相关的培训，13 家（72%）在企业内部举办了 CFCC 认证相关培训，17 家（94%）设有专人或主管部门负责开展森林认证，17 家（94%）建立了森林经营认证所需的管理文件或手册（图 2-2）。大部分森林经营单位在通过认证之前，对 CFCC 认证要求并不了解，但经过 CFCC 认证，已建立了基本的管理机制，达到 CFCC 认证标准要求。

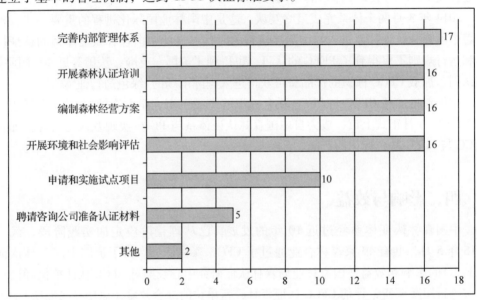

图 2-2　企业为通过 CFCC 认证开展的准备工作

从调研中还发现一个好的现象。16 家单位（89%）通过 CFCC 认证，编制了森林经营方案。这其中不但有私营企业，也有国有森工局和林场。这说明，虽然森林法要求编制森林经营方案，但实践中只有少量森林经营单位达到了要求，大部分森林经营单位并未能按照法律的要求编制方案。此外，森林经营认证以认证为主导方式，以市场激励为动力，致使森林经营单位编制森林经营方案，结合各单位对内部管理制度的优化，实实在在地提高了各单位的森林经营水平。

CFCC 的发展也吸引了众多资本和机构进行森林认证行业。中林天合是我国第一家 CFCC 认证机构，除此之外，吉林、山东、广西已成立认证机构，其中吉林松柏已开始开展认证业务；江苏等地也有意成立认证机构。同时 BV 等外资机构也有意开展 CFCC 森林认证。随着越来越多的认证机构开展 CFCC 认证，会形成有效的竞争，将进一步推动 CFCC 森林认证的发展。

(二)环境效益

CFCC认证试点结果显示，试点企业更加注重森林经营对环境的不良影响，积极采取有效措施减少森林经营对环境的负面影响。许多认证试点单位都加强了水源保护，严禁使用农药，尽量避免因修建林道或营林作业污染水源，此外均开展了森林经营活动对水质影响的监测工作。同时，在营林方案中有意识地选择多树种造林、营造混交林、保护乡土树种，保护了生物多样性及其价值，加大对湿地等自然保护区的保护力度。加大了控制非法猎杀、捕鱼和设套扑杀方面的力度，促进了濒危动植物及其生境的保护。认证试点也提高了职工的环境保护意识，提高了他们环境保护的能力，从而减少了其营林作业对环境的污染。

在森林认证效益调研中发现，CFCC森林经营认证产生的环境效益的总体评分均值为3.45，远远高于森林经营认证单位对经济效益的评价。其分析结果如图2-3所示。

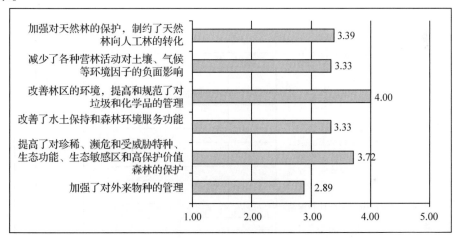

图2-3 CFCC森林经营认证环境效益分析

其中，评价最高的是改善林区的环境，提高和规范了对垃圾和化学品的管理(4.00)。这是因为，从经营单位的角度，林区环境的改善最直观、最感性，最为人所知。从实地访谈中也发现，森林经营单位对这方面的改善非常满意。提高了对珍稀、濒危和受威胁物种、生态功能、生态敏感区和高保护价值森林的保护(3.72)也为森林经营认证带来的直接环境效益。虽然国家相关法规要求保护珍稀、濒危和受威胁物种，但各单位就如何保护却没有一致的方法和实践，使得相关要求成一纸空文。而森林认证通过划分保护小区、开展监测等方式，切实保护了这些物种及生态功能。

相较之下，加强对天然林的保护，制约了天然林向人工林的转化(3.39)、减少了名种营林活动对土壤、气候等环境因子的负面影响(3.33)、改善了水土保持和森林环境服务功能(3.33)非常接近，表明经营单位认可这些环境效益，但效益叠加度并不明显。加强了对外来物种的管理的加权分值最低，仅为2.89，这与CFCC森林经营认证单位主要分布在北方天然林地区有关。该地区外来物种引进相对不多，引起的破坏不明显，导致该指标的分值不高。

（三）社会效益

森林认证试点发现，通过试点实现了巨大的社会效益。通过开展森林认证试点工作，一方面促进了森林经营企业社区环境和社区服务系统的完善，在用工方面更加公平、透明，社会公益活动更加丰富，进一步融洽了试点单位和当地村民的关系；另一方面，试点单位对照 CFCC 认证的要求不断完善单位的工会制度、劳保制度、体检制度等职工福利制度，员工的福利待遇得到一定的改善。此外，通过开展森林可持续经营、森林认证方面的相关培训，认证试点单位人员的整体水平得到一定的提高，保护森林的意识进一步增强。

CFCC 森林经营认证产生的社会效益总体评分均值为 3.41，与环境效益（3.45）大致相当，这表明社会与环境效益协调度非常高，而与经济效益协调度不高。其分析结果如图 2-4。

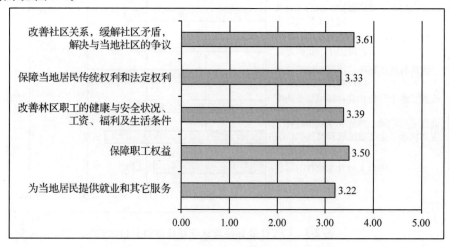

图 2-4 CFCC 森林经营认证产生社会效益分析

CFCC 森林经营认证重视对当地居民权利的保护和尊重，在通过 CFCC 认证后，森林经营单位遵照标准的要求，重塑了森林经营单位与当地居民的关系。经营方案、监测结果等相关文件的公示，提高了当地居民的参与感，对森林经营情况认识加深，减少了彼此之间的冲突。对职工的权益、健康与安全的高标准高要求使得森林经营单位配备了相关设备，保证职工的工作安全，也帮助企业更好地履行尊重保护职工政治经济社会权利、保障工作安全和身体健康方面的法律法规要求，为塑造企业良好形象创造了有利条件。

同时，不少企业在标准的实施过程中，有意识地聘用当地农民开展经营活动，并提供相关培训，提高他们的经济收入。此外，随着 CFCC 的推行，将有更多经营单位建立保护和尊重当地居民和社区权利的意识。

(四)经济效益

总体上,大部分森林经营单位认为,CFCC 森林经营认证的直接经济效益不太显著。通过对调研结果的数据分析发现,CFCC 森林认证产生的经济效益总分值为 2.80,具体指标分析结果如图 2-5 所示。从分值上看,各森林经营单位对 CFCC 认证的经济效益并不满意,尤其对认证木材创造的直接效益不满意,这与之前的研究结果相一致(徐斌等,2013;丛之华等,2013;KIRSTEN C 等,2012)。

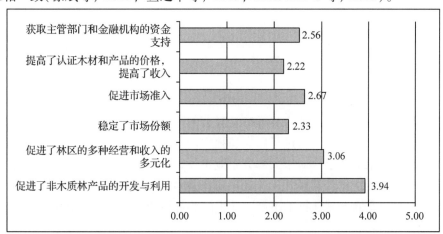

图 2-5 CFCC 森林经营认证经济效益分析

各经营单位对森林经营认证的间接效益评价较高,尤其是非木质林产品的开发和利用。这是因为 CFCC 认证的森林经营单位大多是位于东北国有林场和国有森工局,受天然林全面禁伐的影响,再也不能从森林经营认证获得直接经济效益,即认证木材的溢价,因此将目光转向多种经营及非木质林产品的开发和利用等领域。此外,在大力倡导林下经济,推动非木质林产品认证的背景下,越来越多的森林经营单位强调非木质林产品和多种经营。在实地访谈中,得知迎春林业局通过非木质林产品认证后,其主导产品椴树花蜜在市场上创造了市场份额迅猛扩大和价格大幅攀升的良好势头。这让其他林业局和国有林场,包括一些民营企业,看到了未来 CFCC 非木质林产品认证的美好前景和潜在效益。

获取主管部门和金融机构的资金支持排在认证产品溢价和稳定市场份额之前,这与 CFCC 得到国家林业局大力推行、相当一部分经营单位获得 CFCC 试点项目资金技术支持息息相关。大约有 10 家单位获得了 10 万~20 万元不等的试点项目支持资金,获得了技术培训,提高了管理能力,改善了森林经营水平,最终顺利通过了森林经营认证。这种间接经济效益对 CFCC 认证起到了促进和示范作用。

第三章　森林认证的准备与实施

森林经营认证是一种保证森林可持续经营的手段，是独立第三方审核机构根据森林经营认证标准对森林经营进行可靠和独立的验证，从而证明相关森林经营单位是否符合认证标准的要求。对于大部分企业来说，森林认证是一个新的概念，其标准要求也有别于传统的经营模式，并且需要花费时间和费用。这需要企业在综合评估的基础上作出是否开展认证的决策，并积极准备和开展森林认证审核。

一、森林认证的决策

森林认证也是一项长期且高成本的工作，需要花费时间和金钱。因此，森林经营单位需要在对以下几个问题进行全面分析的基础上，做出是否开展森林认证的决策。

(1)是否需要开展认证？

(2)需要开展何种类型的认证？

(3)哪些森林需要开展认证？

(4)哪个认证机构是好的认证机构？

(5)是直接开展独立认证还是参加一个联合体开展联合认证？

(一)确定认证的必要性与可行性

对森林经营者而言，在开展森林经营认证之前，必须要确认本单位是否有开展认证的必要，即要回答"认证是否为企业经营带来收益？"，"认证是否提高产品的市场竞争力？"，"认证的收益是否超过认证成本？"一系列问题。

总体而言，森林经营者基于很多原因决定开展认证，主要包括：①市场对认证产品的需求；②市场准入，即认证是产品进入新市场的要求；③认证是获得国家政策、金融信贷支持、外部投资的基本条件；④认证是达到经营目标的一种行之有效的工具(王虹等，2010)。无论是哪个原因，都要从不同方面进行考虑，最终目的是考察这个原因是否足以构成开展森林经营认证的充足且必要条件。

1. 市场对认证产品的需求

市场对认证产品的需求是开展认证的第一驱动力，也是森林认证得以发展的基本条件。如果森林经营者希望认证能提高产品价格，保持市场份额，就必须在开展认证之前，考虑当前或未来的市场需求量是否能实现这一认证目的。

首先，森林经营者需要对近一段时间内市场对认证产品的需求进行评估，即评估当前市场份额，并评估认证后市场份额是否会增加，产品价格是否会提高。同时要保证评估的准确性和切实性。在这个过程中，应努力避免主观因素对评估结果的影响。因为如果森林经营者急切地希望通过认证，他们很有可能高估市场对认证产品的需求。为此，经营者可以通过与销售人员交流、记录认证产品需求或分析下游单位认证原材料的使用情况，对认证产品市场需求信息进行收集和分析，并关注国家相关政策要求的修订。通过信息收集和分析，确定市场对认证产品的实际需求及其未来发展，再决定是否需要开展森林经营认证。

其次，由于认证是市场行为，需要明确市场对认证体系的偏好。可以通过分析下游企业对某种特定认证体系的需求进行确定。事实上，如果市场对某个认证体系不感兴趣，那么开展通过这种体系的认证几乎是没有意义的。通过信息收集的方式研究认证体系，可以避免个人或公司对认证体系进行盲目的提前判断。

2. 市场准入

市场准入也是森林经营者开展认证的重要原因。在此情况下，即使认证不能保证产品价格，经营者为了进入一个新市场，也不得不选择开展认证。在做出开展认证进入新市场这个决定前，需要仔细考虑以下三个问题。

①新市场对产品是否存在足够的需求？如果没有足够的需求，无法通过产品溢价、提高市场份额的方式弥补认证产品成本的上升。

②认证产品是否能满足新市场的其他要求，如质量、种类、价格等？这也是保证产品满足市场对认证的要求，顺利抢占市场的重要因素。

③新市场偏好哪个认证体系？只有提供市场需要的认证体系，才能进入新市场。

3. 认证是获得国家政策、金融信贷支持、外部投资的基本条件

如果认证是国家政策要求，或者是投资者或金融部门提供资金的条件之一，为了满足要求，森林经营者必须通过认证。问题是选择何种体系。

通常，在获知要求或条件前，森林经营者对认证可能不甚了解。在选择何种方式或体系开展认证前，必须了解相关政策要求，评估选择合适的认证方式和认证体系。如果国家政策或投资信贷条件明确要求通过某种认证体系的认证，森林经营者就必须按照要求开展相应的认证，满足认证标准的要求。在这种情况下，可以考虑采用阶段性方式开展认证，即逐渐满足认证标准的要求。

阶段性方式事实上是将标准分为几个阶段，将有限的资源集中到一两个任务中，随着时间的推移逐渐通过认证，以避免对标准和认证要求望而生畏。其核心部分包括预评估阶段和实施发展阶段，即首先由内部或外部审核员依据标准对森林经营现状进行预评估，找出差距；其次，森林经营单位自己或在咨询机构或认证机构的建议下，制定一个阶段性的整改计划，并要求在规定时间予以完成；最后，实施行动计划，并对行动计划实施及森林经营绩效定期验证，并由认证体系指定的审核员进行审核。当所有差距得到整改和弥补后，才算真正完成了认证审核。当然，在此期间，森林经营者必须解决好如何定义阶段和保证信息交流这两个问题，以确保阶段性认证的成功实施。

事实上，CFCC 认证提供的试点项目就是一种阶段性方式，森林经营单位可以通过申请实施 CFCC 认证试点项目，通过项目实施逐步理解 CFCC 认证标准的要求，寻找差距并进行整改加强，以最终通过认证。

4. 认证是达到经营目标的一种行之有效的工具

森林经营者如果将认证作为一种内部管理工具，想通过认证加强内部管理，提高森林经营水平，那么需要考虑的是哪种认证体系最能满足这种要求，并且需要考虑认证的时间要求，以评估自己的经营管理水平能否在规定时间内通过认证。

同时需要考虑的是，如果认证的目标是加强内部管理，提高森林经营水平，那么认证的中期目标将是什么？这是因为认证的一大特征是持续改进，是一个持续不断的过程。如果没有中长期目标，森林经营单位可能不会承担高昂的成本去继续开展认证。

（二）确定认证体系和认证范围

在市场上，可以选择不同的森林认证体系进行认证，包括国际体系 FSC、PEFC和国家体系 CFCC。在这些体系中，中国国家体系 CFCC 认证体系相较其他体系，与我国森林经营的现实状况更为贴近，同时也是唯一得到政府认可和支持的认证体系，并加入了国际体系 PEFC。因此，在可能的情况下，应优先选择国家体系 CFCC认证。

当森林经营者确定，通过 CFCC 森林经营认证可以满足其森林经营目的，即可着手准备申请 CFCC 森林经营认证。这时，可以先确定认证范围，即究竟哪些森林可以寻求 CFCC 森林认证？在森林经营认证的基础上，还可以开展哪些认证？

事实上，并不是所有森林都必须通过森林经营认证，认证范围通常是由森林经营者自己决定。但是，值得考虑的一点是，有些认证费用是相对固定的，如报告撰写、同行评审和差旅等，无论认证面积大还是小，其费用基本相差无几。因此，如果认证面积过小，认证费用将会过于高昂，从成本控制角度上性价比不高。此外，森林经营者在准备认证过程，无论面积大小，有些工作是一样的，相关成本也大致相近。综上所述，森林经营者应该综合考虑认证目的、成本控制、森林状况等多重因素，确定希望通过 CFCC 森林经营认证的森林面积及范围。

CFCC 森林认证领域涵盖了森林经营、产销监管链、碳汇林、竹林、非木质林产品、森林公园生态环境服务功能和生产经营性珍贵稀有濒危物种等认证。其中，非木质林产品等必须同时通过森林经营认证。因此，在决定通过 CFCC 认证时，应该首先根据事先确定的认证目的选择认证范围。如果以森林生产为主，可以仅开展森林经营认证。如果不以森林生产为主，例如东三省天然林全面禁伐后不能采伐木材，森林经营者可以根据需要开展森林经营＋非木质林产品认证。

总之，森林经营者可以根据自己经营的现状和需要，切合实际地选择森林认证的范围和认证类型。

（三）确定认证模式

在确定森林经营认证的必要性和可行性后，确定认证范围和认证类型，森林经营单位将确定认证模式。CFCC 森林认证与其他经营认证体系一样，是独立第三方审核，即按照 CFCC 森林认证标准，对森林经营管理及其产品产销监管链进行验证。CFCC 森林经营认证允许开展独立认证或联合认证。独立认证是一家认证机构为某个森林经营单位或某片森林进行认证。通常大中型森林经营企业会选择这种认证方法。为了通过认证，企业必须在经营过程中实施认证要求，并聘请一家认证机构开展认证审核。认证证书将针对森林经营单位/企业的经营范围进行发放。

联合认证通常是小规模森林经营者的首选。这是因为他们的经营规模小，无法承担独立认证产生的费用，且没有足够的技术力量理解和实施标准。联合认证由联合体经理确保联合体内所有会员能够理解和实施认证标准的要求。联合体经理承担了理解和解释标准的责任，帮助所有会员理解实施标准，为认证的实施提供了技术保障。此外，联合体作为一个整体进行认证，可以达到一定的经济规模，大大减少了会员要承担的认证成本。

因此，森林经营者在选取认证模式时，要根据成本核算结果、技术支持等方面进行综合的考虑。

二、森林认证的准备

认证程序启动后，森林经营者必须在森林经营实践中实施应用认证标准，同时经由独立第三方的审核员进行认证审核以确认经营活动符合标准要求。绝大部分经营单位在实践中将目光放在如何通过认证审核，而忽略了标准的实践和应用。请记住，森林认证的实施是在森林经营过程中运用标准开展经营活动，而独立第三方只是认证的程序。因此，本部分将重点阐释如何在森林经营活动中实施标准。

（一）理解标准的要求

CFCC 森林认证体系的核心和基础是认证标准（GB/T 28951—2012）。从标准指标方面分析，可以发现标准实际上蕴含着法规、经济、环境、社会这四大要求（表3-1）。

CFCC 森林经营标准由于其性质，多用专业术语表达，且各指标排列顺序和表达方式与森林经营活动在逻辑上有不一致性，因此导致森林经营者在理解上有一定的难度。此外，标准是一些笼统的要求，不够明确具体，同时兼有一定的灵活性，森林经营者需要花一些时间来充分理解消化标准的真正要求（王虹等，2010）。要真正理解标准要求，森林经营者或企业可以采取以下方式进行学习消化理解标准要求：

表 3-1　森林经营认证标准的主要要求

法规与政策框架	合法经营 依法纳税 森林权属 遵守相关国际公约
经济要求	森林经营方案 森林资源培育和利用 林产品的可持续生产 森林作业与作业计划经济可行 森林的多重效益 森林状况和经营措施的监测
环境要求	生物多样性保护 化学品的使用 垃圾和化学废弃物处理 环境影响及其评估 水土保持 森林资源的保护
社会要求	职工健康和安全 职工权益 培训和能力建设 社会影响评估 当地社区权利 当地社区发展和就业机会

（1）在森林经营单位内部开展学习讨论，对标准逐条加以诠释和学习。但这种方法有一定的局限性。如森林经营单位内部均对标准不能准确理解，那么在实际认证阶段会遇到一些困难或麻烦。

（2）寻找认证咨询机构。这些机构通常了解认证体系的标准要求，有的可能得到认证体系制定的标准实施指南或相关信息，可以帮助企业透彻理解认证标准的实际要求。

（3）到已通过认证的森林经营单位学习取经。通过认证的森林经营单位是最好的信息来源，由于他们已经历了实施标准和接受审核的整个过程，对标准有了一个较全面的理解和认识。如果这些森林经营单位能够分享这些经验，将是一个非常有用的支持和帮助。

（4）听取认证机构对标准的解读。认证机构为了开展审核工作必须对标准要求有全面而准确的理解。虽然认证机构不提供咨询服务，但他们可以在预审阶段提供有用的建议。

（5）参加培训，寻求项目或技术支持。不少认证机构、科研院校、大型客户、专业协会、认证体系都提供各式各样的培训，针对不同受众提供了不同的培训课程。森林经营者可利用这些培训机会学习理解标准要求。此外，一些国家政府推行其国家体系时，会启动推进相关的试点项目，为准备通过认证的企业提供相关的资金和技术支持，这也是理解标准要求的一个比较好的渠道。

（6）建立联合体，这对于小规模森林经营者而言是一个最佳选择。通过联合体经理获得标准要求的信息，尤其是经过联合体经理的理解诠释后，可以获得比较具体直观的操作指导。

（二）差距分析

差距分析是实施标准的一个重要步骤，指通过一定方法评估森林经营现有的绩效与标准要求的差距，即哪些要求能满足？哪些要求不能满足？差距在哪里？可根据森林经营企业的自身情况，选择不同的方法开展差距分析。总体而言，森林经营者可采用以下三种方法：

（1）内部评估。这种方法是促进森林经营者消化和思考 CFCC 森林经营标准要求的一个好方法，通常指定一个人或一个团组学习标准，然后引领整个评估过程。在内部评估过程中，需要注意的是参加评估的人员及其数量。由于森林经营认证是一个提高森林可持续经营的方法和手段，其标准涉及法律、社会、环境和技术要求，广泛涉及各个管理或技术部门及其人员，因此要保证这些相关的部门及人员能参与到内部评估中，提供更多的信息，帮助评估结果更准确、更全面。

（2）外部评估。内部评估有可能足以保证差距分析的成功，但对于一些森林经营单位而言，聘请外部专家或相关机构开展评估可能会更有效。这是因为有时候，限于技术力量，森林经营单位不能确切理解某些标准的含义，或即使找到差距，也不知道如何解决存在的差距，而外部专家或机构能根据他们的经验帮助森林经营单位快速找到经营实践与标准要求的差距，并提供解决的途径和方案。另外，如果森林经营单位内部资源不足或时间不够的时候，也可聘请外部专家或机构提供指导或帮助，以缩短差距分析的进程。在外部评估中，森林经营单位必须明白不是所有的专家或机构都有足够的能力帮助开展差距分析，因此必须谨慎地选择具有足够能力的专家或机构帮助开展外部评估，同时保证他们与内部员工的密切合作。

（3）绩效初评。这是一种更为正式的差距分析方法，即依据标准开展基线评估以找出差距或不符合项。可以通过内部审核来初步评估经营绩效，也可聘请外部专家或认证机构来开展评估。内部审核有助于全面把握存在的差距，且成本较低，但如果对标准理解不准确或内部人员缺乏经验，就达不到预期的效果。外部审核成本较高，而且必须要求外部专家具备足够的能力，否则评估效果会不理想。但是如果外部专家能力足够的话，对标准非常熟悉，将能快速有效地找出差距，并帮助经营单位制定解决差距的方案或途径。认证机构的外部审核是最准确可信的，而且如果森林经营单位能满足大部分标准，可以将评估结果作为预评估的结果。但问题是认证机构不向客户提供咨询服务，因此不能帮助森林经营单位制定解决差距的行动计划，此外认证机构的外部审核成本最高。

（三）制定计划并实施

改进和完善森林经营管理以实现森林的良好经营。在差距分析之后，森林经营单位应对森林经营中存在的不足加以改进，制定明确的经营计划，采取切实可行的实施步骤，在规定时间内完成整个过程（王红春，2014）。

行动计划包括解决每个差距的计划及计划的实施时间表。在制定行动计划时，需要考虑行动、责任和资源三个问题。在行动方面，主要考虑需要采取哪些行动解决存在的差距，以满足标准要求。例如，如果在内部监测方面存在着差距，就需要在日常经营活动中增加监测的要求。在责任方面，需要明确负责实施行动计划的部门或人员，例如垃圾管理由哪个部门或哪些人具体负责，以达到标准的要求。在资源方面，应确定需要运用的资源，包括用于购买新设备的资金或参与实施行动计划的人员时间等。

同时，确定行动计划的实施时间表也非常重要，在森林经营单位有许多地方需要改进且资源有限的情况下尤其重要。由于森林认证标准的实施是认证审核的先期工作和基础，不现实的时间表将可能导致不能完成标准实施，进而导致整个认证审核的失败。通过制定时间表来管理行动计划实施的顺序，保证行动计划的合理性和实施的有序性。在制定行动计划时间表时，需要考虑各种不同的因素及其产生的后果。例如，在多个活动中，有些活动是其他活动的基础，时间表必须确保基础活动的先行开展。这在环境相关活动中十分明显，环境影响评估是开展环境保护的基础，因此在制定行动计划时间表时，必须优先保证环境影响评估的优先实施，以保证后续行动计划的开展，并保证整个行动的延续性。此外，不同行动需要不同部门和人员参加，有的行动可能同时需要同一个部门或同一批人员参加，在制定时间表时，不能将这些工作集中在一个时间段，造成资源或人员的紧张，尽量将计划开展的工作合理分布在不同时间段，保证行动的连续性和部门或人员的充分参与性。同时，在制定时间表时，要合理分配容易完成的行动任务和艰巨的任务，不能完全按照先易后难的顺序安排，以避免工作的滞后。

森林认证标准的实施是企业经营活动的一部分，不是认证机构的责任，因此在制定行动计划时，可以将行动计划与年度森林经营计划结合起来，有的放矢地开展整改活动，也可与森林经营单位制定的年度经营目标和指标结合起来，加强日常经营活动，以满足标准要求。或者，森林经营单位还可扩展既有的计划，将需要弥补的相关差距纳入现行计划中。例如森林经营单位已通过ISO14001，会有一个环境计划实施环境政策和目标，如果在环境方面还存在着差距，可扩展这个环境计划，使之包含环境差距行动计划，整体加以改善和提高，进而达到环境保护目标。

一旦做出计划和时间表，就要按照计划和时间表严格实施。相对而言，已实施了质量或环境管理体系的森林经营单位较容易实施这些计划，而没有相关体系的经营单位则面临着一定的挑战，特别是小规模森林经营单位，面临着技术、资源、人员各方面的困难和挑战。通常，在实施过程中，必须确保三个关键因素的实施。一是管理高层对实施行动计划的承诺和实际支持，如果整个经营目标、管理体系和效益不能与标准相结合，行动计划的实施也是不可能实现的，而管理高层对实施行动计划的支持，是在整个经营体系中引入标准要求并成功实施计划的核心和基础。二是责任明确具体，要求实施计划的人员或部门按照行动计划和时间表实施计划，认识到他们的职责，理解他们需要做什么，怎样去做，这对于实施的成功至关重要。三是资源分配合理，要保证资源在需要时能够及时获得，以确保实施的成功。例如，在开始阶段，需要开展人员培训，培训相关的资源或资金必须到位，才能确保下一阶段工作的顺利开展。

(四)监测实施进度

改进行动是否按计划实施，需要定期监测，才能知晓实施进度，这主要是监测行动计划是否按照时间表顺利实施，及行动能否有效弥补差距并满足标准要求。监测的形式是多样的，可以采取非正式、快速的实时检查，也可以是正式的内部审核。

(1)非正式进度监测，即相关负责人定期检查与行动计划相关的活动及其进展情况，确保标准要求得以满足。这种方式适用于小规模森林经营单位，也适用于整改活动不多的大中型森林经营单位。

(2)正式的进度监测，即由负责实施行动计划的人员或部门定期在内部审核行动实施的进度并向管理高层定期汇报进展情况。这适用于大规模森林经营单位或有许多不符合项的森林经营单位。正式的内部审核能够提供更多的进展信息，也能通过部门外的审核发现行动实施人不容易发现的问题。虽然内部审核会产生一定的成本，但事实上，对于已实施质量或环境管理体系的经营单位，只需要对内部审核计划进行扩充，加入认证指标的审核即可。

(3)经营评价，即将监测过程中收集的信息及内部职工在实施标准过程中的经验运用到经营实际中，并评价经营活动是否有所改善和提高。小规模森林经营单位可以采取非正式的方法，进行经营评价。而大规模森林经营单位可以采取一种正式的评价机制，定期开展经营评价，从而监测行动计划的进展情况，以及经营活动的改善情况。

(五)联系认证机构

当森林经营单位完成差距分析，制定实施行动计划进行整改，并自认为取得了满意的效果，能达到认证标准的要求，就可以进入独立第三方认证审核程序。通常情况下，森林经营单位在全面实施认证标准要求之前，可以决定开始认证程序和预评估。通过预评估，查找新的差距并采取进一步的行动予以整改，同时确认在认证标准实施过程中的差距分析是否找出所有的差距并予以整改，以帮助森林经营单位在最终开始认证之前解决已发现的所有差距，并进行弥补。当所有工作完成之后，就可以根据之前选定的认证体系和认证机构，联系认证机构，进入认证审核程序，以期取得认证证书。

三、森林认证的实施

森林经营认证包含多个阶段，虽然不同认证体系的认证程序并不完全相同，但一般包括以下步骤：申请和提交建议书；预审；主审；同行评审；认证决定并颁发证书；监督审核（LY/T 1878—2014）。如果通过认证，就可颁发认证证书，证书有效期一般为 5 年，每年进行一次年审或在必要时开展监督审核。主要阶段如下。

（一）认证申请

这是选择认证机构的过程。森林经营单位应根据市场的需要确定是否开展森林认证，同时选择出合适的认证机构。森林经营单位在依据认证标准对本单位的森林经营情况进行内部评估后，确认基本达到认证标准的要求，即可向认证机构提出申请。认证机构的信息可以从认证体系的认可机构或体系管理机构的网站上获得。

CFCC 认证机构会提供一个申请表，由申请认证的森林经营单位填写，并根据填写的信息提供一个建议书，包含认证程序和认证费用。这个程序是免费的，不需要承担任何费用。申请认证的经营单位可以同时向几家认证机构要求提供认证建议书，以确定哪一家是最好的。CFCC 认证机构名录见表 3-2。

表 3-2 CFCC 认证机构名录[*]

机构名称	联系方式			
	电话	传真	地址	电邮
中林天合（北京）森林认证中心	010 – 84238564	010 – 84238565	北京和平里东街 18 号（100714）	ztfcbj@163.com
吉林松柏森林认证有限公司	0431 – 85646533、85626998		吉林省长春市人民大街 4756 号（130022）	JLFC2007@163.com
江西山和森林认证有限公司	0791 – 83857524	0791 – 83857524	江西省南昌市红谷滩新区万达广场 A3 栋 1603～1605 室	shfc66@126.com QQ：3126194911
临沂金兴森林认证中心	0539 – 8729832	0539 – 8729832	山东省临沂市兰山区新华一路 28 号（新华路与启阳路交汇处西）（276001）	lyjzongheke@163.com
江苏致远森林认证中心有限公司	8625 – 85332629	8625 – 85332629	南京市鼓楼区汉中路 180 号星汉大厦 9 楼 C 座（210029）	Jszyfc001@163.com

注：信息收集截至 2016 年 3 月

森林经营者在选择认证机构时，应考虑以下几个方面：

认证程序的透明度和保密性。认证过程的透明性是认证体系可信的一个重要保证，而对认证过程中获得的信息保密性也至关重要。一些公司可能不愿过多透露自己的信息，以免竞争者从中获取有用的信息形成强有力的竞争。

审核员的素养和能力。即审核员是否具备开展认证审核的能力？是否会依据标准客观地、公正地、独立地开展审核？能否用当地语言进行交流？

认证费用的高低。这是多数森林经营者所关心的问题，但有时森林经营者为了达到其认证目的，也会心甘情愿承担较高的认证费用。

在有些情况下，森林经营者可能会根据自己的认证目标，同时选择 CFCC 和其他体系如 FSC 开展认证，那么能同时提供这几种体系认证服务的认证机构将是一个优先选择，因为这将为企业减少选择程序，减少认证费用、减少认证时间，对森林经营者而言，是较为省时省力省钱的一种选择。

（二）预审

此程序是可选的，其主要目的是使认证机构初步了解申请认证的森林经营单位的基本情况，确定森林认证是否可行。预审是在选定认证机构并签订合同之后，在主审之前，确定森林经营单位的森林经营实践与审核准则之间的主要差距或问题。预审实质上是为主审做准备，不是所有森林经营单位都必须参加预审。但是预审可以帮助森林经营单位找出差距，为主审的顺利开展扫清障碍，因此是有必要的（王红春，2014）。此外，预审还是审核员评估是否有必要开展主审的一种手段。如果预审后，发现存在着过多差距，且在短时间内不能整改完毕，审核员会判定相关森林经营单位不合适开展主审，这样将为森林经营单位减少不必要的费用。从目前来看，几乎所有 CFCC 认证机构均要求开展预审。

预审可根据所评估森林经营作业的类型（如经营的复杂程度、规模大小、存在争议的性质等）以及客户的特定要求灵活安排。认证机构通常派一两个审核员对申请认证的林地或林业企业进行初步审核，找出现有森林经营状况与标准的差距，并提出对认证审核的建议，以避免直接开展主审不能通过产生的风险。在预审中，审核员可以在主审前了解森林经营单位或联合体的基本情况，为主审做审核计划，同时为森林经营单位提供了一个与审核员见面沟通的机会，有助于经营单位了解认证程序。预审通常以森林经营作业的现场审核为主，也可结合森林经营单位的文件审核和利益方访谈。预审不做出审核结论，但会撰写差距分析报告，总结发现的问题。

但是，值得注意的是，预审并不是正式审核。预审小组主要依据标准评估是否存在不符合项，找出差距。因此，森林经营单位在回答预审小组的相关问题时，应该坦诚相告，不要有所隐瞒，这样才能让预审小组了解真实的情况，有效找出差距，并针对主审作相应的准备。同样，不要只提供有利的信息给预审小组，隐瞒对自己不利的事实和问题，因为这些问题通常会在主审时暴露出来，成为不符合项。

（三）主审

主审是对森林经营活动做出的正式和全面的评估，以判定受审核方的森林经营活动与认证标准的符合性。主审是审核经营状况是否符合认证标准，通常由审核组实施。主审的内容应包括受审核方的整个森林经营体系及其实施情况，覆盖所有的森林经营活动和森林经营类型。在主审过程中，森林经营单位对审核组、审核方法和审核程序均要所了解，并予以积极配合。

1. 审核组

由于森林经营认证强调森林的可持续经营，且重视社会、经济和环境三个方面，所以审核组成员至少包括三名成员，即至少应包括分别具有环境、社会和森林经营背景的三位审核员，并按照严格的审核程序进行审核。审核组会指定一名组长，负责制定审核计划、与森林经营单位联系、主笔审核报告等事宜。根据预审结果，决定审核组的成员。审核组的名单须提前提交给申请认证的森林经营单位或联合体。

如果森林经营单位对审核组的成员组成有意见，可以要求认证机构更换人员，但必须给出充分合理的理由，否则认证机构可以拒绝。只有在认证机构认为不合适的情况下，例如该人与森林经营单位有直接利益关系或曾在该经营单位工作过等，才会同意更换人员，以免影响公平公正地认证审核。

2. 首次会议

主审通常以启动会的形式开始，通称首次会议。这对接受审核的森林经营单位来讲，是一个学习的好机会，可以提问以充分理解认证程序及相关工作，所以应让尽可能多的职工参加首次会议，从而对相关工作有所准备，并给予积极的配合。

首次会议由审核组组长安排主持，会议内容由认证机构和审核组组长决定。通常会介绍审核组成员及职责；确认审核目的、范围和准则；介绍实施审核所用的方法和程序；确认保密事项；确定审核日程、地点以及相关的后勤安排等事项。森林经营单位也可利用这个机会介绍其经营状况，说明本单位的经营体系、组织架构和主要人员，并说明如何配合认证工作。经营单位的介绍对审核组而言是非常重要的，可以让审核组对经营活动形成一个基本的认识，从而与接下来的工作建立联系。在首次会议上，审核组将最终确定工作计划，并确定需要走访的部门。当然，审核组也可能在审核过程中决定下一个走访地点。

3. 审核

审核组按照标准对森林经营绩效进行全面评估和审核，审核采用抽样方法进行。其程序与预审基本相同，包括文件审核、现地考察及利益方访谈三种形式，只不过审核的内容比预审更为具体、准确。

首先是文件审核，审核组成员会查看大量的文件和记录，检查其内容。有时，在主审之前，审核组会要求接受审核的森林经营单位提供相关的文件或记录，以帮助他们在主审之前，对相关文件或记录进行查看，明确需要考察哪些地点。因此，在到达受审核方前及进入现场后，审核组要核查受审核方提交的文件和记录。如有可能，还要核查来自外部的文件或记录。在文件审核过程中，应对照审核准则对受审核方的森林经营管理体系文件、规章制度、作业规程以及生产经营活动的记录等进行核查。同时，审核组会考虑以下几个问题：这些文件是否符合标准的要求？是否保存了相关的记录？由谁来负责开展这些归档的经营活动？等等。当然，文件审核也可以在现地考察中进行查看。

其次是现地考察，审核组采用抽样的方法，决定考察地点。在现地考察中，审核组会根据已有文件审核结果检查经营方案、经营程序和规则是否予以实施，实施是否有效，是否达到预期的目标等。

最后是利益方访谈，审核组在文件审核和现地审核过程中，会花大量时间与职工、认证负责人、承包人或联合体成员进行访谈，主要了解他们是否了解并理解森林经营相关的文件，是否根据要求记录并予以保存，是否按照要求真实有效实施相关要求等等问题。审核组鼓励每个接受访谈的人都开诚布公地回答问题，为保证信息的真实性，审核人员不希望管理人员参与讨论，这是因为职工通常不能在有管理人员在场的情况下提供真实的情况。因此，应保证审核组成员单独与职工或承包商进行访谈。

当然，这三种方法不是完全分开单独进行的，而是一个有机的整体，通常在文件审核中，也会进行访谈；在现地审核中也有文件审核和访谈。所有方法只有一个目的，即收集证据证明森林经营单位满足或不满足标准的要求。

4. 提出不符合项

如前文所述，审核组的主要任务是采用文件审核、现地考察和访谈三种形式收集森林经营单位是否满足标准要求的证据。如果他们发现森林经营单位不满足标准要求的证据，就将其定义为不符合项。若发现不符合项，就要指出相关发现，并指出与标准不相符合的地方。森林经营单位按照标准进行整改。目前，认证机构并不提出所谓的整改要求，只是说明与标准的不相符合性，并不具体提出如何整改。因为认证审核只是依据标准和客观事实说明问题在哪，并没有帮助森林经营单位开展整改活动的责任和义务。具体整改计划和活动要由森林经营单位确定并实施。

根据 CFCC 认证体系的要求，不符合项分为轻微不符合项和严重不符合项。轻微不符合是指孤立的、偶发性的，并对受审核方的森林生产经营不会造成全局性、系统性影响的情况，如临时的过失、不常见或非系统性的问题、仅在有限的时间和空间产生影响并且发现后可立即纠正、采取纠正措施后可确保不再发生、不会对审核准则的目标造成严重影响。如果出现轻微不符合项，认证可以继续进行但要求在规定时间内进行整改，如果逾期不整改，将自动升为严重不符合项，如仍未整改，将被暂停证书的使用。

严重不符合项是在森林经营完全不符合标准要求或在执行经营方案和程序时存在系统性、连续性问题时产生的情况，导致或可能导致严重不符合审核准则要求。不符合情况持续了很长一段时间，重复发生或系统性问题，影响范围广。发现问题后，森林经营者没有及时纠正或没有做出回应。对审核准则的目标造成严重影响等情况可判定为严重不符合。如果发现严重不符合项，必须在通过认证前得以解决。

5. 末次会议

经过几天的审核活动，通常以一个总结会来结束。该会议又称末次会议。在审核组组长总结的末次会议中，审核组会向森林经营单位反馈其审核发现，提出不符合项。当然，这些问题和情况在审核过程也随时交流给森林经营单位。因此，末次会议上反馈的情况应已被森林经营单位知晓。应该注意的是，审核组在审核过程中应与森林经营单位保持畅通的联系和沟通，末次会议反馈的问题不应完全在森林经营单位预料的范围之外，否则会引起经营单位强烈的抵触情绪。

末次会议不但会谈及发现的问题，也会指出森林经营单位做得好的方面。但由于时间有限，审核组应将关注点放在不符合项上。不过，这对希望通过认证的森林经营单位也是一个非常好的学习机会。因此，经营单位应充分利用这一机会，大胆提出问题，并充分开展讨论。如不同意某个不符合项，可以提出不同意见，如果能提出充分证据来证明不符合项的不妥之处就更好。

在末次会议上，审核组只会反馈审核发现，并提出相关建议和意见，但不会做出认证决定。认证决定由认证机构根据审核组的审核发现并经过特定的评审程序做出来的。这种制度安排的目标在于保证审核活动的公正性、公开性和独立性。

（四）关闭严重不符合项

如果在审核过程上，发现了轻微不符合项，将不影响认证的通过和证书的发放，但必须在下一次监督审核前得以解决并予以关闭。但如果发现了严重不符合项，特别是主要标准的严重不符合项，就必须在颁发证书前解决并予以关闭。

所有不符合项将在末次会议上进行讨论，而且审核结束后，审核组在规定时间内尽快通过书面形式与寻求认证的森林经营单位进行确认。经营单位根据审核组提出的不符合项，采取纠正措施进行整改，满足标准的要求，在整改完毕后通知认证机构。认证机构将指派相关审核员审核森林经营单位是否采取合适的行动解决所发现的严重不符合项。检查的形式多样，如果是文件方面的问题，可以采用办公室文件审核的方式进行检查，只需要森林经营单位提供相关的文件或记录即可。只有在必要的情况下，才派审核员开展现地审核。通常如果是技术、环境等主要标准的严重不符合项，就必须派审核员甚至是审核组全部成员开展现地审核。只有通过相关审核，才能由认证机构关闭严重不符合项。

从程序和成本上讲，关闭严重不符合项是极不符合成本效益的，因此森林经营单位在开展主评估之前尽量发现主要问题并予以解决，以免支付额外的费用和时间，减少不必要的支出。

（五）认证报告与同行评审

主审完成之后，审核组组长将负责起草一份认证审核报告。CFCC 制定了森林经营认证审核报告的提纲和模板，不同认证机构据此编定审核报告模板，但略有不同。一般而言，报告通常包括可对外公布的报告摘要（包括背景信息、认证信息和认证审核结果），或认证森林及其经营单位的信息，同时也包括审核报告和审核清单（此部分不对外公开）。审核组其他成员将为组长提供相关的信息和证据，协助组长完成报告。报告完成后，必须向认证机构和接受审核的森林经营单位提交报告，征求他们的意见，森林经营单位可就某些错误或疏忽的信息或结论进行澄清。如森林经营单位提出不同意见，审核组在综合考虑后，也可坚持自己的审核发现和审核结果。

在最终做出认证决定之前，为了确保审核报告的可靠性，审核报告和相关文件资料还需交给至少由 2 名独立专家组成的审核（或复查）小组审阅。同行评审专家由认证机构来挑选，但应该告知接受审核的森林经营单位，如果经营单位有异议，也可以向认证机构提出来。同行评审专家根据报告提供的信息，依据其对该地区森林和林业的专业知识，评审审核活动是否适当，发现的问题是否合理，并提出自己的意见。认证机构必须回答同行评审专家提出的问题，在必要时，将对评审专家提出的问题提出新的不符合项，并关闭不符合项，或提出修订整改要求。

（六）颁发证书和监督

经过同行评审，且关闭了所有严重不符合项之后，认证机构有关部门将根据审核报告和同行评审专家的意见对是否通过认证做出最后决定。如果批准，则颁发认证证书。森林经营单位可公布认证的消息，并申请认证标志。

为了确保被认证的森林经营单位的森林经营状况持续符合认证标准，认证机构要对其经营活动开展定期监督审核，一般每年一次。监督审核是一次简化的主审，由监督审核组开展与主审相同的认证程序，定期监督审核在五年时间内应覆盖森林认证评估的全部内容和森林经营活动的所有类型。

在定期监督审核中，主要注意以下几个要素：

①检查之前认定的任何轻微不符合项已得到解决，可以关闭；

②检查针对主要严重或轻微不符合项的整改行动计划已经实施，并成功地解决了所有不符合项；

③检查认证后是否持续符合标准的要求；

④对于新增森林或联合体会员，开展现地考察并根据情况进行访谈；

⑤处理自上次审核后的投诉或利益方建议；

⑥如果自上次审核后，认证标准有所修订，应检查修订的标准是否得到实施。

此外，如被审核组织的管理体系和经营条件等方面发生变化、经营管理模式或林地利用模式发生重大变化、出现违反森林经营认证标准的重大投诉、前次审核提出了严重不符合项、出现重大违法违规行为时，要及时开展监督审核，也称为特殊监督审核。

监督审核中发现的任何不符合标准要求的证据都将导致提出整改要求。如监督审核不能通过，认证机构将做出暂停、撤销、终止认证证书的使用，直到森林经营单位整改结束，并通过相关审核。

（七）再认证审核

通过认证取得证书后，证书的有效期为5年。当证书到期之后，认证申请方可根据自己的实际需要，按照相关规定向认证机构申请再认证审核。

再认证审核是在获证期间维持认证的基础上进行。如在整个认证有效期内均能保持良好的状态，则可采用简易的审核方式，不进行预审和同行专家评审，但再认证审核的其他程序与初次认证的审核程序相同，其审核范围应覆盖森林经营的所有活动类型。

森林经营认证标准解读与实践指南

　　森林认证标准是森林认证机构开展认证审核的依据和基础，它规定了森林经营单位开展森林经营认证应遵循的准则。本篇结合中国森林经营的实践和森林可持续经营的要求，详细介绍了CFCC森林经营认证各项标准提出的背景、具体要求并进行了解读，同时提出了森林经营单位践行标准的实践指南及实施记录。本章按照森林可持续经营的要求，按照法规框架、经济、环境和社会四个方面，将CFCC森林经营认证的标准体系分为法律与政策框架、林产品的可持续和最优化生产、生态环境保护、公众利益和社区发展四个方面进行了详细介绍。需要指出的是，各森林经营单位的具体情况各不相同，针对不同规模、不同类型森林的标准要求具有差异性，森林认证机构依据森林认证标准进行审核。文中所提供的操作指南或记录可帮助森林经营单位满足认证标准的要求，或作为符合认证标准要求的证据，但非必需的要求，仅供森林经营单位参考使用。

第四章 法律与政策框架

为实现森林可持续经营，首先需要做到政策保障到位。通过完备的法律法规和具体可行的政策举措对森林经营者及利益相关者的行为进行约束，对林地用途、森林采伐等进行监督管理。认证标准要求所有森林经营单位应遵守国家法律法规、部门规章和国际公约的要求，从而从法律角度促进森林经营单位经营作业的实质改进。为保证森林经营单位能够对林地进行长期的经营管理，营林者必须具有使用或拥有该林地的法律凭证——林权证，确保该林地能够长期存在。本章的目的是为了确认申请认证的森林经营单位，能够以保护森林为目的在其拥有或租赁的林区内开展长期森林经营。森林经营单位有责任采取正面积极的方式，解决森林经营单位与森林使用者之间发生的冲突，与当地社区及个人通过谈判及联合经营管理或森林资源共享等形式保护森林。

一、遵守法规和国际公约

（一）背景

森林经营应满足所在国家所有适用法律法规和国家签署的与森林经营相关国际公约的要求。所有森林经营单位都必须在法律法规的框架下开展工作。遵守国家法律法规是森林认证的基本要求之一。一般来说，森林认证的标准比法律的要求更严格、更具体，但都必须依照国家的法律法规制定，标准中有关林业权属、经营规划、可持续生产、生物多样性保护、森林监测与评估等要求，必须与国家森林经营政策基本一致。政府制定有关森林可持续经营的法规政策，明确森林与林木的权属，提高森林经营单位的技术与管理能力，可为森林认证创造良好的政策环境。而一旦开展森林认证，也反过来有助于国家法律法规的施行，并可检验森林经营单位是否守法经营（徐斌等，2013）。

（二）标准要求与解读

《中国森林认证 森林经营》指标体系"3.1 国家法律法规和国际公约"中对森林经

营单位遵守法规方面做了具体要求，相应要求包括：

3.1.1 遵守国家所有相关的法律法规。

3.1.2 依法缴纳税费。

3.1.3 防止非法采伐森林、在林区的非法定居、毁林和其他未经许可的活动。

3.1.4 依法保护林地，严禁非法转变林地用途。

3.1.5 遵守国家签署的各种具有约束力的相关国际公约和协议。

标准的具体要求及内容如下：

1. 遵守国家相关法律法规

我国林业的法律体系包括由全国人民代表大会及其常务委员会颁布的法律，如《中华人民共和国森林法》；国务院颁布的法规，如《中华人民共和国森林法实施条例》；国家林业局(包括原林业部)颁布的部门规章，还有各省、自治区、直辖市颁布的地方性林业法规和规章。本标准要求森林经营单位应遵守国家和地方相关法律法规，包括有关森林、环境保护、野生动物保护、水土保持、自然保护区、劳动保护、安全生产、林地权属、防火、病虫害防治等法律法规，也包括国家林业局发布的技术规程(详见国家标准《中国森林认证 森林经营》附录 A)。

CFCC 森林经营认证标准要求森林经营单位应备有现行的法律法规文本；森林经营符合国家相关法律法规的要求；森林经营单位的管理人员和员工了解国家和地方相关法律法规的要求；如果森林经营单位曾有违法行为应已依法采取措施及时纠正，并记录在案。

2. 依法缴纳税费

依法缴纳所有的林业税费，是森林经营单位的责任。林业主要的税费包括营业税、增值税、农林特产税、个人所得税、城市维护建设税等税种，以及育林基金、森林植被恢复费、陆生野生动物资源保护管理费、森林植物检疫费、林权现场勘察费、野生动植物进出口管理费、绿化费、上缴利润等，具体规定各地各不相同。目前大部分的林业税费均已取消。

CFCC 森林经营认证标准要求森林经营单位相关人员了解所需缴纳的税费；森林经营单位依据《中华人民共和国税收征收管理法》、《中华人民共和国企业所得税法》以及其他相关法律法规的要求，按时缴纳税费。

3. 依法保护林地，严禁非法转变林地用途

森林经营单位必须采取有效措施保护森林资源，使其免遭非法砍伐和其他与森林可持续经营相悖的活动的影响。但在保护森林免遭非法活动损害的同时，也应考虑保护其他人的合法使用权和传统使用权。我国《森林法》、《森林法实施条例》以及国家林业局《占用征用林地审核审批办法》、《占用征用林地审核审批管理规范》对征占用林地作出了明确的规定，建立了征占用林地的审批和补偿制度。征占用林地需要向县级以上林业主管部门提出申请，经县级林业主管部门依法审查，再逐级上报省(自治区、直辖市)乃至国务院林业主管部门审核，并按规定支付林地补偿费、林木补偿费和安置补助费等。

CFCC 森林经营认证标准要求森林经营单位采取有效措施，防止非法采伐、在林区的非法定居及其它未经许可的行为；占用、征用林地和改变林地用途应符合国家相关法律的规定，并取得林业主管部门的审核或审批文件；改变林地用途确保没有破坏森林生态系统的完整性或导致森林破碎化。

4. 遵守国家签署的相关国际公约

政府签订国际公约以后，就具有履行国际公约的义务。我国作为负责任的大国，已先后加入了《濒危野生动植物种国际贸易公约》、《生物多样性保护公约》等多项国际公约。

CFCC 森林经营认证标准要求森林经营单位备有国家所签署的、与森林经营相关的国际公约(详见国家标准《中国森林认证 森林经营》附录 A)；森林经营符合国家所签署的、与森林经营相关的国际公约的要求。

（三）实施指南

(1)收集相关的法律法规、政策、地方法规和国际公约文本。包括国家现行的法律、法规，部门规章、技术规程和指南，地方法规、技术规程和指南，各项经营活动所遵守的规程、规范和政策、我国签署相关国际公约和协议中文文本等。

(2)采取有效措施保证法律法规的实施以及防止在林区的非法活动。例如相应负责部门和人员负责法律法规的收集、跟踪与执行，如法制办和宣传科；建立森林资源管理和林政管理部门组织机构，设立木材检查站、森林公安、监督机构、护林员等各种管理人员职能和岗位责任制等单位内部制度；开展法律法规或国际公约的培训，如普法宣传；必要时开展国际公约的适用性评估，提供针对性培训。

(3)遵守所有与森林经营活动有关的法律法规和国际公约。必要时开展有关法律法规及国际公约实施情况的自查，若有违规，则进行整改，保留相关记录。

(4)依法缴纳税费并保留证据。相关财务人员应掌握本单位应缴纳的税费种类、比率、额度及上缴时间等；及时缴纳所有依法规定的税费，并保留纳税申报表、完税证明、缴费收据、发票等。

(5)征占用林地应依法申报，取得相关主管部门的批准，并且在实施过程不会破坏森林生态系统完整性或导致森林的破碎化。

（四）实施记录

在贯彻和实施标准的过程中，需要制定相关的管理制度并保留过程记录，以便向认证机构展示符合认证标准的相关要求。现将建议的记录分为管理类文件和过程记录两大类分述如下，以供参考。

1. 管理类文件清单

(1) 相关的法律法规、政策、地方法规和国际公约文本，包括标准附录中所录的清单。

(2) 单位内部有关法律法规跟踪与执行的部门与制度，如法制办、宣传办、林政、木材检查站、森林公安、护林员等各种林政管理机构的设置及职责文件。

(3) 林区内为防止非法采伐及其他非法活动的相关制度、规定或采取的措施，包括森林资源管理机构和人员设置、管理人员岗位责任制、巡护管理制度文件等。

2. 实施过程记录清单

（1）采伐计划、采伐许可证、检查记录及其他依法经营的检查报告或记录。

（2）进行相关法律法规和国际公约的培训计划、培训或学习宣贯记录，包括计划、时间、地点、参加人员、培训内容、媒体材料、培训教材等。

（3）对违法行为所采取纠正措施的记录和处理结果的文件。

（4）针对非法活动的监督、检查、巡视或验收记录，包括非法采伐、非法定居、毁林和其它违法行为的记录及处理结果。

（5）用地审批计划，占用、征用林地和改变林地用途的报告，依法审批林地的申报和审批文件等。

（6）需要缴纳的各种税费种类和清单，以及各年度缴纳税费情况和各种缴纳税费凭证和财务报表，包括纳税申报表、完税证明、缴费收据、发票等。

（7）必要时，提供与森林经营相关国际公约的适用性评估报告及实施记录等。

二、所有权与使用权

（一）背景

森林可持续经营是一项长期的事业，需要在整个过程中对森林资源进行投入和保护。因而拥有森林的长期法定所有权或使用权对森林可持续经营至关重要。

（二）标准要求与解读

《中国森林认证 森林经营》指标体系中的"3.2 森林权属"对森林经营单位在所有权与使用权方面做了具体要求，相应标准包括：

3.2.1 森林权属明确。

3.2.2 依法解决有关森林、林木和林地所有权及使用权方面的争议。

标准的具体要求及内容如下：

1. 森林经营单位应具有长期有效的法定权利经营森林，即森林权属明确

森林权属是指森林、林木、林地的所有权和使用权。在实践中，这些权利是可以分离的。《森林法》规定，国家所有的和集体所有的森林、林木和林地，个人所有的林木和使用的林地，由县级以上人民政府登记造册，发放证书，确认所有权和使用权。自 2000 年 4 月起，国家林业局启用全国统一样式和编号的林权证，其中登记表中分别登记林地所有权权利人、林地使用权权利人、森林或林木所有权权利人以及森林或林木使用权权利人。同时，我国相关法律对森林、林木和林地的流转也作出了规定，并需要流转双方签订流转合同，并申请林权变更登记。

CFCC 森林经营认证标准要求森林经营单位具有县级以上人民政府或国务院林业主管部门核发的林权证；承包者或租赁者有相关的合法证明，如承包合同书或租赁合同等；森林经营单位有明确的边界，并标记在地图上。

2. 依法解决有关森林、林木和林地所有权及使用权方面的争议

林权纠纷，也称林权争议，是森林、林木、林地的所有者或使用者就如何占用、使用、收益和处分森林、林木、林地问题所发生的争执或纠纷。其产生的原因是多方面的，有历史遗留的，也有经营管理过程中产生的，以及技术上的原因及协议不明确等原因。我国林权争议处理的依据是 2000 年国家林业局颁布的《林木林地权属争议处理办法》，大部分省份在此基础上提出了更为详细的规定或办法。

CFCC 森林经营认证标准要求森林经营单位在处理有关森林、林木和林地所有权及使用权的争议时，应符合国家的规定。现有的争议和冲突未对森林经营造成严重的负面影响，而森林权属争议或利益争端对森林经营产生重大影响的森林经营单位不能通过森林认证。

（三）实施指南

（1）森林经营单位的权属应明确、无争议并长期界定，具有长期有效的林权证或其它合法有效证明，确认林地的所有权和使用权以及森林和林木的所有权和使用权，说明林地和林木权属的性质（国有、集体、合作经营等），是否长期（至少是一个轮伐期）拥有相关经营管理的权利。通过具有现地边界标记说明和注有边界标记的林相图、林班图来证明权属的清晰明确。部分农用地或其它土地上种植的林木，应提供土地证或当地政府如村委会开具的其它有效证明。

（2）承包、租赁或合作经营森林的森林经营单位（包括大户），在自愿的基础上由各方签署合法有效的承包、租赁或合作经营合同，并明确双方的利益、合作期限、面积和位置等。

（3）依法解决有关林权争议。确认与当地社区或合作方在土地权属、资源利用、利益分成、营林措施方面有无争议；根据国家或当地的法律规定，建立林权争议处理机制或制度文件；依法解决争议，保存有关争议和争议处理结果的记录；只有在争议解决以后，才能开展大规模的经营作业；如果认证区域内存在重大纠纷，如大片林区的所有权纠纷，可能导致森林经营单位失去认证资格。

（四）实施记录

1. 管理类文件清单

（1）《林木林地权属争议解决办法》以及地方有关林权争议处理的规定和制度。

（2）森林经营单位制定的有关所有权或使用权争议处理方面的制度或规定，包括可能出现争议的类型、处理部门、流程以及公布的途径等。

2. 实施过程记录清单

（1）林权证或当地政府部门提供的其它合法有效证明。

（2）证明合法有效的使用或经营林地的文件，如合法有效的林地承包、租赁或合作经营协议等。

（3）具有现场边界标记的地图，如林权证内的"森林、林木、林地四至范围图"，森林经营方案或其它文件中的林相图、林班图、分类经营图、总体规划图等。

（4）林地和林木所有权及使用权的争议案件文件、记录或案件卷宗。

（5）现有的争议和冲突的情况报告或对森林经营造成影响程度的评估报告等。

第五章

林产品的可持续和最优化生产

森林可持续经营不仅仅意味着从森林中持续得到木材和非木质林产品，同时要综合考虑森林经营的环境保护、社会利益等方面的成本，确保经营收入大于成本支出。要达到林产品的可持续和最优化生产就要全面制定森林经营活动的总体规划、确定林产品的可持续收获量、实时对经营效果开展监测与评估、从管理上防止违法活动的发生、保护森林并使森林各类效益最优化（Sophie Higman etc.，1999）。

一、森林经营方案

（一）背景

森林可持续经营涉及森林经营多重目标的实现，应当在森林经营方案或相应的文件中确定这些目标以及实现这些目标的方法。

森林经营方案是经营好森林的基础，是规划森林可持续经营活动不可或缺的工具，规定了要开展的经营活动、地点、时间、原因、实施者等要素。经营方案应当是一个工作文件，应提供给有决策权的每个人使用。森林经营方案对森林可持续经营至关重要。森林经营方案明确提出了目标，使参与森林经营的每个人都为实现同一目标而工作。森林管理者必须系统地制定森林经营方案，应该包括：经营目标、描述已具备的资源、为实现目标而提出的措施。

森林可持续经营意味着要改变作业方式。拟定森林经营方案有助于森林经营者从短期危机管理转向长期森林可持续经营。森林经营方案提供了经营连贯性的基础。如果所有的计划和记录均集中保存在一个森林经营者的脑子里，当他离开后，人们就不得不再面临从零开始规划的被动局面。森林经营方案应有非常清晰、简要的规划，使大家都清楚地了解今后的计划和活动。此外，为森林经营者自己或政府以及认证机构经营方案提供了进行监督的准绳（Sophie Higman etc.，1999）。

（二）标准要求与解读

《中国森林认证 森林经营》指标体系中的"3.4 森林经营方案"对此做了具体要

求，相应标准包括：

3.4.1 根据上级林业主管部门制定的林业长期规划以及当地条件，编制森林经营方案。

3.4.2 根据森林经营方案开展森林经营活动。

3.4.3 适时修订森林经营方案。

3.4.4 对林业职工进行必要的培训和指导，使他们具备正确实施作业的能力。

标准的具体要求及内容如下。

1. 森林经营方案的编制

每个经营单位的森林经营方案都不一样，具有明显的差异。因为森林经营方案是针对特定的林区撰写的。在森林经营方案中，具体的林业活动应该适合所处的环境。一旦编写完成，森林经营方案不能是静止和一成不变的规定，而应该根据变化了的情况、技术、目标和方法定期进行修改。

根据实施的规模，森林经营方案通常可分成三个层次：

(1) 战略规划：整个森林的长期经营规划，如整个轮伐期或 25 年期间的经营规划。

(2) 战术规划：提出拟开展的活动，通常 5 年一个周期，内容更为详细。战术规划可与商业管理规划一致。

(3) 实施计划(年度实施计划)：对下一年度要开展的活动进行详细精确的计划。实施计划包括逐月安排的活动，应对实施活动进行最直接的控制，是保证实施效果和符合环保要求的最基本、最重要的措施。实施计划应与年度财务计划一致。

战术规划和实施计划必须与战略规划相吻合，前两者出自后者，但提出了更为详细的举措。一些国家把战略规划和战术规划合并为一个文件，有时称之为"中期规划"，其周期为 10~20 年。

同时，森林经营方案的详细程度和长短应与森林作业的规模相适应。分别制定三个规划对规模小、影响低的林业活动来说显然是不合适的，通常制定包括中长期规划的森林经营方案和年度作业计划。我国针对不同规模或不同类型的森林经营单位，明确了三类编制方案单位的编制要求。

我国《森林法》明确对森林经营方案提出了要求：国有林业企业事业单位和自然保护区，应当根据林业长远规划，编制森林经营方案，报上级主管部门批准后实行。林业主管部门应指导农村集体经济组织和国有的农场、牧场、工矿企业等单位编制森林经营方案。2012 年国家林业局颁布的《森林经营方案编制与实施规范》及《简明森林经营方案编制技术规程》对各类森林经营方案的编制提出了明确的要求。

森林经营方案的撰写过程为森林经营者及其他人员进行下列活动提供了一个良好的机会。包括：检查现有的作业活动，明确目标；确认那些成本高但又不产生显著效益的活动；为产生效益的活动适当增加资源；接受利益相关者的意见与建议；确认与经营目标不符的活动，并做出必要调整。

CFCC 森林经营认证标准要求森林经营单位应编制适时、有效和科学的森林经营方案，阐明森林经营的目标和措施，并在执行中不断修改完善，所依据资料与信

54

息的真实有效,内容的科学规范以及有效的适用时间。在森林经营方案的编制过程中广泛征求管理部门、经营单位、当地社区和其他利益相关者的意见。森林经营方案的编制建立在翔实、准确的森林资源信息基础上,包括及时更新的森林资源档案、近期森林资源二类调查成果和专业技术档案等信息。森林经营方案的内容宜包括标准中所涵盖的内容,并向利益方公告森林经营方案的主要内容。

森林经营方案及其附属文件中宜包括以下内容:

① 自然社会经济状况,包括森林资源、环境限制因素、土地利用及所有权状况、社会经济条件、社会发展与主导需求、森林经营沿革等;

② 森林资源经营评价;

③ 森林经营方针与经营目标;

④ 森林功能区划、森林分类与经营类型;

⑤ 森林培育和营林,包括种苗生产、更新造林、抚育间伐、林分改造等;

⑥ 森林采伐和更新,包括年采伐面积、采伐量、采伐强度、出材量、采伐方式、伐区配置和更新作业等;

⑦ 非木质资源经营;

⑧ 森林健康和森林保护,包括林业有害生物防控、森林防火、林地生产力维护、森林集水区管理、生物多样性保护等;

⑨ 野生动植物保护,特别是珍贵、稀有、濒危物种的保护;

⑩ 森林经营基础设施建设与维护;

⑪ 投资估算和效益分析;

⑫ 森林经营的生态与社会影响评估;

⑬ 方案实施的保障措施;

⑭ 与森林经营活动有关的必要图表。

具体来说,森林经营方案编制的具体要求包括:

(1)森林经营方案必须由具有丙级以上森林资源调查规划资质的单位与森林经营单位共同编制。为了确保森林经营方案的质量,森林调查规划单位和森林经营单位须有足够数量和专业技能的技术人员,须掌握森林经营方案编制的相关技术规程和要求(如森林经营方案编制纲要等),方案编制所需各类资料有明确的来源,以判定是否翔实可信、及时。按照目前有关森林资源管理的规定,所编制的森林经营方案须经相应林业主管部门批准方可实施。为此,森林经营单位应妥善保存森林经营方案审批文件。为保证森林经营方案有效性,森林经营方案管理规定中要求每十年编制一次。

(2)编制森林经营方案的相关技术规定要求,方案编制必须建立在翔实、准确的森林资源信息基础上,包括及时更新的森林资源档案、有效的森林资源二类调查成果和专业技术档案等信息。同时,也要吸纳最新科研成果,确保其具有科学性。其中,及时、可靠的森林资源二类调查资料,是确保森林经营方案质量的重要基础。为此,需要认真制定森林资源二类调查技术方案,明确什么单位或者机构对森林经营单位进行二类调查,所确定的调查时间、内容和方法,以及所形成的二类调查成果符合要求和规范。森林经营是一项长期的工作，森林经营技术也在不断创新和完善，森林经营方案中的森林经营技术体系和经营模式等需要不断优化。为此，森林经营单位应当积极完善森林经营技术体系，及时吸纳最新领域研究成果，并且在森林经营方案中得到体现。

（3）森林经营活动是森林经营单位的重要任务，在开展森林经营活动的同时也将对生态环境、相关利益群体产生影响。为保障森林经营方案能够做到生态良好、经济可行和社会可接受，要求森林经营单位应广泛征求管理部门、经营单位、当地社区和其他利益方对森林经营方案所包括各项内容的意见。在森林认证审核中，将查阅森林经营方案编制计划文本，了解编案过程邀请哪些相关利益主体参与森林经营方案编制，特别是要向森林经营主体了解所编制的森林经营方案是否体现出经营者的真实意愿。通过查看森林经营方案的相关利益者咨询记录、专家审定意见，必要时还需要通过对林业管理部门、森林经营单位管理者和员工（林农），以及当地社区公众的访谈，来证实森林经营方案编制过程中实现了广泛的公众参与。为此，森林经营单位应做好相关记录，或者保留相应证据。

（4）按照森林经营方案编制的有关规定，不同编案单位类型，其森林经营方案内容也有所不同。对于一类编案单位，森林经营方案在内容上须符合森林经营方案的内容要求，并且编制说明书和相应的图表应规范、齐全。对于乡（镇）编制的简明森林经营方案，重点是所编制内容应包括森林资源与经营评价、目标与布局、森林经营、森林保护、森林经营基础设施维护、效益分析等内容。特别要注意控制性指标，如林种比例、树种比例、采伐限额（或蓄积消长比例）、林区基础设施建设（道路、防火网点）等量化指标。对于村（组、户）尺度所编制的简易森林经营方案，在编制过程须充分体现农户的经营意愿，农户在方案编制过程中真正有效参与方案的编制。审核时将重点查看简明森林经营方案产权描述、森林经营类型规划设计、更新造林规划设计、森林采伐规划设计和森林保护规划设计，以及投入产出分析等，查看编制说明书和森林经营措施规划设计一览表。

（5）信息公开是公众参与的重要途径。在考虑某些商业信息保密的同时，应采取多种形式，向当地社区或上一级行政区的利益方公告森林经营方案的主要内容，包括森林经营的范围和规模、主要的森林经营措施等信息，确保公众的知情权并接受各方监督。这将提高森林经营措施的透明度和可信度，并可促进与利益相关方的更好沟通。这些公示的材料必须与读者的水平相适应，一般应避免专业性术语，可以加一些图解，通俗易懂。

2. 森林经营方案的实施

在完成森林经营方案编制后，森林经营单位应确保森林经营方案得到贯彻与实施，以确保森林经营目标的完成以及森林经营的可持续性。为此，应明确落实各部门和人员的职责，制定和实施年度作业计划，并使员工具备执行森林经营方案和开展森林经营各项技术活动的能力。

CFCC森林经营认证标准要求根据森林经营方案开展森林经营活动，明确实施森林经营方案的职责分工；根据经营方案制定年度作业计划；并积极开展科研活动或支持其他机构开展科学研究。另外，还要求对林业职工进行必要的培训与指导，使他们具备正确实施作业的能力，包括制定林业职工培训制度；林业职工受到良好培训，了解并掌握作业要求；林业职工在野外作业时，专业技术人员对其提供必要的技术指导。具体来说，它包括以下要求：

（1）按照所批复的森林经营方案开展森林经营活动，是实施森林经营方案的重要途径。为此，森林经营单位应制定实施森林经营方案的具体规定，明确实施森林经营方案的职责分工。明确森林经营单位什么部门、哪些具体人员分别负责森林经营方案中的哪些具体任务和程序，并且通过访谈及时了解经营方案的执行情况。

（2）根据森林经营方案，制定年度作业计划是落实森林经营方案的最有效途径。对于一类编案单位，所编制的造林、经营、采伐、基础设施建设、有害生物防治、林下经济等年度生产计划应与森林经营方案中的内容一致。对于编制简明森林经营方案的森林经营单位，所编制的年度生产计划中，应按照森林经营类型（作业级）进行典型设计，并且分年度编制计划，落实到山头地块。

（3）对林业职工进行必要的培训和指导，确保工程技术人员具备正确实施作业的能力，是有效实施森林经营方案的必要途径。森林经营单位应制定林业职工培训制度，包括员工技术培训程序和相关规定、培训计划、职工培训考核指标等文件，并保留职工培训教材、授课人员名单、培训方式、培训时间等培训记录。特别是对于从事农药使用、防火器材使用、造林、经营、采伐等技术性强的人员，应进行有效的现场培训，确保员工能够有效掌握相应的技术。

3. 森林经营方案的修订

当森林经营方案制定完成以后，应定期进行调整，使其不至于成为一成不变的文件。调整经营方案是森林经营者调整经营目标和方式的机会，其应考虑条件的变化、新信息和新技术的应用等。森林经营单位及时了解与森林经营相关的林业科技动态及政策信息，当林业政策改变（例如 2015 年起国有林区全面禁止天然林商品性采伐政策的出台），或者遇到重大自然灾害等情况而致使森林资源状况等发生重大变化时，在经理期内应按照相关技术规定，对森林经营方案进行及时修订。同时，应确保把监测的信息和结果纳入森林经营方案的调整中。另外，及时记录修订情况，包括森林经营方案修订的主要依据、修订内容、修订时间、修订过程，并说明所修订内容是否吸收了最新的科技成果等，以证实修订森林经营方案的科学性和实用性。

CFCC 森林经营认证标准要求森林经营单位应及时了解与森林经营相关的林业科技动态及政策信息，并根据森林资源的监测结果、最新科技动态及政策信息以及环境、社会和经济条件的变化，适时（不超过 10 年）修订森林经营方案。

（三）实施指南

（1）组织编写森林经营方案。委托具备相应资质的单位（或机构）或组织本机构的技术力量根据国家及地区林业长远规划制定森林经营方案（主管部门另有规定的按其规定制定）；森林经营方案及其附属文件内容齐全，符合《森林经营方案编制与实施纲要（试行）》等相关规范要求和 GB／T28951－2012 中 3.4.1.4 所列的内容；

在编制过程中广泛征求管理部门、经营单位、当地社区和其他利益相关者的意见，组织专家论证，并经当地主管部门备案，并保留相关记录；在允许的范围内通过网站、媒体或公告栏等公布森林经营方案的要点。

（2）及时修订森林经营方案。及时了解和掌握森林经营等方面的科学技术发展信息，以及政策动态，并系统应用于森林经营；制定适时修订森林经营方案的程序文件并及时修订，修订的森林经营方案应报上级主管部门备案。

（3）确保森林经营方案的实施。明确各岗位的职责分工，提供实施森林经营方案的职责体系文件；根据森林经营方案制定年度经营计划，组织经营活动；提供开展科研活动的计划和成果资料或者支持其他机构开展科学研究取得的成果副本。在实施过程中应对作业人员进行必要的培训和指导，确保其了解本职工作要求，具备相应的作业能力，提供职工培训制度，并对这些培训活动进行记录；指定或聘请专业技术人员对相关人员的野外作业提供必要的技术指导。

（四）实施记录

1. 管理类文件清单

①近期正在实施、符合国家林业局规定，由有资质部门编制，经上级部门批准的科学、有效、完整的森林经营方案；修订或调整后的森林经营方案及相关文件。

②森林经营方案实施的保障制度，各项经营活动的负责部门及职责分工等。

③职工培训的管理机构和管理办法等制度文件。

2. 实施过程记录清单

①森林经营方案编制过程中征求相关部门、公众、社区和其他利益方意见记录或证据、专家论证意见及批推文件。

②编制森林经营方案时的依据及文件，包括森林资源档案、近期森林资源调查或清查结果、专业技术档案等。

③公布森林经营方案的摘要文本及公开公示的记录，包括时间、方式和方法等。

④根据森林经营方案编制的年度作业计划，涵盖抚育、采伐、森林保护、森林防火等主要森林经营活动。

⑤各种森林作业设计资料（如伐区设计资料等）和实际作业完成的统计表等。各种作业设计规范、规程等文件；各种作业设计资料；各种作业实际完成统计表和检查验收表等；各种作业地块统计表；调整的作业设计资料相关内容及备案情况。

⑥员工培训计划及培训记录，包括培训内容、时间、人员组成、培训教材、培训记录（签到等记录）、试卷、培训效果等。

⑦重要工种和专业技术人员的相关操作证书、技能证书等。

⑧本单位专业技术人员名单，作业指导内容或相关说明。对野外作业提供技术指导和检查的相关记录。

⑨本单位或与其他单位共同开展的科研活动情况，成果资料及基地情况。

有关森林经营方案的编制指南请参阅第八章森林经营方案编制指南的内容。

二、林产品的可持续生产

（一）背景

实施森林可持续经营，一个重要的先决条件是林产品的产量不能超过其生长水平。对于主要产品是木材的商品林来说，这就意味着计算和实现可持续的木材产量。这需要能反映林木的蓄积量和生长率的信息（如蓄积量、生长量和生产量的数据），并把它作为计算可持续采伐量的基础。对于重要非木质林产品的经营与生产，同样也需要林木资源的信息并计算现有的产量，以使收获水平保持在森林的可再生能力范围之内（Sophie Higman etc.，1999）。

（二）标准要求与解读

《中国森林认证 森林经营》指标体系中的"3.5 森林资源培训与利用"对林产品的可持续利用做了具体要求，相应标准包括：

3.5.7 依法进行森林采伐和更新，木材和非木质林产品消耗率不得高于资源的再生能力。

我国对森林实际采伐限额监督管理制度。森林采伐限额是各种采伐消耗林木总蓄积量的最大限量，是由林业主管部门根据用材林消耗量低于生长量和森林合理经营的原则，经过科学测算制定，并经国务院批准实施的。编制单位以森林经营方案或其他测算法确定的合理年采伐量为基础，确定年森林采伐限额建议指标，经上级林业主管部门审核后逐级上报，由国家林业局审核后，由国务院批准。各省（自治区、直辖市）再根据上报的采伐限额建议指标，把采伐限额总量具体分解下达到各单位。森林经营单位应根据本单位的采伐限额制定年度采伐计划，并取得上级部门的批准。对森林实行限额采伐，采伐林木必须申请采伐许可证，按照许可证的规定进行采伐；农村居民采伐自留地和房前屋后个人所有的零星林木除外。针对森林采伐，我国还制定了《森林采伐更新管理办法》和《森林采伐作业规程》，有些省份制定了更为详细的规定。在采伐作业完成以后，应确保森林的更新和持续发展。

CFCC 森林经营认证标准要求依据用材林消耗量低于生长量，以及合理经营和可持续利用的原则，按照森林经营方案制定木材年采伐计划和年采伐限额，报上级林业主管部门审批。采伐林木具有采伐许可证，按许可证的规定进行采伐。具有年木材采伐量和采伐地点的记录。森林采伐和更新符合《森林采伐更新管理办法》和国家有关森林采伐作业规程的要求。木材和非木质林产品的利用未超过其可持续利用所允许的水平。

（三）实施指南

（1）在条件允许的情况下，应逐一确定每种主要的木材和非木质林产品的可持续收获水平。木材和非木质林产品采伐率必须建立在可持续的水平上，这也是森林可持续经营的重要基础。

（2）为了确定可持续采伐水平，必须收集可靠的数据，并进行分析和处理。关键的数据包括：森林资源调查数据，提供现有可供采伐的资源数量；生长量和产量的信息，以确定采伐后资源恢复的速度；从生态研究和背景知识中得到的种子生产和更新的信息；开发利用的重要非木质林产品的信息或数据。这些文档和记录应妥善保管，以利于不断进行监测和确定发展趋势。

（3）通过可靠合理的方法来计算可持续的收获率。比较广泛使用的方法是计算年允许采伐量，即某一区域内一年可以采伐的木材量，它取决于森林的立木蓄积、生长率和森林采伐面积。把森林经营单位划分为作业区或林班，并确定年度采伐面积和采伐量，这是控制实际采伐水平的关键因素。在森林经营方案编制过程中，通常均需要在现有森林资源数据基础上计算年度合理采伐量，目前已有一些比较成熟的计算方法。

（4）根据上级部门下达的采伐限额申请年度采伐计划，并得到上级林业主管部门批准。

（5）依法申请林木采伐许可证，按照许可证的规定进行采伐，包括采伐地点、面积、蓄积、树种、采伐方式、期限和完成更新造林的时间等。

（6）保留每个林班或伐区的木材和非木材林产品的生产记录。

（7）对年采伐量进行必要调整。由于森林的采伐，森林环境的变化，林木的生长率也会发生变化，年允许采伐水平将会发生变化。另外，一些突发事件的发生，如火灾、病虫害或其他自然灾害，也可能会影响采伐面积和采伐指标（Sophie Higman etc.，1999）。

（8）记录营林措施并证明其合理性。森林经营单位应确定所采取的营林措施的合理性，包括所使用的采伐方式，并在森林经营方案或相关的技术规程中体现。

（9）正确实施和监督采伐生产和营林作业规程。林木采伐需符合国家和各省森林采伐更新管理办法和作业规程的要求。在实践过程中，应确保这些规定得到实施，并依法开展伐后检查与评估。

（四）实施记录

实施过程记录清单可包括：

（1）森林经营方案中木材及主要非木质林产品年度合理采伐量计算的方法、依据和结果，对森林和各种非林产品进行调查、监测和分析报告的记录，确保消耗量小于资源的再生能力。

（2）主管部门下达或批准的采伐限额、年度采伐计划。

（3）林木采伐许可证、报上级批准的各种采伐作业设计文件等。

（4）年林木采伐量、出材量和采伐作业地点的台账、采伐作业表、检尺野账、报表、各种记录等。

（5）森林采伐更新作业设计及检查验收报告或上级检查验收结果文件。

（6）木材和非木质林产品资源统计表、资源消耗统计表、资源消长监测数据及产量统计表等。

三、森林培育与利用

（一）背景

森林资源的培育和利用对于增加木材及非木质林产品的产量非常重要，也是森林经营单位能够获得经济效益，实现经营目标的关键，也是开展森林经营活动的核心步骤和要求。在开展森林资源培育和利用过程中，应特别重视对当地树种的利用和保护，维持生态系统的稳定性和可持续性，并最大限度发挥生态效益。

（二）标准要求与解读

《中国森林认证 森林经营》指标体系中的"3.5 森林资源培育与利用"对森林培育和利用提出了具体要求，涉及的相应标准包括：

3.5.1 应按作业设计开展森林经营活动。

3.5.4 种子和苗木的引进、生产及经营应遵守国家或地方相关法律法规的要求，保证种子和苗木的质量。

3.5.5 按照经营目标因地制宜选择造林树种，优先考虑乡土树种，慎用外来树种。

3.5.6 无林地（包括无立木林地和宜林地）的造林设计和作业符合当地的立地条件和经营目标，并有利于提高森林的效益和稳定性。

3.5.8 森林经营应有利于天然林的保护与更新。

3.5.11 规划、建立和维护足够的基础设施，最大限度地减少对环境的负面影响。

1. 作业设计

森林经营单位应对主要的森林经营活动开展作业设计，包括造林、采伐、修路等。CFCC 森林经营认证标准要求森林经营单位根据经营方案和年度作业计划，编制作业设计，按批准的作业设计开展作业活动；在保证经营活动更有利于实现经营目标和确保森林生态系统完整性的前提下，可对作业设计进行适当调整；作业设计的调整内容要备案。

2. 种子和苗木的引进、生产和经营

国家对主要林木的商品种子和苗木生产和经营实行许可制度。从事主要林木商品种苗生产的单位和个人，须经县级人民政府林业行政主管部门审核，由省级人民政府林业行政主管部门核发林木种苗生产许可证；林木种苗经营者应取得林木种苗经营许可证；推广使用的林木良种，应具有林木良种合格证。国家林业行政主管部门制定了林木种苗质量管理办法和行业标准。进出口种苗必须经过检疫，防止有害生物的传播，并取得从事林木种苗进出口贸易的许可。

CFCC 森林经营认证标准要求种子和苗木的引进、生产及经营应遵守国家或地方相关法律法规的要求，保证种子和苗木的质量。森林经营单位对林木种子和苗木的引进、生产及经营符合国家和地方相关法律法规的要求。从事林木种苗生产、经营的单位，应持有县级以上林业行政主管部门核发的林木种子生产许可证和林木种子经营许可证，并按许可证的规定进行生产和经营。在种苗调拨和出圃前，按国家或地方有关标准进行质量检验，并填写种子、苗木质量检验检疫证书。从国外引进林木种子、苗木及其他繁殖材料，应具有林业行政主管部门进口审批文件和检疫文件。

3. 造林树种的选择

树种的选择应根据立地条件和实现经营目标的能力来确定。选择合适的树种应基于对土壤和立地的调查、经营目标和所需的产品、市场发展趋势、当地试验的结果和类似地区的经验、资源的可用性，包括时间与劳动力、社会和文化价值、气候以及自然灾害风险等。从对生物多样性的贡献来说，应优先使用乡土树种。乡土树种具有对当地环境条件的适用性，比外来树种具有长期的优势，其所需要的管理投入也比较少。有些外来树种具有较强的侵略性，侵占天然林或农田。因此在引进前需要确定其对不会造成当地种源的破坏和基因多样性的损失。因此，有关树种对立地适用性的研究非常重要。

CFCC森林经营认证标准要求按照经营目标因地制宜选择造林树种，优先考虑乡土树种，慎用外来树种，且尽量减少营造纯林。根据需要，可引进不具入侵性、不影响当地植物生长，并能带来环境、经济效益的外来树种。用外来树种造林后，应认真监测其造林生长情况及其生态影响。不得使用转基因树种。

4. 造林设计与规划

造林对当地的景观和生物多样生具有十分重要的影响。人工林的规划需要考虑林地的分布和对生态、景观和生物多样性的影响，并要考虑到林分结构的稳定性。规划人工造林，应考虑当地综合土地利用的情况。

CFCC森林经营认证标准要求无林地（包括无立木林地和宜林地）的造林设计和作业符合当地的立地条件和经营目标，并有利于提高森林的效益和稳定性。森林经营单位造林设计和作业的编制应符合国家和地方相关技术标准和规定。造林设计符合经营目标的要求，并制定合理的造林、抚育、间伐、主伐和更新计划。采取措施，促进林分结构多样化和增强林分的稳定性。根据森林经营的规模和野生动物的迁徙规律，建立野生动物走廊。造林布局和规划有利于维持和提高自然景观的价值和特性，保持生态连贯性。应考虑促进荒废土地和无立木林地向林地的转化。

5. 天然林保护与恢复

相对于人工林，天然林往往具有更高的森林生态系统稳定性、生物多样性、更高的景观价值等，但经济效益较低。因此，在人工林经营过程中，应开展积极的营林活动以维持和恢复天然林，以增加生物多样性。在森林认证中，要求不得用人工林或其他土地利用方式替代原始天然林和其他生长良好的次生林；应该在景观范围内对人工林进行规划，并减轻天然林资源的压力；在天然林栽植的树木不得替代自然生态系统或对自然生态系统带来重要的变化；另外还需要在整个森林经营区对自然生态系统进行积极的管理，以恢复天然林的覆盖，面积的大小取决于当地的实际情况，并与作业规模保持一致。我国对林地转化具有严格的限制，并且在区域层次都划定了需要保护的生态公益林，可保证景观范围内一定面积的森林向天然林转化，但部分地区也存在利用低产林改造工程，将所谓的"低产天然林"改造发展人工林的情况。

CFCC 森林经营认证标准要求除非满足以下条件，否则不得将森林转化为其他土地使用类型（包括由天然林转化为人工林）：符合国家和当地有关土地利用及森林经营的法律法规和政策，并得到政府部门批准，并与有关利益方进行直接协商；转化的比例很小；不对下述方面造成负面影响：受威胁的森林生态系统、具有文化及社会重要意义的区域、受威胁物种的重要分布区、其他受保护区域；有利于实现长期的生态、经济和社会效益，如低产次生林的改造。在遭到破坏的天然林（含天然次生林）林地上营造的人工林，根据其规模和经营目标，划出一定面积的林地使其逐步向天然林转化。在天然林毗邻地区营造的以生态功能为主的人工林，积极诱导其景观和结构向天然林转化，并有利于天然林的保护。

6. 基础设施建设

基础设施建设对于林区的发展非常重要，关系到能否顺利地开展森林经营作业，并有效利用木材和非木质林产品。但基础设施的建设与维护往往也是对环境影响大的作业活动，包括可能引起水土流失、对生物多样性造成影响、生物廊道等。我国大都设立了有关林道修建的标准。CFCC 森林经营认证标准要求森林经营单位应规划、建立充足的基础设施，如林道、集材道、桥梁、排水设施等，并维护这些设施的有效性。基础设施的设计、建立和维护对环境的负面影响最小。

（三）实施指南

（1）编制并实施作业设计。森林经营单位编制相关的森林作业设计资料，并按森林作业设计资料开展可持续的森林经营活动，通过培育、保护和利用等措施充分发挥森林的各种效益。作业设计文件的调整应更有利于实现经营目标和森林生态系统的完整性，并提供调整的依据及调整后的作业设计文件。

（2）依法开展种子、苗木的引进、生产和经营。遵守国家或地方相关法律法规要求引进、生产和经营林木种子、苗木，确保种子、苗木质量，提供相关法律法规文本及引进、生产、经营种子、苗木的许可证、材料或报告，并在许可范围内经营。

（3）选择造林树种。应根据森林经营方案确定的经营目标选择更新和造林树种，做到乡土树种优先，慎用外来树种，引用外来树种时要有充分科学依据，并开展必要的监测。未使用转基因树种。

（4）造林设计与布局。无林地的造林设计应遵循适地适树的原则和目标，经营措施应有利于提高森林的效益和稳定性，考虑到林分的结构以及对生态、景观和生物多样性的影响，并在相关的森林经营方案、造林设计等文件或材料中体现。在人工林布局时应优先选择乡土树种，尽可能地包含多样性，包括不同树种的混交、分布的多元化；避免大面积的人工林，最好与保护的天然林形成镶嵌分布，并注意形成野生动物廊道；在河流、农田、道路两边建立缓冲带，保留乡土树种，建立跨越山脊和山谷的廊道等。采取科学有效措施促进荒废土地和无立木林地向林地转化。

（5）天然林保护与恢复。依法开展林地转化，并需取得上级林业主管部门批准和认可，并提供有关林地转化的材料和证明。采取有效措施开展天然林保护和更新，避免将天然林转化成为人工林，必要时应提供人工林种植前森林类型和林地经营历史的证据或相关材料。结合生态公益林和林区内的保护小区，促进经营范围内天然林的恢复与更新。对一些退化林地，特别是取土场、水土流失地带、退化的天然林采取营林、补种天然林树种措施促进其恢复。

（6）基础设施建设与维护。依法或国家标准开展林道、桥梁以及必要的生活设施建设，必要时应依法开展环境评估，并考虑其对环境的影响。可提供有关基础设施建设与维护方面的情况介绍、设计资料、批准文件、环评报告等。

（四）实施记录

1. 管理类文件清单

（1）相关造林作业设计所依据的标准或规程文本。

（2）有关林区道路建设的规程或标准。

（3）种子苗木生产的相关法律法规或规定。

2. 实施过程记录清单

（1）根据经营方案和年度作业计划进行有效分解（编制）的作业设计文件、图表及作业验收报告或验收表，包括造林作业设计、采伐作业设计、道路作业设计等；调整后的作业设计文件及依据。

（2）从事林木种苗审查、经营的单位提供具备提供林业行政主管部门核发的林木种子经营许可证、林木种子生产许可证等合法性证明及生产经营档案；引进林木种子、苗木及其他繁殖材料的审批文件及检疫文件及过程记录；种苗质量检验检疫单和台账及发出的检验检疫证书等。

（3）造林作业设计及树种选择材料；提供选用树种造林清单、更新造林统计报表、造林设计及验收记录；引进外来树种在当地适用性的科研报告或文献、论证意见、审批文件及过程记录（包括种类、数量清单）；外来树种的造林记录以及有关生长、成活率、保存率、病虫害和环境影响方面监测记录等。

（4）根据经营方案制定的符合经营目标的造林、抚育、间伐、主伐等作业计划和设计资料等，包括有关如何建立野生动物走廊、考虑自然景观价值及特性评价、促进荒废土地和无立木林地向林地转化等资料或记录。

（5）林区内天然林保护与更新的情况总结、报告或相关材料；林地转化的地点、面积和用途等资料、设计材料、批准文件；人工林种植前的森林类型与林地经营历史的证据或相关材料；退化林地的恢复计划与恢复措施等；未使用转基因树种的证据等文件。

（6）有关基础设施建设与维护方面的情况介绍或材料、设计资料、批准文件、环评报告等。

四、经济可行性并充分发挥森林的多重效益

(一)背景

森林经营通常以获得最大的木材产量为目标,并通过多种途径尽可能地实现经济效益,提高产品的价值,并推动当地经济的发展。这种单一目标最大化的实现常常会损害其他方面的效益,而森林可持续经营的核心是需要充分发挥森林的综合效益。充分发挥森林的长期综合效益,就需要在当前利益与未来利益之间、木材和非木质林产品的经济效益与重要的生态环境效益(如流域保护和野生动物栖息地)和社会效益之间达成平衡。当前这些生态环境效益往往不能产生市场利益,已有的生态补偿机制也未显现出明显的效果。

(1)环境保护的平衡。对居住在森林中及周边的人们来说,森林及其提供的环境通常是他们生存的重要资源,是森林经营活动的直接受影响者。所以在所有的森林经营活动中,都必须保护"非市场化效益"的资源。如保护水土资源、游憩和休闲资源等。

(2)经济效益和社会效益的平衡。森林经营者需要从森林中获得经济效益,但是森林也许是当地社区食物、纤维和燃料的重要来源,他们应当享有能继续进入森林进行传统活动的权利。当两种经济利益冲突时,要求狩猎、捕鱼、套捕和采集的规模应控制在合理的消费水平基础上。一旦这些活动超过了维持生存的需要,就要进行调查,并达成一致同意的收获量,以防过度利用。在人工林中,森林经营者也会考虑允许当地群众进入适当的地区从事间作、混作和放牧等活动。然而,由于把牲畜或作物与林木相混合会影响作物和人工林的生长,因此需要认真评估这种复合经营体系的成本和效益(Sophie Higman etc.,1999)。

(二)标准要求及解读

《中国森林认证 森林经营》指标体系中的"3.5 森林资源培育与利用"中对经济可行性和森林经营的多重效益提出了具体要求,相应标准包括:

3.5.2 森林经营活动要有明确的资金投入,并确保投入的规模与经营需求相适应。

3.5.3 开展林区多种经营,促进当地经济发展。

3.5.9 森林经营应减少对资源的浪费和负面影响。

3.5.10 鼓励木材和非木质林产品的最佳利用和深加工。

1. 经济可行性

森林经营必须在经济上是可行的。实现森林可持续经营,除考虑传统的森林经营成本效益外,还应包括保持森林生态系统的再投资,保护森林生态系统所增加的额外投入、公平合理的社会成本等。传统的森林利用和开发不考虑森林提供的非经济利益的效益,如水土保持和森林对当地社区提供的非市场化服务功能。然而从长

远看，这些非经济性的森林服务功能是森林可持续经营的必要先决条件，因此也需要保证一定的投入。

CFCC森林经营认证标准要求森林经营活动要有明确的资金投入，并确保投入的规模与经营需求相适应。森林经营充分考虑经营成本和管理运行成本的承受能力。保证对森林可持续经营的合理投资规模和投资结构。

2. 开展林区多种经营

森林经营鼓励使用森林的多种产品。过分依赖单一或少数几种木材树种可能导致珍贵树种遭到过度采伐，并且易受树种价格变动的影响。森林经营者应在考虑持续生产木材和非木质林产品的前提下，收获和出售多样化的产品，开展林区的多种经营。特别是目前我国在东北国有林区全面禁伐的背景下，如何开展除木材以外的经营活动，并获取经济效益，对于林区的发展尤为重要。

CFCC森林经营认证标准要求森林经营单位积极开展林区多种经营，可持续利用多种木材和非木质林产品，如林果、油料、食品、饮料、药材和化工原料等。制定主要非木质林产品的经营规划，包括培育、保护和利用的措施。在适宜立地条件下，鼓励发展能形成特定生态系统的传统经营模式，如萌芽林或矮林经营。

3. 木材和非木质林产品的最佳利用和深加工

森林经营应鼓励木材和非木质林产品的最佳利用和深加工，提高各种产品的价值和附加值。就地加工可以为当地社区提供就业机会，提高森林经营者和当地人民的收入，降低运输成本，使当地人民从森林经营中受益。当然当地加工也应考虑其可行性，包括成本效益、相关的设备、劳动力条件及资源的供给量等。应鼓励使用林副产品和多目的树种采伐，并充分利用采伐的木材。例如在有些森林中，大径级木材用作锯材，中径级木材的用于造纸制浆，小径级的木材用于薪炭材或木屑等。

CFCC森林经营认证标准要求森林经营单位制定并执行各种促进木材和非木质林产品最佳利用的措施。鼓励对木材和非木质林产品进行深加工，提高产品附加值。

4. 减少对资源的浪费和负面影响

在森林经营特别是采伐和加工过程中很可能由于经营不善或技术管理问题，导致对资源破坏及其它负面影响。减少浪费和降低影响的方法有：采伐过程中控制倒木的方向，避免对活立木和幼树造成破坏；对伐木工进行定向伐木技术的培训，以减少木材劈裂和危及周围的树木；在集材过程中如何避免对其他资源造成影响；根据最大市场价值确定适宜的造材方式，为采伐工和制材工提供指导或培训，以保证在森林中砍伐和以后的加工过程中获得最佳长度的原木；采用有效的集材、装运和贮存防腐措施，保证尽快把原木运出森林，减少真菌和昆虫的危害，避免木材的降等等等。

CFCC森林经营认证标准要求森林经营单位采用对环境影响小的森林经营作业方式，以减少对森林资源和环境的负面影响，最大限度地降低森林生态系统退化的风险。避免林木采伐和造材过程中的木材浪费和木材等级下降。

（三）实施指南

（1）确保符合可持续经营的投资规模、结构和效益。森林经营者要综合考虑森林经营的环境保护、社会利益等方面的成本，确保经营收入大于成本支出。综合考虑森林经营及环境保护、社会利益等方面以及各项森林经营活动资金投入，确保与经营需求相适应，并在决算报告、财务分析报告、当年财务预算等材料中体现。

（2）开展林区的多种经营。森林经营目标包括积极促进林区多种经营。制定和实施多种资源开发利用规划和复合式林业的发展战略，开展多种经营，从而促进当地经济发展。提供多种资源调查资料、保护措施规定或说明材料。在林区内推动采用传统经营模式形成特定生态系统（如萌芽林或矮林）。

（3）鼓励木材和非木质林产品的最佳利用和深加工，提供加工利用规划、计划及加工利用情况以及木材利用种类、方法和利用效率方面以及如何提高产品价值情况的说明。

（4）减少浪费和对环境的负面影响。采伐作业设计及采伐作业应确保尽量避免或减少对天然资源的浪费和负面影响，在造材、贮运等过程中尽量避免木材的降级等。

（四）实施记录

1. 管理类文件清单
①森林经营方案中有关森林经营成本效益的内容；
②多种资源开发利用规划；
③采伐作业规程或相关指南中有关如何控制对资源和环境的破坏的内容。

2. 实施过程记录清单
（1）财务计划及财政年度预算和财务决算报告；有关近几年的收入、支出、利润、投资结构、投资规模（如造林、森林抚育、病虫害防治、森林防火等）资料。

（2）多种经营项目名单、规模、收益等方面的文件；有关木材和多种经营相关记录及产量变化趋势；有关采用了传统经营模式形成特定生态系统（如萌芽林或矮林）经营模式的证据材料等。

（3）多种林产品利用种类、方法及最佳利用成果；深加工利用规划、计划及加工利用效益情况材料。

（4）采伐作业设计及有关避免森林资源浪费或负面影响的措施文件；伐区验收单、造材野账或台账等。

五、森林资源的保护

（一）背景

森林可持续经营是一项对森林资源进行持续保护的长期活动。森林保护是我国一项传统的森林资源管理工作，通常它包括有害生物防治、森林防火以及自然灾害应急管理等，从广义上说，它还包括防止林区内的非法活动、野生动物的保护、湿地和自然保护区的保护等，这部分内容将在其他章节中进行介绍。

（二）标准要求与解读

《中国森林认证 森林经营》指标体系"3.8 森林保护"中对森林资源的保护提出了具体要求，相应标准包括：

3.8.1 制定林业有害生物防治计划，应以营林措施为基础，采取有利于环境的生物、化学和物理措施，进行林业有害生物综合防治。

3.8.2 建立健全的森林防火制度，制定并实施防火措施。

3.8.3 建立健全自然灾害应急措施。

1. 有害生物防治

林业有害生物防治是保护森林的战略性措施，是维系生态安全的基础性保障工作。我国出台了一系列法律法规，包括《森林病虫害防治条例》、《植物检疫条例》、《国家林业局突发林业有害生物处置办法》、《全国林业有害生物防治建设计划（2011 – 2020）》等。我国病虫害防治实行"预防为主，综合治理"的方针，预防为主就是要在搞好病虫测报的基础上，弄清病虫害的发生发展规律，把病虫除治在初发阶段，防患于未然。综合治理，要求采取检疫、选育抗病虫的林木种苗和采取生物防治与化学防治、物理防治相结合等综合环节的管理，大力营造混交林，造成有利于林木生长、不利于病虫害发生的生态环境，把森林病虫害控制在最低限度。具体来说，要在森林经营中采取预防森林病虫害发生的措施、防止境外森林病虫害传入、保护好林内的各种有益生物、做好森林病虫害预测预报工作以及森林病虫害防治的设施建设等。进行病虫害综合防治，需要深入了解昆虫种类和昆虫寄生的生态学。大规模的森林经营单位应考虑对虫害综合防治进行研究，这对降低成本和减少化学品的使用有很大的作用。小型的森林经营单位，特别是人工林，应考虑预防措施，如适地适树和营造混交林。

CFCC 森林经营认证标准要求森林经营单位的林业有害生物防治，应符合《森林病虫害防治条例》的要求；开展林业有害生物的预测预报，评估潜在的林业有害生物影响，制订相应的防治计划；采取营林措施为主，生物、化学和物理防治相结合的林业有害生物综合治理措施；采取有效措施，保护森林内的各种有益生物，提高森林自身抵御林业有害生物的能力。

2. 森林防火

在火险等级较高的地区，防止森林火灾至关重要。采伐作业打开了森林上层林冠，改变了局部小气候，大量灌木和死亡的植被堆积在现场。在这种情况下，即使是相对潮湿的地带，火灾发生的风险也会大大增加，尤其是人工林特别容易着火。森林火灾是一种突发性强、破坏性大和处置救助较为困难的灾害。我国《森林法》、《森林法实施条例》以及《森林防火条例》都作了重要规定。

CFCC 森林经营认证标准要求根据《森林防火条例》，森林经营单位应建立森林防火制度；划定森林火险等级区，建立火灾预警机制；制定和实施森林火情监测和防火措施；建设森林防火设施，建立防火组织，制定防火预案，组织本单位的森林防火和扑救工作；进行森林火灾统计，建立火灾档案；林区避免使用除生产性用火外的一切明火。

3. 自然灾害应急处理

森林经营往往也易受到自然灾害的影响，有些还可能带来灾害性的影响，如冰雪灾害、雹灾、台风，这要求森林经营单位应采取防范和应急处理措施，尽可能地减少其影响。森林资源承受这些自然灾害的能力，往往与森林经营单位采取的营林措施有关，如营造混交林、异龄林，保持林分的天然特性等，提高森林的稳定性。

CFCC 森林经营认证标准要求根据当地自然和气候条件，森林经营单位应制定自然灾害应急预案；采取有效措施，最大程度减少自然灾害的影响。

（三）实施指南

（1）制定并实施林业有害生物综合防治计划。为防治病虫害，森林经营者应根据有关法律和标准要求建立森林病虫害和其他有害生物的监测和防治机制，包括负责部门、制定管理制度和管理措施，配备必要的有害生物防治设施等；建立森林病虫害的监测机制，有效地对森林病虫害进行监测；根据监测结果进行评估，建立相应的防治预案与应急预案；对病虫害出现的情况、病虫害的防治方法与措施以及病虫害防治情况进行记录；采取保护森林内各种有益生物，实现各物种可持续控制的措施。

（2）建立并实施森林防火制度。健全森林防火体系和森林防火制度，制定并实施防火措施，包括组织机构、专业队伍、管理机制、投入机制、制度建设、设施建设等；根据规定制定森林火险等级区文件及火险等级；建立森林火灾的监测体系，保留相关的监测记录；根据监测结果进行评估，建立相应的森林火灾防治措施与应急预案，严令禁止在林地及其周围使用明火；森林火灾出现的情况与处理情况进行记录。

（3）制定和实施自然灾害应急与预防措施。制定预防和减少自然灾害危害的措施，提高防御自然灾害的能力，制定预防减少自然灾害应急预案和预防减少自然灾害影响具体措施的文件；做好防灾减灾工作记录或报告。

（四）实施记录

1. 管理类文件清单

①有害生物及其防治制度和措施。

②有害生物及病虫害防治及监测计划。

③森林防火制度或林区防火管理规定、森林火险等级区划方案或计算机管理系统、火灾预警机制、应急预案等。

④森林自然灾害应急预案。

2. 实施过程记录清单

（1）预防和减少自然灾害影响的具体措施文件及防灾减灾工作记录或总结报告。

（2）有关森林防火的记录，包括瞭望台监测记录、年度总结、护林员巡护记录、森林防火调度日报等；森林防火设施设备清单、机构、专业扑火队伍及人员名单、防火宣传材料、培训记录、防火预案文本；其他森林火灾统计报表和森林防火档案等。

（3）有害生物的预测预报、监测记录、监测报告等；综合治理林业有害生物措施计划执行情况总结或报告；制定的保护森林内各种有益生物的措施文件或工作报告或做法说明。

六、森林监测

（一）背景

森林监测非常重要，它能告诉经营者有关森林经营对森林经营单位内部及其周边区域内所产生的影响。监测活动需要与经营目标联系起来，监测是促进目标实现的重要环节。监测的结果应当反馈到经营方案或作业计划的调整中，没有森林经营活动影响的数据，就不可能改善森林经营。

（二）标准要求与解读

《中国森林认证 森林经营》指标体系"3.9 森林监测和档案管理"中对森林监测提出了具体要求，相应标准包括：

3.9.1 建立森林监测体系，对森林资源进行适时监测。

3.9.2 森林监测应包括资源状况、森林经营及其社会和环境影响监测等内容。

3.9.3 建立档案管理系统，保存相关记录。

1. 森林监测体系

森林经营单位应建立森林监测体系和森林资源档案，对森林资源进行连续的或定期的监测，并对其经营活动进行环境、财务和社会影响的监测。监测应着重在两个层面上，即操作层面和战略层面。操作层面的监测项目应当提供诸如是否执行了适当的操作程序和是否达到经营目标的信息。操作监测应揭示经营活动中的优劣势，必须将监测的结果及时反馈到规划过程中。战略监测应提供有关林业活动的长期影响数据，以便能快速确定和解决潜在的问题。长期监测产量、生长率和更新速度，对保证采伐水平和多种多样林产品的持续性特别重要。为提供有用的信息，需要对监测得到的资料进行不断地对比。要制定一致且能够重复的监测程序，相关记录必须妥善保存，结果应进行分析，并用于改进和调整森林经营管理。在信息许可的前提下，通过广播、电视、互联网等多种途径，定期向公众公布森林监测的结果概要。促使人们在了解情况基础上讨论林业活动的影响，并有助于良好的咨询和合作过程。

CFCC 森林经营认证标准要求由上级林业主管部门的统一安排，进行森林资源调查，建立森林资源档案制度；根据森林经营活动的规模和强度以及所在地区的条件，建立适宜的监测制度和监测程序，确定森林监测的方式、频度和强度；在信息许可的前提下，定期向公众公布森林监测结果概要；在编制或修订森林经营方案和作业计划中体现监测的结果。

2. 森林监测的内容

总体来说，森林监测包括了森林资源的监测、森林经营活动及其环境和社会影响监测、森林经营效益的监测等内容。CFCC 森林经营认证标准要求森林经营单位的森林监测，宜关注以下内容：主要林产品的储量、产量和资源消耗量；森林结构、生长、更新及健康状况；动植物（特别是珍稀、稀有、受威胁和濒危物种）的种类及其数量变化趋势；林业有害生物和林火的发生动态和趋势；森林采伐及其他经营活动对环境和社会的影响；森林经营的成本和效益；气候因素和空气污染对林木生长的影响；人类活动情况，例如过度放牧或过度蓄养；年度作业计划的执行情况。按照监测制度连续或定期地开展各项监测活动，并保存监测记录。对监测结果进行比较、分析和评估。

3. 森林资源档案及森林经营中的产销监管链监测

森林资源档案管理是森林经营单位开展森林经营活动的一项基本要求。而开展森林经营中的产销监管链监测可以保证在森林经营单位内部木材从森林采伐开始，经集材、运输、楞场到销售进行追踪，确保所销售的认证木材来自认证的林区范围之内，没有非认证的木材混入。

CFCC 森林经营认证标准要求森林经营单位应建立森林资源档案管理系统；建立森林经营活动档案系统；建立木材跟踪管理系统，对木材从采伐、运输、加工到销售整个过程进行跟踪、记录和标识，确保能追溯到林产品的源头。

（三）实施指南

（1）建立和实施森林监测体系。森林经营单位应建立森林监测制度，包括监测方式、频度、强度、方法和技术、抽样、监测点选择、数据及处理等内容；监测的内容应涵盖标准所要求的内容。

（2）开展监测并对结果进行分析。开展连续或定期的监测活动，保留监测记录；对监测结果进行分析和总结，提出森林经营中所出现的问题和处理意见；根据监测结果指导改进营林措施或对森林经营方案、作业计划或相关规程进行修订；通过广播、电视、互联网等途径，定期向公众公布森林监测结果概要公告和文件。

（3）建立和实施森林资源档案制度。建立森林资源档案管理制度，包括人员、投入、设施，并做好森林经营活动记录及相关资源档案的归档与整理工作。

（4）建立并实施森林经营单位内部的木材跟踪管理或产销监管链管理制度。建立木材追踪管理程序文件和制度，对木材从采伐、运输、加工到销售整个过程进行跟踪、记录和标识；对认证木材和非认证木材进行明确的区分和标识，确保无非认证的木材混入。

（四）实施记录

1. 管理类文件清单

（1）森林监测程序文件或制度，包括森林监测的目标、责任人、监测范围、监测频率和强度、监测指标、监测方法、保障措施等。

（2）森林资源档案管理制度或文件。

（3）木材追踪管理程序文件。

2. 实施过程记录清单

（1）森林资源统计年报、森林资源档案、木材生产销售档案。

（2）设立的二类调查固定样地、专业调查设计部门、森林资源管理和统计部门、设立的监测体系、开展连续和定期监测情况的报告等；按监测制度连续或定期开展监测活动的记录和报告；监测结果比较、分析和评估报告，内容包括资源状况，森林经营及社会环境影响监测等；各部门或各经营活动月度、年度工作总结报告；根据监测结果修订后的森林经营方案、作业计划或规程；森林监测结果概要。

（3）木材从采伐、运输、加工到销售整个过程都进行跟踪的制度文件和记录（包括伐区、采伐工队、面积、原木材积、造材分类、规格、运输方式、中间存储，购买方及用途等）；木材跟踪管理档案和相关文件记录等（包括认证产品生产日期、类型、数量、客户信息等资料）；相关票据文件（包括：发票、订单、装箱单等）；其他重要林产品的跟踪管理档案。

第六章

生态环境保护

森林经营能对森林经营企业的环境产生重要影响。在尽可能的情况下，应最大限度发挥森林的环境效益，并降低对生态环境的负面影响。生态环境保护包括生物多样性保护、保持水土资源并尽可能地减少化学品和废弃物等造成的污染，控制外来物种的引进，维护和提高森林的环境服务功能等内容。

一、环境影响评估

（一）背景

环境影响评估是通过考察森林经营活动对环境造成的影响，从而界定森林经营当前和潜在的正面和负面影响的重要方法；其还可以指导森林经营机构确立森林经营目标，是森林经营规划的基础。同时，根据环境影响评估预测的潜在影响，还可以为森林监测和经营作业的实际影响提供基准线。其意义在于：通过森林经营环境影响评估可以全面认识森林的功能和效益，确认森林经营活动对环境现实和潜在的影响；根据评估结果进行调整和计划，尽量减少和避免对环境的负面影响，增强对环境的正面影响，从而提高经营决策水平和经营效益，避免决策错误和资源破坏。

（二）标准要求及解读

《中国森林认证 森林经营》指标体系中的"3.7 环境影响"要求森林经营单位开展环境影响评估，相关标准包括：

3.7.1 森林经营单位考虑森林经营作业对森林生态环境的影响。

标准要求森林经营单位根据森林经营的规模、强度及资源特性，分析森林经营活动对环境的潜在影响；根据分析结果，采用特定方式或方法，调整或改进森林作业方式，减少森林经营活动（包括使用化肥）对环境的影响，避免导致森林生态系统的退化和破坏；对改进的经营措施进行记录和监测，以确保改进效果。

1. 森林经营活动的环境影响评估

根据森林经营的规模、强度以及资源特性，分析森林经营活动对环境的潜在影响。应在森林受到干扰之前开展环境影响评估。如果已有干扰活动,应对正在开展的和将要开展的所有活动进行评估。它可以对整个森林经营单位的经营活动进行全面的环境影响评估,并作为制定森林经营方案的一个部分,也可以对单个的森林经营活动进行环评,如在修建林区道路之前开展环评。

环境影响评估可以由森林经营单位组织实施,也可以请专业的第三方环评机构执行,但如果我国法律有明确规定的,应由专业机构实施。我国环境影响评价法对环境影响评估的原则包括四个方面:一是客观、公开、公正;二是要综合考虑实施后可能造成的影响;三是在考虑环境影响时要兼顾各种环境因素和其所构成的生态系统;四是要为决策提供科学依据。这不仅仅是环境影响评估的原则也是环境影响评估的目的之一。一般来说,外部机构开展环评,专业性较强,公信度较高。而森林经营单位可能不具备专业能力,但如果在专家指导下组织开展环境影响评估,针对性更强,对指导森林经营单位的经营实践更为有用。

在开展环评时,应考虑森林经营的规模、强度和资源特性。大规模、影响程度高的森林经营活动,应由专业机构或组织多学科的评估小组进行评估,充分考虑生产活动的所有因素。小规模、低强度的森林经营活动则可由经营单位内部进行简易评估和记录。

一个完整的环境影响评估项目包括以下几个阶段:①咨询阶段:与利益相关方讨论生产活动可能产生的影响,以及环境与社会影响评估的范围;②确定潜在的重大环境影响;③对各种影响进行评估;④对拟开展的经营活动考虑替代方案;⑤考虑尽可能减少影响的措施;⑥就这些措施和替代方案进行咨询和征求意见;⑦制定需要采取的减缓措施。

2. 评估结果的应用与监测

根据分析结果,采用特定的方式或方法,调整或改变森林作业方式,减少森林经营活动(包括使用化肥)对环境的影响,避免导致森林生态系统的退化和破坏。同时还要对改进的经营措施进行记录和监测,以确保改进效果。

环境影响评估的结果应记录在案,并将有关结果纳入到森林经营方案或相关的规程中。在方案编制阶段,应关注环境影响评估中产生的以下问题:①对预期影响的阐述;②对缓解负面影响的措施的阐述;③承诺实施缓解措施的时间和方法;④确定实施缓解措施的部门或人员。

在实际的作业过程中,应根据评估所确定的改进措施或替代方案开展,并进行监测和记录。

(三)实践指南

(1)森林经营单位的森林经营作业要考虑对森林生态的环境影响,并积极采取改进措施。必要时确定环境影响评估方案,成立由内部专家或外部专家共同组成的环境影响评估小组,组织开展环境影响评估;撰写各种经营活动的环境影响评估报告,纳入森林经营方案或相关的技术规程中,包括:

①经营活动前基本资料:包括水文、地质、气象、水质、空气质量状况,原有

林木种类生长状况、植被覆盖情况，原有珍稀野生动植物生长存活数量，经营单位和当地居民的生产活动情况、社会状况等。

② 将进行的作业介绍，重点介绍可能对生态环境、社会产生的影响。包括清理、整地方式、技术、化学品使用、道路修建、采伐规模、技术和方式以及集材方式等，可能对环境带来的影响等。

③ 针对上述可能发生的影响，提出切实可行的技术和管理措施，从而将影响减到最低。

（2）对于大型的森林经营活动，必要时开展事前的环境影响评估，提供环境影响评估报告。

（3）根据环境评估结果调整作业方式，修改造林、抚育和采伐作业设计或作业规程。

（4）对改进措施的落实情况及效果进行监测和记录。

（四）实施记录

1. 管理类文件清单

①环境影响评估方案。

②森林经营方案或相关作业规程中有关减少环境影响的措施文件。

2. 实施过程记录清单

①森林经营活动潜在环境影响的基本分析报告或相关文件，如森林采伐、抚育、造林、清林、炼山、基础设施建设、多种经营、病虫害防治、防火带等。

②关于减少潜在环境影响措施的文件，包括造林、抚育和采伐作业设计、作业规程或修订后的森林经营方案等。

③ 减少经营活动对森林生态环境影响的整改措施报告和记录。

二、生物多样性保护

（一）背景

由于土地退化、森林砍伐和其他自然生态系统破坏而引起的生物多样性消失，是当今最为引人关注的问题之一。森林是陆地系统的主体，物种多样性最丰富的区域，全球 50% 以上的生物在森林中栖息繁衍，因此森林对生物多样性中有重大的影响，对生物多样性的保护价值很高。常见的生物多样性效益包括：为工业和农业提供大量的产品、服务和原材料；在人类赖以生存的生态系统和生态过程中占据着重要的地位；为粮食作物和纺织品作物新品种的研发提供基因基础；为新药品和药物的研发提供基因原材料；为人类提供旅游和休闲服务。

生物多样性是指所有的生物体，它包括物种内、物种间以及生态系统间的变异类型。生物多样性包括生态系统多样性、遗传多样性、物种多样性三个层次的内容。森林经营单位必须从这三个层面上考虑生物多样性的保护。生物多样性保护是森林可持续经营中必须考虑的重要指标。

(二)标准要求与解读

森林经营单位必须考虑营林系统对生物多样性的影响。森林经营应维持和提高森林的生物多样性，保护典型、脆弱的森林生态系统，保持与改善森林生态系统结构。《中国森林认证 森林经营》指标体系"3.6 生物多样性保护"中规定，应从以下几个方面保护生物多样性：

3.6.1 存在珍贵、稀有、濒危动植物种时，应建立与森林经营范围和规模以及所需保护资源特性相适应的保护区域，并制定相应保护措施。

3.6.2 限制未经许可的狩猎、诱捕及采集活动。

3.6.3 保护典型、珍稀、脆弱的森林生态系统，保持其自然状态。

3.6.4 森林经营应采取措施恢复、保持和提高森林生物多样性。

1. 保护珍稀和濒危物种及其栖息地

建立野生动植物保护区是就地保护我国珍稀野生动植物资源的主要措施和有效途径，是生物多样性保护的关键，也是森林经营的重要内容。我国实行自然保护区条例以来，已经建立了不同级别的保护区 2000 多个。这些保护区较好地保护了我国许多珍贵稀有的野生动植物资源。但也存在管护较差、性质和功能不清晰等诸多不足，影响了生物多样性的有效保护。所以森林经营单位不能仅仅依靠经营范围内国家设立的保护区来保护生物多样性，还需要根据森林经营范围和规模以及所需保护资源特性划定相应的保护小区或保护区域，仅仅把完全不能靠近和不能生产的区域，如岩石裸露地、陡坡地或是沼泽地圈起来是不够的。除国家规定的自然保护区外，保护区域内允许进行采伐、营林或进行基础设施建设，但必须采用减少负面影响的作业方式，并建立适宜的森林培育体系，以保持和提高森林的天然特性。

自然保护区面积规划应在合理范围内，保护区面积大了，会增加偷猎的风险，也使得保护区管理困难增加。面积小了，又无法满足保护对象种群的生存需求。我国自然保护区一直以来是数量多，单个面积小，尤其是相当数量的自然生态系统类型和野生生物类保护区面积都远远小于保持该保护区生态完整性需要的面积。

在设立保护区时，还应特别注意森林的破碎化情况，这里指由于大面积森林采伐而被分隔开来的小片森林。如果动物疏散和迁徙的路线被切断，动物就会被隔离在作为庇护所的小片保护区。为了避免此类问题的发生，森林经营单位应该设法把保护区域未受干扰的保护区用生物走廊带连接起来。河流和小溪边的缓冲带也能把保护区彼此连接起来。缓冲带的宽度完全取决于当地的植被、土壤类型、地貌、气候以及水道的宽度。我国目前还没有针对缓冲带的指南或规定，根据国外的经验，一般在水道的每边至少保留 30m 宽的范围作为缓冲带。如果是陡坡和非渗透性的土壤，缓冲带还要更宽。在坡度低于 30% 的高渗透土壤坡地上，保留 20m 宽的缓冲带即可。

保护区要具有一定的规模才有意义，因此对于小型的森林经营单位来说，让他们拿出较大面积的林地来设立保护区通常是不现实的。在这种情况下，森林经营单位要更多的考虑保护环境脆弱地区，单株或小片古老林木、栖息树和溪流河岸边的缓冲带等。因为不能明确地划出保护区域和生物走廊带，那么辖区内每种森林类型保留足够的面积也是可行的。

规划如何保护珍稀、受威胁和濒危物种保护区时，首先需要了解经营范围内是否存在这些物种，可以参考我国制定的珍稀和濒危物种保护名录，以及国际公约和协议规定的物种名录。并征求当地专家的意见，以确定该区域内有哪些物种属于珍稀和濒危物种，下面这些方法可供参考：①访谈员工和当地居民，了解林区内有哪些物种；②从当地政府、院校或是环保组织那里收集信息。

第二步需要开展调查，可以结合森林资源调查开展，确认森林经营区域内是否有珍稀物种的存在，并调查其数量、分布及栖息地情况。人们通常对珍稀物种的习性知之甚少，因此在制定保护措施之前，一定要收集保护对象的大量信息。例如：珍稀植物的开花和结果方式、珍稀动物的活动范围，以及珍稀鸟类的主要食物来源等。收集此类信息是一项复杂和耗时的工作，因此结合森林调查或研究性工作获取信息很有必要。一旦信息齐备以后，就要划出一定的保护区域并制定相应的保护措施，以减缓森林经营预期产生的负面影响。另外，一些常识性的保护措施在信息不十分齐全的时候也可以开展：①在珍稀鸟类巢穴和动物洞穴周围划定缓冲带；②对动物栖息地进行改善，如保留死亡和倒伏的树木；③在珍稀鸟类和动物的繁殖期，禁止靠近繁殖地和施工；④在采伐时确保珍稀树木或灌木不被破坏；⑤采用补植珍稀树种的方式增加种群数量；⑥教育员工和居民不要猎取珍稀物种或采集珍稀植物。

随着保护措施的开展，定期重复调查，监测野生动物的种群数量变化也很重要。小规模的林业活动不太可能有能力研究和制定完整的珍稀物种保护计划。如果小规模森林经营单位里确实存在珍稀濒危物种，就应该在森林经营规划和操作程序中记录生产全过程中采取的保护措施(Sophie Higman etc.，1999)。

CFCC 森林经营认证标准要求森林经营单位备有相关的参考文件，如《濒危野生动植物种国际贸易公约》附录Ⅰ、Ⅱ、Ⅲ(参见附录 B)和《国家重点保护植物名录》等；确定本地区需要保护的珍贵、稀有、濒危动植物物种及其分布区，并在地图上标注；根据具体情况，划出一定的保护区域和生物走廊带，作为珍贵、稀有、濒危动植物物种的分布区。若不能明确划出保护区域或生物走廊带时，则在每种森林类型中保留足够的面积。同时，上述区域的划分要考虑到野生动物在森林中的迁徙；制定针对保护区、保护物种及其生境的具体保护措施，并在森林经营活动中得到有效实施。

2. 控制未经许可的狩猎、诱捕及采集活动

保护野生动植物的另一个重要举措是在森林中控制狩猎、诱捕和采集活动。使之不至于威胁珍稀和濒危物种的生存。在没有法定和传统狩猎、诱捕和采集权的地方，森林经营单位有时会直接禁止这些活动。在我国，按照野生动物保护法，对于国家重点保护的野生动物一般情况下禁止猎捕，出于科学研究、驯养繁殖、展览或者其他特殊情况需要猎捕时，报国务院或者省级主管机关批准后方可猎捕。猎捕国家非重点保护的野生动物时，必须取得狩猎证，并且服从猎捕量的限额管理，猎捕者应当按照特许猎捕证、狩猎证规定的种类、数量、地点和期限进行猎捕。在自然保护区、禁猎区、禁猎期内都禁止猎捕。同样，因科学研究、人工培育、文化交流等特殊需要而需采集国家一级、二级保护野生植物的，需要经由当地林业局向上级主管部门申报核发采集证。采集自然保护区(核心区除外，不含移植和采伐)内的国家重点保护野生植物的，经采集地自然保护区同意后，依照相关规定申请采集证。

因此针对此类的工作，需要从多方面开展：明确辖区内有哪些动植物资源是禁止猎杀、诱捕和采集的。将前述的珍稀、濒危和受威胁的动植物清单进行公示；设立标识和公开宣传，确保员工和当地社区都知道哪些活动是禁止的；必要时对员工和周边居民开展培训，让他们理解为什么要禁止这些活动；采取必要的措施，如控制进入森林的道路，大型森林经营单位安排护林员在林区巡护，鼓励举报任何偷猎和私自采集活动等。

如果有法定和传统的狩猎、诱捕和采集权利，那么对这些活动加以控制也很重要。要确保即使在猎杀/采集其他非国家保护的野生动植物时，也能保护珍稀和濒危动物。保证狩猎和诱捕不会威胁其他物种。例如，禁止用网捕鱼，但可以允许钓鱼，后者的影响非常小(Sophie Higman etc. ，1999)。

CFCC森林经营认证标准要求森林经营单位的狩猎、诱捕和采集符合有关野生动植物保护方面的法规，依法申请狩猎证和采集证；狩猎、诱捕及采集符合国家有关猎捕量和采集量的限额管理政策。

3. 保护典型的森林生态系统类型

我国的森林类型丰富，但不是每个森林经营单位内都有典型的森林生态系统。针对典型森林生态系统而开展的保护工作，一个重要的方面就是确认所选择的保护地块是否具有天然林区、湿地区或典型物种原始分布区这样的典型特征。因此必须对森林经营单位内的森林类型有彻底了解。如果没有相关的资料，可以聘请当地专家和外部专业人员来帮助确立森林类型，然后再划定保护区规模。森林经营单位还有对已经确定的典型森林生系统进行评估，即确认其是否存在较高的价值。

评估标准如下：①天然林生态系统当中生物多样性是否显著富集，如含有特有物种、濒危物种或受威胁物种；②是否属于基本未受干扰或受干扰较小的大片景观林；③拥有珍稀、受威胁、濒危生态系统或属于该生态系统的组成部分；④提供重要的生态服务功能；⑤能够解决当地社区生存、健康等基本需求；⑥对当地传统文化具有重要意义。

国家设定的自然保护区可能已经涵盖了上述价值的森林，但森林经营单位仍需要对辖区内重要或突出的价值进行判定，并根据判定的价值对典型森林生态系统制定保护措施。这些保护措施应该作为森林经营方案的一部分，并对其影响进行监测，每年将监测的信息和改进措施反馈到经营管理措施当中来。可以利用现有的信息判定森林的价值。例如，如果森林经营单位的一部分已经被国家划定为集水区或保护区的一部分了，或是这部分森林和具有类似栖息地类型的国家自然保护区毗邻等。如果已有的信息无法提供帮助，就需要开展实地勘察，以确定本辖区内是否有这些较高价值。同样，相关方的咨询和访谈对确定森林价值也非常关键。

森林经营单位可以参考下述方法来判定、管理和监测森林的价值：咨询当地学术机构如大学等，征求他们对拟判定的森林是否有突出的生物价值的意见；本单位野外作业人员对拟判定森林的观察和经验，来确认对野生动物非常重要的地点如珍稀动物的巢穴聚集地、补充盐分的地点、单株树、空心树、池塘或是河道等；咨询当地居民或环保组织，询问他们是否了解当地森林里有特别重要的保护价值。

一旦森林某些较高的价值得以确认，就要制定相应的保护措施加以维持。至少每年都要检查一次，以确保森林价值没有受到营林活动的负面影响。

CFCC 森林经营认证标准要求森林经营单位通过调查确定其经营范围内典型、珍稀、脆弱的森林生态系统；制定保护典型、珍稀、脆弱的生态系统的措施；实施保护措施，维持和提高典型、珍稀、脆弱的生态系统的自然状态；识别典型、珍稀、脆弱的生态系统时，应考虑全球、区域、国家水平上具有重要意义的物种自然分布区和景观区域。

4. 保持和提高森林生物多样性

不管森林经营做得多好，总是会对生态系统产生一些影响，而干扰的强度和频度很大程度上影响了森林生物多样性，因此森林经营应采取恢复、保持和提高森林生物多样性的措施。CFCC 森林经营认证标准要求应从下述三个方面考虑保护和提高生物多样性：①采用减少负面影响的作业方式；②采用适宜的森林培育体系；③保持和提高森林的天然特性。

营林的作业方式有很多，其中影响最大的可能是采伐作业。所以从采伐方式、集材方式、道路网等都要考虑减少负面的影响。比如说在公益林采伐和营林生产采伐作业时实行低强度择伐或渐伐，渐伐和择伐既符合森林更新的要求，又有利于林下重要物种对外界环境的变化的适应，有利于生物多样性和整个生态系统的稳定。适度的间伐干扰也有利于生物多样性的提高。皆伐更新不利于生物多样性的保护，不仅使林分的物种多样性降低，也不利于珍稀物种的生存和繁衍，还会改变生物多样性的结构使特有物种降低，广布物种增加。除此之外，造林和抚育等作业也需要对生物多样性加以考虑，如森林培育应采用适地适树的原则，结合树木的生长特性，营造混交林。混交林因结构复杂，生境变化较大，较低的林冠层由于给其他物种提供了足够的水分、光照和营养空间，为林下其他物种的生存和繁衍提供了可能，因而其生物多样性较高，同时混交林还具有较强的自动调节能力；整地会破坏林地上生长的植被，在一定的时期内，全面整地会使林分生物多样性降低。总之尽量采取近自然的营林方式，结合封山育林等措施，提高森林的天然特性。因此 CFCC 森林经营认证标准要求考虑对森林健康和稳定性以及对周边生态系统的潜在影响，应尽可能保留一定数量且分布合理的枯立木、枯倒木、空心树、老龄树及稀有树种，以维持生物多样性。

（三）实践指南

（1）保护林区内的珍贵、稀有、濒危动植物种。收集《濒危野生动植物种国际贸易公约》附录、《国家重点保护植物名录》、《国家重点保护野生动物名录》及当地的保护物种名录；根据当地政府或本单位的调查资料，判定经营范围内需要保护的珍稀、濒危动植物种，并提供相关调查报告（包括物种名录、数量、分布和栖息地）及有明显标注的林相图或分布图；森林经营方案或相关文件中制定关于保护珍贵、稀有、濒危动植物种的保护计划及保护措施，并加以实施；如需要，应在林区设立自然保护区或保护小区，设立边界标志，并采取保护措施；确定未开发和利用国家和地方相关法律法规或国际公约明令禁止的物种。

（2）限制未经许可的狩猎、诱捕及采集活动。对经营范围内的狩猎、诱捕、采集等活动依法进行管理，禁止未经许可的狩猎，诱捕及采集活动；根据国家法律规定，狩猎者应依法申请狩猎证，并对狩猎和采集活动进行管理和监督。

（3）保护典型、珍稀、脆弱的森林生态系统。应对经营区内的典型、稀有、脆弱的森林生态系统进行判定，并制定保护措施；实施保护措施，维持生态系统的自然状态，确保重要的物种分布区、生态系统和景观区域已得到划定和保护。

（4）通过营林措施恢复、保持和提高生物多样性。通过采取适宜的采伐方式、采伐强度、集材方式、整地方式、道路网密度、公益林保护等营林措施，恢复、保持和提高森林生物多样性，并有效实施；在经营区范围保留一定数量且分布合理的枯立木、枯倒木、空心树、老龄树及稀有树种。

（四）实施记录

1. 管理类文件清单

《濒危野生动植物种国际贸易公约》、《国家重点保护植物名录》、《国家重点保护野生动物名录》以及省和地方需要保护的物种名录。

2. 实施过程记录清单

（1）经营范围内需要保护的珍稀、濒危动植物种调查报告或材料（包括物种名录、数量、分布和栖息地）及有相关的林相图或分布图；针对保护区、保护物种及其生境的保护措施文件、地图和实施报告；开发利用的物种清单（未包括国家和地方相关法律法规或国际公约明令禁止的物种）等。

（2）"狩猎证"、"特许猎捕证"、"采集证"等证明；有关主管部门批准或核准猎捕、采集的物种、数量文件及实际猎捕、采集的物种、数量统计资料；相关的检查和监督机制与记录等。

（3）有关划定典型、稀有、脆弱森林生态系统的调查资料和报告，划定的典型森林生态系统的地图；保护典型、稀有、脆弱的森林生态系统的措施文件；实施保护措施的记录、报告或说明材料。

（4）森林经营单位有关作业管理规定或指南，造林、抚育和采伐的作业设计中，有关避免或减少作业的负面影响、保护生物多样性功能和结构以及促进森林天然更新的措施；有关处理枯立木、枯倒木、空心树、老龄树及稀有树种的管理规定、作业规程或作业设计等文件。

三、水土保持

（一）背景

各类森林在经营管理过程中都不可避免地对水土产生一定的影响，尤其是人工林，属于集约化经营的森林，因此对土壤和水资源有更多的要求和影响。森林经营管理经常会涉及环境的重大改变，特别是造林和采伐作业阶段，主要的影响有土壤裸露，更加易于流失、土壤养分流失、水质下降，流量和水道受到干扰，因此必须特别重视控制这类活动的影响。

（二）标准要求与解读

众多的森林经营活动中，大部分都涉及对水土的影响和保护。因此要尽可能地采取措施防止水土流失。《中国森林认证 森林经营》指标体系"3.7 环境影响"中规定：

3.7.2 森林经营作业应采取各种保护措施，维护林地的自然特性，保护水资源，防止地力衰退。

水土资源的保护非常重要，特别是在一些敏感区域，以免对森林和水生动物生态系统的生产能力和质量，以及下游的水质和水量产生危害。很多森林经营活动，包括整地、造林、抚育、采伐、更新、道路建设和病虫害防治等都有可能对水资源和土壤造成影响。为此应遵循国家或当地的技术规程，或在相关的操作指南和技术指南中作出明确规定，如规定某些具体作业活动的坡度限制；需要特殊管理规定的土壤类型；以及河流岸边缓冲带的具体说明等。

其中，道路建设、养护和使用对水土资源存在较大的潜在威胁，为此应遵守国家有关道路建设、养护和使用的规程或标准，实施全过程控制土壤流失和保护水源的措施。其中应包括以下规定：道路布局，如道路的最大密度和位置；道路设计，如路宽、坡度、建材、排水沟和涵洞；道路和桥梁施工方法，如设备、劳动力和技术；道路的使用，如道路使用、雨后关闭和维护频率的规定；道路的封闭，如拆毁桥梁、涵洞、设置路障；河流岸边缓冲带的大小、勘界和保护等。

另外，采伐和集材活动对剩余立木、土壤和水源也有很高的潜在危害。必须遵守和实施国家颁布的采伐作业规程，或制定减少采伐和集材影响的作业指南或手册，包括采伐规划、树木标定和砍伐、集材、采伐后的管理等。另外，还应对现场技术指导人员和野外作业人员进行实际操作培训以及实际作业过程中的监管和作业后的评估。

在我国，在苗圃地和人工林培育中使用肥料比较普遍，它有利于提高土壤肥力，促进幼苗的成活与生长。但过度使用肥料，尤其是化肥，也会带来土壤的板结和土壤结构的破坏，从而影响土壤的可持续供给能力，同时也可能给下游的水源造成污染。因此，应尽量避免使用化肥，多利用有机肥和生物肥料。

退化森林生态系统在我国比较普遍。我国南方在自然保护区以外，由于历史原因，大部分都是资源经过破坏以后通过人工造林、飞播或自然过程形成的以松树为主的退化林分。部分地区因封山育林，开始演替成针阔混交林，初步具备天然林的一些特征。需要对这些林分加以保护和恢复。另外，由于取土、采石、采矿的影响，一部分林地遭到破坏，有些地方已废弃使用。需要对这些地区制定造林和恢复计划，恢复森林植被。

CFCC森林经营认证标准要求森林经营单位在森林经营中，应采取有效措施最大限度地减少整地、造林、抚育、采伐、更新和道路建设等人为活动对林地的破坏，维护森林土壤的自然特性及其长期生产力；减少森林经营对水资源质量、数量的不良影响，控制水土流失，避免对森林集水区造成重大破坏；在溪河两侧和水体周围，建立足够宽的缓冲区，并在林相图或森林作业设计图中予以标注；减少化肥使用，利用有机肥和生物肥料，增加土壤肥力；通过营林或其他方法，恢复退化的森林生态系统。

（三）实践指南

（1）收集国家和当地发布的有关造林、更新、采伐、道路建设等作业规程或标准，或根据国家或地方标准编制本单位有关森林经营活动的作业指南或手册，在各项经营活动中明确对土壤和水资源保护及缓冲区设置的措施与要求。

（2）在作业设计及森林作业过程中贯彻以上要求，在溪河两侧和水体周围，确认设置有足够宽的缓冲区，避免对土壤结构、肥力以及水资源数量和质量的不良影响。

（3）在作业现场或作业后评估各项经营活动对水资源和土壤的影响，必要时采取纠正措施并提供有关土壤和水的监测记录。

（4）制定有关肥料使用的规范或指南，减少化肥的使用，利用有机肥和生物肥料增加土壤肥力。

（5）对林区内的退化森林生态系统进行确定，包括取土场、采矿采石迹地、破坏的天然林等，制定退化森林生态系统的恢复措施和计划，并加以贯彻实施。

（四）实施记录

1. 管理类文件清单
有关整地、造林、抚育、采伐、更新和道路建设的作业规范或指南。

2. 实施过程记录清单
（1）整地、造林、抚育、采伐、更新和道路建设等指南及作业设计有关避免水土等环境影响的措施；相关的环境监测记录。

（2）有关建立缓冲区要求的文件或指南；施业区内的河流分布状况图，建立缓冲区的数量和面积等分布图及设计资料。

（3）使用化肥的种类、数量、使用面积及其影响的文件以及肥料使用的规范或指南。

(4)恢复退化生态系统的计划或措施以及相关的作业设计。

四、化学品的使用及废弃物的处理

（一）背景

化学品包括在森林经营过程中使用的杀虫剂、除草剂、杀菌剂、灭鼠剂和激素等化学品。化学品对环境有许多潜在的危害，需要严格控制。林业上化学品通常用于苗圃和人工林，使用化学品的频率虽然较之农业低得多，但却往往是在一个较短的时期里集中使用，其危害程度也不可小觑。几乎所有的化学品都不是只对特定的目标有效，其对环境的影响是广泛而长期的。

另外，林业生产经常产生大量的废弃物，它包括：无机垃圾和不可循环利用的垃圾（如垃圾、废油、废旧轮胎和报废的车辆）的处理；森林经营活动中避免在林地上漏油的现象；化学品废弃物和容器的处理等。

（二）标准要求与解读

《中国森林认证 森林经营》指标体系中"3.7 环境影响"中要求对化学品的使用及废弃物的处理进行管理，相关标准包括：

3.7.3 严格控制使用化学品，最大限度地减少因使用化学品造成的环境影响。

标准要求森林经营单位应列出所有化学品（杀虫剂、除草剂、灭菌剂，灭鼠剂等）的最新清单和文件，内容包括品名、有效成分、使用方法等；除非没有替代选择，否则禁止使用世界卫生组织 1A 和 1B 类杀虫剂，以及国家法规禁止的其他高剧毒杀虫剂；禁止使用氯化烃类化学品，以及其他可能在食物链中残留生物活性和沉积的其他杀虫剂；保存安全使用化学品的过程记录，并遵循化学品安全使用指南，采用恰当的设备并进行培训；备有化学品的运输、储存、使用以及事故性溢出后的应急处理程序；应确保以环境无害的方式处理无机垃圾和不可循环利用的垃圾；提供适当的装备和技术培训，最大限度地减少因使用化学品而导致的环境污染和对人类健康的危害；采用符合环保要求的方法及时处理化学品的废弃物和容器；开展森林经营活动时，应严格避免在林地上的漏油现象。

（三）实践指南

1. 应尽可能减少使用化学品

要对目前使用化学品的情况进行检查，以找出减少某些化学品使用的途径。使用化学品要掌握好时机，以最大程度发挥其效果。应鼓励对病虫害进行综合防治，即通过预防措施和药物使用来控制虫害。

2. 制定和实施化学品使用管理程序

（1）化学品的使用计划与要求：

①确定使用化学品的目标，并确保所选择的化学品适用于预期的目标。

②列出所有化学品清单，包括品名、有效成分及使用方法等。

③保证所使用的化学品不在禁用的化学品清单内。

④确定化学品使用的环境和地点，禁止在环境敏感的地方（如溪流和河流的岸边缓冲带，以及保护区等）使用化学品；禁止在易危害水道和渗透到地下水的地区使用化学品。

⑤制定化学品安全使用指南，包括化学品施用的时间要求（如禁止在大雨或大雨即将来临前施用，禁止在刮风的情况下喷洒化学品等）；指定专人负责使用化学品；为喷施人员提供防护服和培训；指定专人负责调查化学品外溢和处理。

⑥使用化学品的方法要能充分发挥效果，尽量减少对环境的污染。

（2）化学品的存放。一般而言，化学品的存放地点要保证安全。化学品存放应注意：

①化学品一般存放在安全、干燥和阴凉通风的仓库里；只限定规定的人员进入，并明确上锁程序；

②化学品应使用原装包装并带有标签和名称，如果是危险品，还要在包装上注明警示标志；

③尽量采取地面以上存放，以便易于发现泄漏情况；

④在野外使用化学品时，尽量仅携带当天使用的量；

⑤保存所有化学品的采购清单，确保优先使用较早批次的产品。

（3）化学品的使用。要根据化学品的性质、喷洒人员的健康以及周边环境，制定化学品使用指南，包括：

①培训：提前对作业人员进行培训，作业人员都应该在喷洒之前知晓：他们要施用什么，如何准备和施用，在哪儿施用，有什么潜在危险，如果出了问题应该如何处理，基本的积极措施和设备有哪些等。

②防护衣物：应为作业人员配备适当的防护衣物，并要求作业人员按照化学品使用说明进行操作。

③设备：应该配备适当的作业设备，以及使用以后清洗设备的地方。

④应急预案：必须考虑到意外事故的发生，并准备应急预案，要求作业人员按照应急预案来处理意外泄漏事故和设备。

⑤禁喷区：确保作业人员知道禁用化学品的区域，并不会在这些地方使用化学品；确保作业人员知晓减少化学品施用的技术；确保作业人员不在水体里丢弃化学品或冲洗设备。

（4）化学品及其容器的处理。化学品及其容器的处理指南包括：

①处理多余和过期的化学品；

②根据当地规定，化学品处理地点必须远离水源，在林区之外符合环境保护要求的方法进行处理；

③确定化学品的处理程序；

④化学品空容器处理方面，最好能与供应商和制造商联系回收空器皿。

3. 对化学品的使用进行记录

包括化学品及其容器的使用、存放和处理等所有方面。

4. 正确的使用化学品

必须具备和使用合适的、维护良好的设备，对作业人员必须进行充分的培训。

5. 不得在环境敏感的地区使用化学品

如：湿地和集水区、溪流河流岸边的缓冲区、保护区、休闲区、人类居住区附近的区域、特别重要的生态区、珍稀和濒危物种的栖息地。

6. 不得使用危险的化学品

基于标准的规定，禁止使用如下化学品：世界卫生组织规定的 IA 类和 IB 类化学品；有机氯杀虫剂；其它可能在食物链中残留的生物活性和沉积的其他杀虫剂，如 DDT；国家相关法律禁止的其他高剧毒杀虫剂。

7. 所有的废弃物都要妥善处理

这包括垃圾、废油、化学品容器、废旧轮胎和报废的车辆。废弃物的处理程序一般包括：每个作业区的垃圾应及时收集并妥善处理；必须在作业活动完成以前，把大型的物体，如轮胎、报废车辆的部件、油桶等收集并运出森林；不允许把汽油、液压油、燃油和其它油类废弃物遗洒在地面上；不得把废油、化学品及其容器堆放在森林中，或是存放在水体附近。

（四）实施记录

1. 管理类文件清单

（1）化学品存储、运输、使用指南及应急处理程序。

（2）林地内油料管理、化学品废弃物和容器处理的管理规定。

（3）垃圾回收处理制度。

2. 实施过程记录清单

（1）化学品使用清单；化学品采购、使用、运输、储存的记录；化学品事故记录。

（2）化学品废弃物和容器及垃圾处理记录。

（3）化学品操作工人培训记录。

五、外来物种的引进和控制

（一）背景

外来物种包括外来树种的引进可能因其产量高，能够满足经营目标的需要，而产生很大的经济效益，但也可能对当地生态系统造成危害而形成入侵物种。应谨慎引进和监测外来物种，并对入侵物种进行控制和防范，以免对森林生态系统造成危害。

（二）标准要求与解读

《中国森林认证 森林经营》指标体系中"3.7 环境影响"要求对外来物种的引进进

行管理和控制，相关标准包括：

3.7.4 严格控制和监测外来物种的引进，防止外来入侵物种造成不良的生态后果。

在生物学上，外来物种是指在其自然分布范围和分布位置以外的一种物种、亚种或低级分类群。它可能通过人为引进，也可能通过自然途径迁移至新的生态环境。我国大量引种桉树、相思树和松树在其天然分布区以外的地区造林。这些分布广泛的外来树种的生物学原理广为人知，育苗和营林技术成熟，其生态学的影响结果是可以预测的，在某些方面的性能如产量、对环境的适应可能优于当地树种。我国南方热带地区，桉树用于先锋树种造林，成活率很高。但总体来说，外来树种的生物多样性价值较低，相对于乡土树种，生态稳定性和保护价值更低，更易受到自然灾害、病虫害的影响。还有一部分外来物种能在当地的自然或人工生态系统中定居、自行繁殖和扩散，最终明显影响当地生态环境，损害当地生物多样性，从而形成入侵物种。入侵的外来物种可能会破坏景观的自然性和完整性，摧毁生态系统，危害动植物多样性，影响遗传多样性，因此需要严格的控制和管理。我国比较典型的入侵植物有紫茎泽兰、薇甘菊、空心莲子草等，还有很多入侵性昆虫如蔗扁蛾、湿地松粉蚧等。

CFCC 森林经营认证标准要求森林经营单位应对外来物种严格检疫并评估其对生态环境的负面影响，在确保对环境和生物多样性不造成破坏的前提下，才能引进外来物种；对外来物种的使用进行记录，并监测其生态影响；制定并执行控制有害外来入侵物种的措施。

（三）实践指南

（1）严格控制和监测外来物种的引进，以防止其可能造成的不良生态后果。在引进之前，应开展适应性试验或评估，或已开展相关的研究。

（2）对外来物种的使用、生长状况及其环境影响进行监测和记录。

（3）调查和监控本区域内可能存在的入侵物种，如存在，应制定相关的控制措施并加以实施。

（四）实施记录

（1）引进外来树种的名录，造林及监测的资料及记录。

（2）所引进外来树种的适用性试验材料或研究成果。

（3）控制有害外来物种的措施文件及记录。

六、维护和提高森林的环境服务功能及生态的可持续性

（一）背景

森林在为社会提供木材和竹材、木本粮油、林化产品、药用动植物等大量产品

的同时，还具有多种多样的环境服务功能。随着社会经济的发展，人们对环境质量的要求越来越高，对森林的环境服务功能更加关注。而生态系统的更新、演替和养分循环过程即生态的可持续性对于森林可持续经营极为重要。

（二）标准要求与解读

CFCC 森林经营标准"3.7 环境影响"中规定：

3.7.5 维护和提高森林环境服务功能。

3.7.6 尽可能减少动物种群和放牧对森林的影响。

1. 维护和提高森林的环境服务功能

森林的环境服务功能很多，如涵养水源、保护土壤、固碳释氧、防风固沙、调节气候、游憩与教育功能等。森林经营者应对这些环境服务功能进行界定，确定哪些对当地居民非常重要，并需要采取措施进行维护和提高。CFCC 森林经营认证标准要求森林经营单位了解并确定经营区内森林的环境服务功能；采取措施维护和提高这些森林环境服务功能。

2. 减少动物种群对森林更新、生长和生物多样性的影响

经营活动及动物种群可能对森林更新、生长和生物多样性造成影响。CFCC 森林经营认证标准要求森林经营单位应采取措施尽可能减少动物种群对森林更新、生长和生物多样性的影响；采取措施尽可能减少过度放牧对森林更新、生长和生物多样性的影响。

（三）实践指南

（1）通过调查和利益方访谈，界定所经营森林存在的环境服务功能；制定有利于森林服务功能提高的措施，并在相关的经营方案、技术规程或作业设计中体现；实现保护措施，并对保护效果进行监测和改进。

（2）对林区内的放牧活动作出规定，加强对新造林地，更新地的放牧管理，减少动物种群和放牧对新植苗、幼树生长和生物多样性影响。

（四）实施记录

（1）经营区内森林环境服务功能描述、确定的依据及相关保护措施的文件或技术规程。

（2）所采取的有关减少动物种群和放牧对森林影响的措施的文件。

第七章　公众利益和社区发展

当前，森林可持续经营已经成为全球范围内广泛认同的林业发展方向，也是各国政府制定林业政策的重要原则。《关于森林问题的原则声明》中对森林可持续经营的定义是："森林资源和林地应以可持续的方式经营，以满足当代和后代对社会、经济、生态、文化和精神的需要。这些需要是指对森林产品和森林服务功能的需要，如木材、木质产品、水、食物、饲料、燃料、保护功能、就业、游憩、野生动物栖息地、景观多样性、碳的减少和贮存及其他林产品。"可见，森林可持续经营关注生态、经济和社会文化等方面的平衡。特别是近年来，由于大量森林被毁，已经使人类生存的地球出现了比任何问题都要难以对付的严重生态危机，而通过森林可持续经营来减缓生态危机已成为国际社会的共识和公众关注的焦点。因此，CFCC认证标准中将公众利益作为一个重要的内容，因为森林可持续经营的问题已经不仅仅是关于树木的问题，而是一个关系到社会各个群体的公众利益的问题。另外，从世界范围来看，森林的经营与当地社区，特别是原住民具有紧密的联系，要想实现森林可持续经营的目标，必须解决好森林经营与当地社区的协调发展问题。近年来，一些国家，特别是一些发展中国家将森林可持续经营与社区发展、消除贫困联系起来，取得了良好的效果。顺应这一世界趋势，CFCC认证标准要求在所有的森林经营活动中注意与当地居民进行沟通和协商，鼓励当地人参与到森林经营活动中来，要求森林经营单位展示促进当地社区发展的努力和责任。下面就详细解析CFCC认证标准对公众利益和社区发展方面的具体要求。

一、建立参与和协商机制

（一）背景

建立参与和协商机制是森林经营单位与利益相关方发展一种更密切和灵活的合作伙伴关系的重要手段，这不仅可以促进各利益相关方积极参与决策过程，而且有利于达成共识，促进森林的长期、稳定经营。同时，参与和协商机制也可以看作是一种有效的交流机制，充分交流可以及时反馈活动影响，降低林业企业管理成本，提高森林资源管理成效。同时，参与和协商机制还能够促进各利益相关方的沟通，有利于林业企业与相关各方之间维持一种深层的相互理解，从而建立起林业企业开展森林可持续经营所需的社会信任的基础。

参与和协商的对象主要包括森林经营活动感兴趣或者受其影响的群体，具体来说包括以下几类群体：①林业及相关行政主管部门、执法机构；②森林经营单位内部的管理人员和员工(包括临时用工人员)；③受森林经营活动直接影响的当地村民；④林业行业组织或协会，社会或环境团体代表；⑤与森林生产经营有合作协议的承包方；⑥一般公众。

不同的利益相关方对森林经营的目标和兴趣存在差异，他们对森林可持续经营的潜在作用也不尽相同。因此，必须审慎地建立森林经营的利益相关方参与和协商机制。当前，国际社会已经将利益相关方的参与和协商看成是森林可持续经营的关键要素。

(二)标准要求与解读

《中国森林认证 森林经营》指标体系中的"3.3 当地社区和劳动者权利"要求森林经营单位与相关方建立参与和协商机制，相关标准包括：

3.3.3 保障职工权益，鼓励职工参与森林经营决策。

3.3.5 在需要划定和保护对当地居民具有特定文化、生态、经济或宗教意义的林地时，应与当地居民协商。

3.3.6 在保障森林经营单位合法权益的前提下，尊重和维护当地居民传统的或经许可的进入和利用森林的权利。

3.3.7 在森林经营对当地居民的法定权利、财产、资源和生活造成损失或危害时，森林经营单位应与当地居民协商解决，并给予合理的赔偿。

3.3.8 尊重和有偿使用当地居民的传统知识。

3.3.9 根据社会影响使用评估结果调整森林经营活动，并建立与当地社区(尤其是少数民族地区)的协商机制。

关于参与和协商机制的要求具体涉及以下几个方面：

(1)参与和协商机制强调对话、讨论、辩论与共识，强调在对话、交流和磋商的过程中，尊重各种不同的偏好、利益和观点，推动"自下而上"和"自上而下"的公开合作和交流，以便更好地理解不同利益相关方的需求、愿望和建议，确保各项森林经营决策的顺利执行。

(2)参与和协商机制是一种双向信息交流，不仅仅要倾听利益相关方的意见和建议，还应鼓励利益相关方参与到森林经营活动的决策构成中，确保决策能够体现各利益方的要求。

(3)参与和协商机制也是一个解决争议和补偿的有效机制，特别是在森林经营活动对利益相关方的所有权、财产、资源和生活条件产生影响或造成损失的情况下，需要遵循所制定的协商工作程序，在确保公正、公平的条件下，与相关方协商确定补偿方案。

（4）参与和协商机制可以体现在森林经营单位书面的文件规定中，也可以贯穿在森林经营单位处理与各利益方相关事务的具体做法上。

（三）实践指南

首先，森林经营单位针对具体的事项，确定参与和协商的对象群体；了解这些群体的兴趣和利益关注点；然后通过正式或非正式的方式，与这些群体进行面对面或是书面的交流、讨论、磋商，最终达成某种共识。最后，依据这一共识，企业制定或修订相关的森林经营活动或决策。

在与社区协商方面，森林经营单位可以根据森林经营活动的需要，定期与当地社区进行沟通和协商。森林经营单位可以指定专人作为代表，同时聘请当地社区德高望重的人士担任社区联络员，两人负责定期或针对具体的事项，通过召开社区会议或入户访谈的形式，征求社区居民的意见和建议。这样可以扩大社区居民的有序参与、能够让各种不同意见和要求，在理性对话中得到系统、综合的反映，达成一定的共识，从而形成一种有利于整体利益的决策。同时，参与和协商机制的建立还有利于促进森林经营单位与社区之间的合作伙伴关系，通过协商与分享，及时解决有关的冲突和争议，促进社区与森林经营单位共赢。

（四）实施记录

1. 管理类文件清单：

① 工会、职代会、妇联、信访办等机构的设置和职责文件。

② 对具有特定文化、生态、经济或宗教意义的林地的管理规定和保护政策。

③ 防火期的护林公告。

④ 争议解决和补偿管理规定。

⑤ 与当地居民和有关各方沟通和协商机制（例如年度会议制度、联防制度等）。

2. 实施过程记录清单：

① 职代会召开记录，包括会议通知、议程、参加人员、提案、会议记录、会议决议等。

② 工会活动记录，包括时间、地点、内容、参加人员等。

③ 具有特定文化、生态、经济或宗教意义的林地的判定记录，包括时间、地点、访谈人员、访谈结果等。

④ 争议解决和损害补偿记录，例如争议调解书、争议处理书、损害调查记录表、损害补偿处理书等。

⑤ 森林经营规划编制过程中，针对当地居民，包括少数民族的咨询记录。

⑥ 社会影响评估调查表或访谈表。

⑦ 社会影响调查工作计划。

⑧ 社会影响评估报告。

⑨ 与当地居民和有关各方召开联席会议的会议通知、会议记录、签到表等。

二、社会影响评估

（一）背景

社会影响评估是针对森林经营的各项活动对利益相关方所造成的影响，对这些影响的性质和程度进行评估，它是确保森林可持续经营的一种不可或缺的工具。进行森林经营的社会影响评估，有助于企业及时了解森林经营活动对利益相关方的正面或负面影响，及时修正相关措施，减少纠纷的产生。这不仅有利于改善企业的经营，而且也可改善森林经营单位与各利益相关方的关系，展示企业的社会责任感。

（二）要求

《中国森林认证 森林经营》指标体系"3.3 当地社区和劳动者权利"中要求森林经营单位开展社会影响评估活动。

3.3.9 根据社会影响评估结果调整森林经营活动，并建立与当地社区（尤其是少数民族地区）的协商机制。

标准要求森林经营单位根据森林经营的方式和规模，评估森林经营的社会影响；在森林经营方案和作业计划中考虑社会影响的评估结果；建立与当地社区和有关各方（尤其是少数民族）沟通与协商的机制。

相关要求具体涉及以下几个方面：

首先，社会影响评估主要是针对利益相关方来进行的，需要收集利益方的相关信息，确定利益相关方，考虑森林经营活动对其利益的现实和潜在影响，并提出减轻负面影响的措施。笼统来说，利益相关方指所有直接或间接受到森林经营活动影响的，或是直接或间接从森林经营中受益或受害的群体或个人。对于森林经营活动来说，主要的利益相关方包括：当地政府和林业相关管理和技术部门、当地社区、当地的少数民族、承包商、科教部门、环保组织、森林经营单位职工和临时雇佣的工人（主要指承包商针对某项森林经营活动，例如造林和采伐而临时雇佣的工人）。

其次，社会影响评估涉及的方面主要包括：森林经营活动对当地居民就业、减轻贫困，以及社区发展的影响；利益相关方对森林经营活动的认可和接受程度，森林经营活动与当地社会环境的相互适应性；森林经营活动中可能存在的冲突和各种潜在的社会负面影响；以及劳动者社会福利的调查。

最后，针对社会影响评估中发现的可能的负面影响，一定要采取措施予以避免。应把采取的减缓影响的整改措施作为社会影响评估必不可少的组成部分，并将这些措施贯彻在森林经营规划或其他相关的作业计划中。

（三）实践指南

一般来说，社会影响评估程序主要包括以下步骤：

①森林经营单位明确专人或岗位来负责社会影响评估的相关工作；

②制定本林业局的社会影响评估年度计划；

③组建社会影响评估小组，如果必要，特别是针对大型的森林经营活动，可以聘请社会专家参与；

④确定需要咨询的利益相关方，建立利益相关方名单；

⑤评估小组依据评估内容和不同的咨询对象，开展评估活动；

⑥分析评估过程的相关记录，确认和评估潜在的重大社会影响；

⑦制定避免或减少负面影响的措施；

⑧在经营活动中贯彻这些措施；

⑨撰写评估报告并存档，同时保存所有的评估活动记录至少5年以上。

另外，在社会影响评估过程中，评估人员还应注意以下几点：

①调查人员应根据不同的调查对象采用不同的调查方式；

②必须取得当事人参与评估的知情同意，不应以强行的方式进行，被调查者有权拒绝访问、咨询；

③调查中所用的措辞应中立、客观，不能引导偏向；

④应在融洽放松的环境下进行调查；

⑤评估人员必须不偏不倚，不得涉及利益冲突；

⑥调查人员不得隐瞒评估的结果；

⑦不给受调查者任何利益承诺；

⑧调查过程中尽量避免双方敏感的话题；

⑨特别要注意保存文件和相关记录的重要性，在评估过程中及时对各种信息进行详细记录，并且存档保留5年以上。

（四）实施记录

在开展社会影响评估的过程中，需要制定相关的管理制度并保留过程记录，以便向认证机构展示符合认证标准的相关要求。现将建议的记录分为管理类文件和过程记录两大类分述如下，以供参考。

1. 管理类文件清单

① 森林经营方案中包含社会影响评估结果，改进经营活动的内容。

② 年度工作计划中包含开展社会影响评估的内容，并且年度预算中安排有专门的资金支持。

2. 实施过程记录清单

① 社会影响评估调查表或访谈表。

② 社会影响调查工作计划。

③ 社会影响评估报告。

④ 森林经营方案制定过程中咨询相关方的咨询记录。

三、当地社区的权益保护

（一）背景

据统计，全球森林的 11%（大约 2000 万 hm^2）被政府合法地划拨给原住民或当地社区所有，另外还有更多的森林正处于当地社区积极索要所有权或管理权的过程中（Andy White，2002）。森林保护界人士日益认识到，原住民或当地社区已经成为世界森林最主要的拥有者和管理者，并且将极大地影响未来林产品的供给和生物多样性保护。人权领域的专家也积极主张通过新的国家立法和国际公约来确认原住民和当地社区的权利，并且将其作为全球的优先领域，因为在许多国家，那些直接依赖森林资源的原住民和当地社区常常是最贫困的群体。从世界范围来看，由于不能保障当地社区的权益而激起社区居民的不满，甚至采取封锁道路和工厂、破坏森林资源、消极怠工，甚至是通过抗议游行等方式来纠正这种不公平现象的事例并不鲜见。

近年来，国际协定和国家政治运动正促使政府承认原住民及当地社区所拥有的传统权利，一些国家已经开始承认当地社区所拥有的针对森林资源的传统权益并且尝试制定相应的法律法规；一些国家将部分森林的经营权下放给当地社区；另外一些国家则进行森林特许采伐区的改革以扩大当地社区的森林资源使用权。可见，保障当地社区对森林及其相关资源的传统和法定权利是当前全球关注的热点，因此开展森林认证的森林经营单位一定要特别关注当地社区权益的保护，展示企业的社会责任。

（二）标准要求与解读

《中国森林认证 森林经营》指标体系中"3.3 当地社区和劳动者权利"要求森林经营单位保护当地社区的权益，相应标准包括：

3.3.4 不得侵犯当地居民对林木和其他资源所享有的法定权利。

3.3.5 在需要划定和保护对当地居民具有特定文化、生态、经济或宗教意义的林地时，应与当地居民协商。

3.3.6 在保障森林经营单位合法权益的前提下，尊重和维护当地居民传统的或经许可的进入和利用森林的权利。

3.3.7 在森林经营对当地居民的法定权利、财产、资源和生活造成损失或危害时，森林经营单位应与当地居民协商解决，并给予合理的赔偿。

3.3.8 尊重和有偿使用当地居民的传统知识。

当地社区的权益主要包括以下几个方面：对土地的使用权，包括使用、经营和保护的权利；对林木和其他资源（例如矿产、牧场和野生动物）的使用权；森林及相关资源的使用权和控制权，例如在特定时期，当地社区拥有放牧、收集饲料、采集非木质林产品或薪柴的权力；当地社区拥有的有关森林资源培育、林产品加工等方面的传统知识产权。

相关要求具体涉及以下几个方面：

1. 保护当地居民的法定权利

在当地社区的土地或附近地区开展任何森林经营活动，不能对当地社区针对林木和其他资源拥有的法定权利造成危害，包括房屋、农田、池塘、私有林、自留山、道路等。特别是我国南方的集体林，很多私营公司、国有林场或大户通过租赁、合作经营等方式对当地居民所拥有的森林进行经营，对此一定要在自愿和知情的基础上与原林权所有人签订协议。CFCC 森林经营认证标准要求森林经营单位承认当地社区依法拥有使用和经营土地或资源的权利；采取适当措施，防止森林经营直接或间接地破坏当地居民(尤其是少数民族)的林木及其他资源，以及影响其对这些资源的使用权；当地居民自愿把资源经营权委托给森林经营单位时，双方应签订明确的协议或合同。

2. 保护和尊重当地居民传统的所有权与使用权

当地居民由于长期与森林的依存关系形成了一些传统的或经许可的进入森林或利用森林的权利，如非木质林产品的采集、森林游憩、通行、环境教育等。他们虽然不拥有森林的直接所有权和使用权，但应对这些传统权利进行保护。CFCC 森林经营认证标准要求在不影响森林生态系统的完整性和森林经营目标的前提下，森林经营单位应尊重和维护当地居民(尤其是少数民族)传统的或经许可的进入或利用森林的权利；对某些只能在特殊情况下或特定时间内才可以进入和利用的森林，森林经营单位应做出明确规定并公布于众(尤其是在少数民族地区)。

3. 保护对当地居民有意义的场所

在森林经营的范围内，应对当地居民文化、生态、经济或精神上特别重要的场所进行保护，使其免受森林经营活动的破坏，如坟地、风水林、庙宇、历史遗迹、薪炭林等。要与当地居民合作，建立一个确认、记录和保护的体系，需要时在地图上进行标注。CFCC 森林经营标准要求在需要划定对当地居民(尤其是在少数民族)具有特定文化、生态、经济或宗教意义的林地时，森林经营单位应与当地居民协商并达成共识；采取措施对上述林地进行保护。

4. 损害补偿机制

森林经营单位需要建立一种合适的机制，为在森林经营过程中当地社区的所有权、财产、资源和生活条件受到影响或损失的人提供公平的补偿。

(三) 实践指南

森林经营单位在森林经营活动过程中，应具体做到以下几点：

(1) 森林经营单位应当首先尊重当地居民有关森林资源的法定权力和传统权利。

(2) 森林经营单位应在当地社区拥有林地或森林资源法定权利的地区，对这些权利进行确定，并通过书面协议的方式进行正式认可，并将具体的区域在林相图上标示出来。

(3) 在社区居民不知晓，或者未经其同意的情况下，不能在这些森林内开展经营活动；如果已经与当地社区达成了森林资源开发利用意愿，双方应签订书面协议或合同，并兑现协议。

（4）森林经营单位应明确告知当地社区居民森林经营活动可能对其资源（例如耕地、鱼塘）造成的影响，对于可能影响当地社区居民的经营活动应在通告和自愿的基础上征得当地社区的同意。在特殊情况下或特定时间内才可以进入和利用森林的公告或通告文件，如抚育、采伐时期限制进入、森林防火期等。

（5）森林经营单位在森林经营活动决策过程中应该吸收当地社区的参与。

（6）在不破坏生态系统完整性和不影响企业经营目标的前提下，森林经营单位应了解、尊重和维护当地居民的传统生产、生活方式，允许当地居民（尤其是少数民族）进入和利用森林开展非木质林产品采集、游憩、通行、环境教育等活动，保护其传统权利。

（7）企业应尊重当地社区居民的宗教和文化传统，与当地居民合作，在森林经营规划等文件中记录具有重要文化、生态、经济和宗教意义的特殊场所，并在地图上或在这些场所中标示出来，以确保在森林经营作业中对这些特殊的场所进行保护。

（8）建立冲突解决机制，及时解决与当地社区有关森林所有权或使用权方面的冲突。

（9）采取有效措施防止森林经营活动对当地居民（尤其是少数民族）的法定权利、财产、资源和日常生活造成影响或损失，包括建立有效的沟通机制，制定赔偿制度等。如果森林经营活动对当地居民的法定或传统的权利、财产、资源或生活造成了损失或损害，应当同当地社区协商，予以合理的赔偿。

（10）森林经营单位如果使用当地社区拥有的有关森林资源培育或林产品加工方面的传统知识，应事先与当地社区协商并签订使用和惠益分享协议。

（四）实施记录

在保护当地社区权益的过程中，需要制定相关的管理制度并保留过程记录，以便向认证机构展示符合认证标准的相关要求。现将记录分为管理类文件和过程记录两大类分述如下，以供参考。

1. 管理类文件清单

① 对具有特定文化、生态、经济或宗教意义的林地的保护政策和管理规定。

② 在森林经营活动中不得损害周边当地资源的管理规定。

③ 防火规定中包含在防火期限制居民进入森林及只能在特殊情况下或特定时间内才可以进入和利用森林的事先告知和公示。

④ 与当地村民的权属争议解决机制。

⑤ 损害补偿管理规定。

⑥ 鼓励当地居民参与森林经营决策的管理规定。

2. 实施过程记录清单

① 对具有特定文化、生态、经济或宗教意义的林地的判定记录和标注这些特殊地点的林地图。

② 与当地村民签署的资源转让合同或合作开发协议书。

③ 防火期公告。

④ 具有特定文化、生态、经济或宗教意义的林地的判定记录和相关保护措施文件，包括时间、地点、访谈人员、访谈结果等。

⑤ 争议解决和损害补偿记录，例如争议调解书、争议处理书、损害调查记录表、损害补偿处理书等。

⑥ 使用或开发当地社区与森林经营相关的传统知识的协商记录、签订的使用和惠益分享协议等。

四、劳动者的权益保护

（一）背景

保障劳动者的合法权益不仅是森林经营单位与员工建立良好劳资关系的基础，也是其满足 CFCC 认证标准要求、实现森林可持续经营的必要条件。可持续森林经营的实现不仅依赖于自然资源的可持续性，而且也依赖于人力资源的可持续性。

（二）要求

《中国森林认证 森林经营》指标体系"3.3 当地社区和劳动者权利"中要求森林经营单位保护劳动者的权益，相关标准包括：

3.3.2 遵守有关职工劳动与安全方面的规定，确保职工的健康与安全。

3.3.3 保障职工权益，鼓励职工参与森林经营决策。

总体来说，工资、工作时间、工作条件以及兼顾工作与生活的安排是处理雇佣关系和保护劳工权益的核心因素。概括来说，相关要求具体涉及以下几个方面：

1. 职工的健康与安全

森林经营单位应遵守《国际劳工组织公约》(ILO) 中有关保障劳工权益的相关规定，特别是 1998 年 6 月国际劳工大会通过的《工作中的基本原则和权利宣言及其后续措施》中所规定的保障劳动者权益的内容。主要包括：消除所有形式的强迫或强制劳动，有效废除童工劳动，消除就业和职业歧视，保障劳工的就业权利，包括自愿选择就业方式、培训就业的机会、公平就业和平等待遇，上缴劳动者失业、养老、疾病、工伤等方面的社会保险，休息和休假的权利，以及为工人提供在职业和卫生方面的安全的工作环境和工作条件。

森林经营单位应遵守《劳动法》或《劳动合同法》中有关劳工权益的相关规定，特别是工人工资和其他津贴（健康、退休、补贴、住房、食品）应当不低于当地的最低标准。

森林经营单位在森林经营活动中，应当遵守有关工人健康和安全方面的所有适用的法律和法规，并执行劳动者保险计划。尤其要注意该要求也包括临时性的外包工人。

森林经营单位应系统评价各种工作和设备的危险性，并制定安全操作程序、紧急情况处理程序，并且根据劳动者的任务和所使用的设备，在适当情况下为劳动者提供性能良好、安全耐用的安全装备（详见《采伐作业技术规程》相关要求）。

CFCC森林经营认证标准要求森林经营单位按照《中华人民共和国劳动法》、《中华人民共和国安全生产法》和其他相关法律法规的要求，保障职工的健康与安全；按国家相关法律法规的规定，支付劳动者工资和提供其它福利待遇，如社会保障、退休金和医疗保障等；保障从事森林经营活动的劳动者的作业安全，配备必要的服装和安全保护装备，提供应急医疗处理和进行必要的安全培训；遵守中国签署的所有国际劳工组织公约的相关规定。

2. 保障职工权益

对于大型森林经营单位，如果职工数量达到一定标准，劳动者应享有建立工会的权利。通过工会与雇主集体谈判来保障劳动者的权益，是市场经济条件下劳动关系协调的主要方式。森林经营单位应保证劳动者的法定权利，鼓励其参与森林经营活动的决策过程。

CFCC森林经营认证标准要求森林经营单位通过职工大会、职工代表大会或工会等形式，保障职工的合法权益；采取多种形式，鼓励职工参与森林经营决策。

（三）实践指南

森林经营单位在森林经营活动过程中，应具体做到以下几点：

（1）森林经营单位应当充分了解《国际劳工组织公约》，以及《中华人民共和国劳动法》和《中华人民共和国劳动合同法》中有关劳动者权益保障的相关规定，并且备有法律法规中有关劳动者权益保障内容的书面材料，同时对各部门的主管人员进行培训，确保在森林经营活动中保障劳动者的各项权益。

（2）遵循上述公约和法律法规的规定，制定本企业劳动者保障的相关制度。在制定相关制度时需要注意以下几点：一是森林培育、抚育、保护和采伐活动通常被认为是事故多发活动，对于从事这些活动的劳动者一定要事先进行安全技术规程和健康方面的培训，配备安全装备，制定事故应急处理方案和伤残补偿机制等。二是对于女性劳动者，尤其是苗圃通常雇佣女工，需要尤其关注她们的健康保护和化学品安全使用问题。三是对于合同工应确保其能享受正式工人同等的权益，禁止随意加大其劳动强度，增加工作时间。四是保障劳动者特别是正式职工的工资和福利待遇，包括带薪休假、健康体检、医疗保险、工资津贴、住房等方面。五是森林经营单位应允许或帮助劳动者成立工会，这不仅可以奠定民主管理的基础，而且还保证了利益的公平分配。

（3）落实相关制度措施，并做好必要的记录，包括职工的工资和福利保障制度；为劳动者提供符合国家规定的劳动安全卫生条件和必要的劳动防护用品；开展安全教育培训；对劳动者在劳动过程中发生的伤亡事故和劳动者的职业病状况，进行统计、报告和处理；保障职工权益、鼓励职工参与森林经营决策、职工反映意见的制度等。

（4）森林经营单位应定期评估上述制度的执行情况，确保各项保障劳动者权益的制度能够执行到位，避免由于劳动者权益保障不到位所引起的矛盾和冲突，以确保企业的长期可持续发展。

（四）实施记录

在保护劳动者权益的过程中，需要制定相关的管理制度并保留过程记录，以便向认证机构展示符合认证标准的相关要求。现将记录分为管理类文件和过程记录两大类分述如下，以供参考。

1. 管理类文件清单：

① 《中华人民共和国劳动法》、《中华人民共和国安全生产法》和其他相关法律法规。

② 职工健康与安全方面的制度、规定和规程。

③ 包含临时用工健康与安全内容的承包商合同。

④ 当地有关劳动者最低工资和劳动保障方面的规定文件。

⑤ 保障劳动者工资、社会保障、退休金和医疗保障方面的制度。

⑥ 劳动作业安全规程。

⑦ 应急事故处理预案。

⑧ 中国已签署的国际劳工组织公约文本。

⑨ 工会、职代会、妇联、信访办等机构的设置和职责文件。

2. 实施过程记录清单：

① 《中华人民共和国劳动法》、《中华人民共和国安全生产法》和其他相关法律法规的培训记录。

② 我国签署的《国际劳工组织公约》的培训记录。

③ 职工和临时用工人员的工资单、保险单，及其与福利待遇相关的说明文件例如住房、体检、带薪休假等方面。

④ 现场工人安全作业培训计划、培训记录，以及特殊工种的上岗证等。

⑤ 工作事故处理记录（如发生）、事故发生率年度统计表，以及伤残补偿发放记录。

⑥ 现场工人安全保护装备发放记录，医疗用品的发放记录等。

⑦ 工会、职代会、妇联、信访办等活动记录，包括会议通知、议程、参加人员、提案、会议记录、会议决议等。

⑧ 妇联针对女职工福利的活动记录。

⑨ 信访接待记录和最后处理结果记录。

五、对当地社区发展的贡献

（一）背景

目前，林业在促进当地社区发展方面的潜力已经得到普遍认可，在开展森林经营活动的过程中，为林区及周边社区的居民提供就业、培训及其他社会服务的机会是提高当地社区长期社会效益及经济效益的重要手段，也是森林经营认证企业应当承担的责任。尤其在贫困地区，森林是当地社区居民赖以生存的主要生计来源，林业在第二产业(加工业)和第三产业(服务业)提供的大量就业机会对当地社区发展的影响更为显著。认证企业有义务通过提供就业、培训及其他社会服务的机会来帮助当地社区发展。

(二)要求

《中国森林认证 森林经营》指标体系"3.3 当地社区和劳动者权利"中要求森林经营单位在促进当地社区发展方面做出自己的贡献，相关标准包括：

3.3.1 为林区及周边地区的居民提供就业、培训与其他社会服务的机会。

CFCC 森林经营认证标准要求森林经营单位为林区及周边地区的居民(尤其是少数民族)提供就业、培训与其他社会服务的机会；帮助林区及周边地区(尤其是少数民族地区)进行必要的交通和通讯等基础设施建设。

主要涉及以下几个方面：

(1)在森林培育和开发活动中，确保当地社区居民优先享有就业机会。

(2)森林经营单位有义务对来自社区的职工进行必要的技术知识培训，另外在现场应该有技术人员为他们进行必要的技术指导，以确保他们能够正确进行森林作业。此外，可以根据需要对当地工人进行一些非正式的培训，例如信息交流、现场讨论等。

(3)森林经营单位可以为林区或周边社区的居民提供其他社会服务的机会，例如为森林经营单位提供后勤服务、医疗服务等。

(4)森林经营单位还可以为当地社区提供技术信息、市场信息等，提高当地社区资源利用和管理水平，帮助社区尝试新的发展模式。

(5)森林经营单位可以投资建设基础设施，包括道路、通讯设施、供水设施、医疗设施，以及捐资助学等，在硬件方面助力当地社区发展。

(三)实践指南

根据上述标准的要求，森林经营单位应重点做到以下几点：

(1)用工政策中明确规定当地职工占总职工人数的比例，并且明确提出在同等条件下，当地居民享有优先获得就业机会的权利。

(2)制定针对当地工人(包括临时雇工)的培训计划，确定专门的负责人和主管部门。内容涉及职责、作业要求、技术标准、安全作业规程、应急事件处理方法和如何正确使用安全防护装备等。同时，对培训的实施效果定期进行评估和反馈。

(3)森林经营单位应当与当地社区保持密切联系，定期沟通，尽量依靠当地社区为森林经营单位提供一些社会化服务，为当地社区提供尽量多的就业机会。

(4)大力开展多种经营，促进林产品就地加工，为当地社区经济发展做贡献。

(5)森林经营单位，尤其是一些大型企业应当制定投资当地基础设施的计划并安排相应预算付诸设施，同时开展助学、助老等社会公益活动并保留相关证据。

（四）实施记录

1. 管理类文件清单：

① 用工制度或招工政策（包含优先雇佣当地居民的内容）。

② 针对当地工人的培训制度。

③ 发展森林多种经营和促进林产品就地加工的管理政策。

④ 与当地社区的共建制度或助学、助老等社会公益政策。

2. 实施过程记录清单：

① 职工清单（显示了当地职工的比例）。

② 对当地教育、文化设施建设的资金投入清单。

③ 对当地居民开展培训的记录，包括培训时间、地点、培训内容、参加人员等信息。

④ 参与或支持当地交通与通讯设施建设的记录，包括资金投入清单、人力投入清单、交通与通讯设施建设规划图等。

⑤ 开展扶贫、助学、助老等社会公益活动的受益者清单及联系方式。

⑥ 森林多种经营效益情况介绍资料。

⑦ 当地林产品加工企业名录、年产值、纳税额、就业人数等书面资料。

⑧ 开展社区共建的活动记录，例如会议记录、相关通知、活动报道等文字或影像资料。

森林经营认证技术难点解析

森林可持续经营强调社会、环境和经济三方面的协调发展，森林认证作为一种促进森林可持续经营的工具，依据森林经营认证标准来审核和评估森林经营单位的森林经营活动，以证明其是否实现了森林的良好经营。因此，森林经营认证标准必须涵盖森林经营的社会、环境和经济三大方面。要想实现这三个方面的协调发展，森林经营方案的制定、社会影响评估、环境影响评估、森林监测、认证标识的使用是森林经营单位尤其需要重点关注的内容，另外森林经营中的产销监管链作为连接森林经营认证和下游产销监管链认证的关键环节，也需要给予充分重视。从世界范围来看，这几个方面也是全球森林可持续认证关注的技术难点。

从现实需求来看，特别是相对于传统的森林经营活动而言，作业人员对社会影响评估、环境影响评估、森林监测、森林经营中的产销监管链等还比较陌生，不太理解也不知如何去实施，亟须给予针对性的指导。认证机构评估报告中的不符合项通常也集中在这几个方面。鉴于此，本篇对这些关键技术难点进行详细的解析并制定出实施指南，以期全面提高林业从业人员的可持续经营意识和素质，帮助森林经营单位满足认证标准的要求。

第八章 森林经营方案编制指南

一、森林经营方案概述

所谓森林经营方案，是森林经营主体(森林经营单位)为了科学、合理、有序地经营森林，充分发挥森林的生态、经济和社会效益，根据森林资源状况和社会、经济、自然条件，编制的森林培育、保护和利用的中长期规划，以及对生产顺序和经营利用措施的规划设计。森林经营方案也是森林经营主体和林业主管部门经营管理森林的重要依据。编制和实施森林经营方案是一项法定性工作，森林经营主体要依据经营方案制定年度计划，组织经营活动，安排林业生产；林业主管部门要依据经营方案实施管理，监督检查森林经营活动。随着森林资源管理政策的变化，森林资源采伐管理由采伐限额管理逐步走向以森林经营方案管理为核心的森林资源管理政策的变化，森林经营方案的作用将进一步得到体现。

森林经营方案的作用，总体上体现在如下几个方面：

(1)森林经营方案是森林经营单位开展森林可持续经营的基础性文件。森林经营方案是编制单位，从所处的区位条件和自身森林资源状况出发，明确森林经营方针、目标与任务，所要开展的各项林业生产活动和主要技术措施，以及各项林业生产活动时间和投资安排，从而提高森林经营管理的整体水平与综合效益的纲领性文件。因此，编制科学、合理的森林经营方案是森林经营单位开展森林可持续经营的首要条件。

(2)森林经营方案为合理经营森林提供了依据。森林经营方案明确了在一个森林经理期内，森林经营单位所要进行的森林资源培育、森林采伐利用、森林更新、森林保护等各项林业生产活动，采取的主要森林经营措施，以及林业产业发展等方面的内容。为此，在林业生产计划制定和作业设计编制过程中，必须依据森林经营方案，按照相关的技术规程要求，将各项林业生产活动具体化。

(3)森林经营方案是确定森林采伐限额的基础。森林采伐许可制度，是中国森林资源采伐管理制度的核心，森林采伐限额则是允许森林经营单位消耗森林资源的最大限度。森林经营方案的重要内容之一，就是要依据经营范围内森林资源分布、类型、年龄结构、生长状况等因素，从森林可持续经营目标和要求出发，按照适宜的森林采伐量计算方法和森林采伐规程的要求，确定森林经理期内的森林资源合理采伐量。因此，国家林业局和地方林业管理部门，也将森林经营方案所确定的合理采伐量作为森林采伐限额的依据和基础。

(4)森林经营方案是森林经营单位管理监督和优化森林经营活动的主要依据。按照森林经营方案，可以及时掌握林业生产、森林经营情况，森林资源数量、质量及其消长变化规律，从而为下一个森林经理期调整森林经营活动、进一步优化林业生产活动提供依据(周峻等，2010)。

(5)森林经营方案是各级林业管理部门进行有效森林资源管理、领导干部目标责任考核、检查和监督森林经营活动的重要依据，也是各级政府确定林业投资项目和规模的主要依据。

二、森林经营方案的编制

(一)编制森林经营方案的主要依据

(1)上级林业主管部门批复的森林经营方案编制申请报告或审批下达的设计计划、任务书。

(2)所在区域的相关发展规划，包括林业区划、林业中长期发展规划和县级林地保护规划。

(3)国家和地方的法规、政策、行业规范和标准。主要有森林法、森林法实施细则、采伐更新规程、森林防火条例、森林认证标准、森林采伐作业规程、生态公益林建设技术规范等。

(4)适用的森林经理调查(二类调查)结果、森林资源档案材料和专业调查成果，包括：①按《森林资源调查主要技术规定》进行的编制方案前1~2年完成的二类调查成果；②按《关于建立和管好森林档案的规定》进行验收批准的当年森林资源档案材料；③按《林业专业调查主要技术规定》进行的专业调查成果。

(5)有关大中型项目的可行性研究报告。

(6)过去经营活动分析资料。

(7)林业科学研究的新成就和生产方面的先进经验。

(二)森林经营方案规划期

森林经营方案规划期一般10年为一个森林经理期；以工业原料林为主要经营对象的森林经营方案，经理期可以为5年。

(三)森林经营方案编制单位要求

森林经营方案编制单位是指拥有森林资源资产的所有权或经营权、处置权，经营界限明确，产权明晰，有一定经营规模和相对稳定的经营期限，能自主决策和实施森林经营，为满足森林经营需求而直接参与经济活动的经营单位、经济实体。包括国有林业局(场、圃)、自然保护区、森林公园、集体林场、非公有制森林经营单位或组织。

依据性质和规模分为以下几种编案单位：

一类编案单位：国有林场(所)、国有森林经营公司、国有林采育场、自然保护区、森林公园等国有林经营单位。一类编案单位应单独组织编制森林经营方案。

二类编案单位：森林经营面积大于$300hm^2$的集体林组织、非公有制经营主体，应编制简明森林经营方案。

三类编案单位：其他集体林组织或非公有制经营主体，以县为单位编制县级森林经营规划。在县级经营规划指导下，倡导以行政村为基本单元，编制村级简明森林经营方案。

(四)组织形式与资质要求

(1)组织形式：编案工作组必须以编案单位为主体，由林业规划设计单位、林权所有者或代表及林业主管部门代表和社区代表共同参加。在方案编制的过程中要充分尊重森林经营者的自主权，林业部门负责政策把关和协调，规划设计单位负责技术服务。

(2)资质要求：具体工作应由具有林业调查规划设计资质的单位承担。一类和三类编案单位应由具有乙级以上林业调查规划设计单位承担；二类编案单位应由具有丙级以上林业调查规划设计资质的单位承担。为解决小规模的"其他集体林组织或非公有制"经营主体森林经营方案编制人员的供需缺口，除具丙级以上资质的林业调查规划设计队的技术人员外，应该考虑让基层林业站和森林经营合作组织的技术人员经培训后参与林农森林可持续经营方案的编制工作(国家林业局，2006)。

(五)经营方案的广度与深度

森林经营方案编制的广度是指森林经营方案编制所涉及的内容；而森林经营方案编制的深度是指森林经营方案编制至何种详细程度。不同类型森林经营方案要点请参见本章第四部分。

1. 经营方案的广度

《纲要》规定，森林经营方案编制的广度依编制单位所有制性质和建设规模而定，可以将其分为三类：

一类编案单位所编制的森林经营方案内容一般包括：森林资源与经营评价，森林经营方针与经营目标，森林功能区划、森林分类与经营类型，森林经营，非木质资源经营，森林健康与保护，森林经营基础设施建设与维护，投资估算与效益分析，森林经营的生态与社会影响评估，方案实施的保障措施等主要内容。

二类编案单位应编制简明森林经营方案，内容一般包括森林资源与经营评价，森林经营目标与布局，森林经营，森林保护，森林经营基础设施维护，效益分析等主要内容。

三类编案单位应编制规划性质的森林经营方案，内容一般包括：森林资源与经营评价，森林经营方针、目标与布局，森林功能区划与森林分类，森林经营，森林健康与保护，投资估算与效益分析，森林经营的生态与社会评估等主要内容。

2. 经营方案的深度

依据编案单位类型、经营性质与经营目标确定森林经营方案编制深度。《纲要》对森林经营方案编制的深度作出如下规定：

国有林业局、国有林场、国有森林经营公司、国有林采育场、自然保护区、森林公园等国有林经营单位所编制的森林经营方案，应将经理期内前3~5年的森林经营任务和指标按经营类型分解到年度，落实到小班；后期经营规划指标分解到年度。在方案实施时按2~3年为一个时段滚动落实到作业小班。

达到一定规模的集体林组织、非公有制经营主体应编制简明森林经营方案，应将森林采伐和更新等任务分解到年度，规划到作业小班，其他经营规划任务落实到年度。

其他集体林组织或非公有制经营主体应编制规划性质经营方案，应将森林经营规划任务和指标按经营类型落实到年度，并明确主要经营措施。

(六)经营方案编制程序

森林经营方案编制一般要经过编案资格审查，然后按编案准备、系统评价、经营决策、公众参与、规划设计、评审修改和审批7个阶段逐步推进。各阶段之间的关系如图8-1所示。森林经营方案编制过程的各个环节中需要不断反馈，以最终形成既精确又合理可行的森林经营方案。譬如，在确定经营目标时，可能需要对系统做进一步的详细的诊断评价。

1. 编制森林经营方案的资格审查

一般从三个方面进行。首先是产权关系是否明晰。明晰的产权关系对于经理单位的权益、资源配置的效率和经营稳定性至关重要。其次是森林资源信息翔实、准确，包括及时更新的森林资源档案、近期森林资源二类调查成果、专业技术档案等。编案前2年内完成的森林资源二类调查，应对森林资源档案进行核实，更新到编案年度。编案前3~5年完成的森林资源二类调查，需根据森林资源档案，组织补充调查更新资源数据。未进行过森林资源调查或调查时效超过5年的编案单位，应重新进行森林资源调查。资源本底清楚才能有效进行资源配置，以期高效率取得经营效益。第三，必须审查经理单位执行森林经营方案的能力。森林经营方案可以在经理单位充分参与的条件下，请有资质的外单位编制，但是森林经营方案必须由经理单位实施，毋庸置疑，经营者的素质和能力是关键因素。森林经营方案的深度和广度需视经理单位的所有制、规模和经营实力而定。

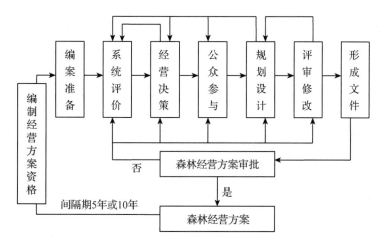

图 8-1 森林经营方案编制过程

2. 编案准备

包括组织准备，基础资料收集及编案相关调查，确定技术经济指标，编写工作方案和技术方案。

编案前要收集信息很多，主要有：

①有关林业区划，县级林地保护规划。

②近期森林资源二类调查成果，专业技术档案；气象、水文、地质资料，社会经济情况；林场经济情况，以及有关图面材料。编案前两年内完成的森林资源二类调查，应对森林资源档案进行核实，更新到编案年度。编案前 3~5 年完成的森林资源二类调查，需根据森林资源档案，组织补充调查更新资源数据。

③收集或编制适用于林场的森林经营类数表(模型)，如林分生长过程表，林分生长率表(模型)，林分材种出材率表，经济材收获表等，各种数表需实地验证后方能使用。

④上期经营方案的实施情况。

⑤立地类型、森林生长量、森林有害生物、森林火灾、土壤调查、森林资源消耗量等专业调查材料。

⑥林业生产的各项技术经济资料。对种苗生产、更新造林、幼林培育、抚育间伐、木材生产、多种经营、木材加工和综合利用等项应收集阶段的劳动定额、生产成本、承包方案、技术要点、经济效果等技术经济资料。

⑦基本建设工程技术资料。基本建设工程是指林区道路、房屋建筑、辅助工程建设，木材加工与综合利用的厂房设备，多种经营的投资等项，应按项目、按费用构成收集各项技术经济指标。

在上述工作的基础上，制定工作计划及物资、资金方面的准备。

3. 系统评价

森林经营方案编制应以森林可持续经营思想为指导，进行系统分析、综合评价、科学决策和规划设计，确保森林经营方案的科学性、先进性和可行性。要对上一经理期森林经营方案执行情况进行总结，对本经理期的经营环境、森林资源现状、经营需求趋势和经营管理要求等方面进行系统分析，明确经营目标、编案深度与广度及重点内容，以及森林经营方案需要解决的主要问题。

4. 经营决策

森林经营决策应针对森林经营周期长、功能多样、受外部环境影响大等特点，在系统分析的基础上，分别不同侧重点提出若干备选方案，对每个备选方案进行分析比较，选出最佳方案。一般从以下三个方面进行比较：

①每个备选方案应测算和评价一个半经营周期内的森林资源动态变化、木材及林产品生产能力、投入与产出等指标。

②每个备选方案应对水土保持、生物多样性保护、地力维持、森林健康维护等进行长周期的生态影响评估。

③每个备选方案应对社区服务、社区就业、森林文化宗教价值维护等进行长周期的社会影响评估。

5. 公众参与

森林经营方案编制应采取公众参与的方式进行，建立公众参与机制，在不同层面上，充分考虑当地居民和利益相关者的生存与发展需求，保障其在森林经营管理中的知情权和参与权，使公众参与式管理制度化。广泛征求管理部门、经营单位和其他利益相关者的意见，以适当调整后的最佳方案作为规划设计的依据。

6. 规划设计

在最佳方案控制下，进行各项森林经营规划设计，编写方案文本及相关图表和数据库等。

7. 评审修改

按照森林经营方案管理的相关要求进行成果送审，并根据评审意见进行修改、定稿。森林经营方案草案需要经过审查和审批才能最终确立。编案单位的管理人员、职工代表、利益相关者、上级主管部门领导和同行专家应该参与审查过程。编案单位的管理人员、职工代表是决策的主体，是经营方案的实施者，也是森林经营最大的受益者。他们的态度和意志将决定森林经营方案是否能够实施和实施的效果。上级主管部门是编案单位的行政主管，国家利益和区域居民利益的代表，是森林经营方案执行的监督者。他们在森林经营方案决策阶段参与将有利于森林经营方案审批顺利通过，更有利于森林经营方案执行过程的协调和监督。同行专家参与森林经营方案决策有利于保证森林经营方案的科学性和合法性。

8. 森林经营方案审批

森林经营方案实行分级、分类审批和备案制度。一类编案单位的经营方案由隶属林业主管部门审批并备案，二类编案单位的经营方案由所在地县级以上林业主管部门审批并备案，三类编案单位的经营方案由省级林业主管部门审批并备案。重点国有林区森林经营单位的森林经营方案，由国家林业局或委托的机构审批并备案。

（七）森林经营方案编制成果

森林经营方案编制成果，主要包括森林经营方案编制说明书、相应的表格和附

图三部分。

1. 森林经营方案编制说明书

（1）基本情况。主要包括森林经营单位自然地理、社会经济条件，林业产业、林业生产情况，组织机构、林业经济效益等方面情况。

（2）森林资源状况及其森林经营评价。详细说明森林经营方案编制所采用的森林资源数据，什么单位、什么时间、按照什么技术标准进行的森林资源二类调查。

（3）森林经营方针与森林经营目标。依据国家、地方现行有关法律法规和政策，特别是所在地区林业发展战略、区划等综合因素，综合考虑森林经营单位森林资源禀赋、资源分布特征、社会经济需求等，确定森林经理期森林经营所要遵循的森林经营方针。提出森林经理期森林资源总量、森林结构调整、森林培育、森林采伐利用、森林资源保护、林业产业发展等具体发展指标。

（4）森林分类区划与布局。论述森林经营单位生态公益林、商品林分类区划依据、分类体系，以及分类区划结果和布局。

（5）森林经营类型组织。森林经营类型划分依据、具体森林经营类型，以及不同森类经营类型森林培育目标。

（6）森林经营规划。各项森林经营规划工作，应当按照所组织的森林经营类型进行，近5年各项工作要落实到具体小班。森林经营规划包括人工造林、封山育林、人工促进天然更新等森林更新造林内容；新造林地幼抚、天然更新定株；森林抚育间伐；低质低效林改造等内容。上述规划要落实到小班，内容包括经营数量、主要技术要求等。

（7）森林采伐利用规划。从应当采取的森林经营模式出发（近自然经营、轮伐作业等），进行森林经营森林主伐量的计算与论证，材种出材量的计算与确定、森林采伐方式的确定，采伐地点（小班）、集材方式等。

（8）森林保护规划。内容包括森林防火设施及措施等；主要有害生物预防与治理措施；生物多样性保护重点、森林经营过程中生物多样性保护措施的确定等。

（9）非木质林产品经营规划。从森林经营单位非木质林产品和森林旅游资源开发等方面，确定非木质林产品（食用、药用植物、野生花卉、养殖业等）开发规模及其开发模式。

（10）林业基地建设规划。根据森林经营单位林业发展需要，以及特定时期国家、地方林业发展需要，进行速生丰产林、种苗基地、珍稀用材树种、工业原料林等规划设计。确定相关规划规模、地点、建设内容等。

（11）投资概算与效益分析。包括概算编制说明、所需投资数量、资金来源；各项经营规划投资、预期经济效益，以及产生的社会生态效益等。

2. 表格材料

森林经营方案所需提供的附表，主要有两类。一是反映森林资源基本情况的资源统计表，二是各类森林经营规划表。具体附表数量依据森林经营方案具体内容确定。

（1）森林资源统计表：各类土地面积表；林业用地现状统计表；有林地按照龄

级面积蓄积统计表；按照起源森林面积蓄积统计表；主要树种按照龄级面积蓄积统计表；森林经营规划所涉及小班一览表。

（2）森林经营规划设计表：生态公益林各林种面积规划表；商品林各林种面积规划表；人工造林规划表；人工促进天然更新规划表；封山育林规划表；森林抚育规划表；森林采伐规划表；速生丰产用林材基地规划统计表；苗木基地建设规划表；森林有害生物防治规划表；森林防火规划表；林种、森林经营类型表。

3. 图面材料

主要包括以下图面资料：森林经营单位（林场）基本图；森林经营单位（林场）林相图；森林经营单位（林场）森林分类经营区划图；森林经营规划设计图。

三、森林经营方案的实施与管理

（一）编制森林采伐限额

森林采伐不仅是木材生产的直接方式，也是森林经营的重要手段。森林经营单位必须按照所编制的森林经营方案开展森林主伐、抚育间伐、低效林改造和其他采伐活动。依据森林经营方案所确定的不同经营模式，以及方案所明确的各类采伐类型采伐量，编制森林采伐限额。按照现行森林采伐限额管理制度，每隔五年重新编制采伐限额，逐级向上级林业管理部门申报。

（二）编制年度计划

森林经营方案是森林经营单位编制年度生产计划的重要依据。森林经营单位依据森林经营方案编制年度实施计划，报上级有关部门批复后实施。年度实施计划包括森林管护、造林、幼林抚育、抚育间伐、森林收获（采伐、采集）、森林更新、低质低效林改造、防止地力衰退、林业有害生物防治、林火控制、营林基础设施建设等内容。实施计划包括上述内容技术模式、建设任务等落实到山头地块，明确具体的作业时间等。

（三）作业设计

森林更新（造林）、中幼林抚育间伐、森林采伐、低质低效林改造、林业有害生物防治等林业生产活动，必须按照年度实施计划，作业前由有资质的单位进行作业设计，作业设计应按照相关技术规程（如森林技术规程、森林采伐技术规程等），在三类作业调查基础上编制。作业设计经批准后实施，作业中适时检查，作业后进行验收和评估，同时要有完整的档案记录。

（四）组织作业

森林经营活动要严格按照年度实施计划和作业设计组织林业生产活动。组织作业必须明确作业时间、地点、范围、技术要求。并且要明确各项作业责任人和相应的职责。在计划执行前要开展相应的技术要求室内培训和作业现场技术培训工作，确保经营活动按技术规程和作业设计进行。

（五）森林经营方案执行效果监督与检查

各级林业主管部门负责森林经营效果及其执行情况的监督与检查。对于森林更新（造林）、中幼林抚育间伐、森林采伐、低质低效林改造、林业有害生物防治等林业生产活动监督与检查，应当按照相关规定程序或者技术规程进行，依据森林经营方案中的各项指标对森林经营活动进行监督管理，并向上级林业主管部门提交监督与检查报告。

（六）森林经营方案修订

在森林经理期森林经营方案实施过程中，根据特定时期国家、区域林业发展战略变化要求，林业局、林场森林资源消长变化、森林结构变化情况、森林监测结果，特别是社会经济发展对林业需求变化条件，对森林经营方案进行修订。

四、不同类型森林经营方案要点

（一）一类编案单位森林经营方案要点

1. 森林资源状况与经营效果评价

森林资源状况与经营效果评价，是根据森林资源现状和动态变化的基础数据（包括森林资源的数量（面积、蓄积）、质量（生长率、更新能力、树种结构、径级结构、枯损状况等）、分布等方面的信息），对森林资源状况、经营水平及其经营效果进行科学合理分析，为制定和调整森林经营规划、编制森林经营方案提供依据。森林资源状况评价的主要内容包括：

（1）森林资源的数量和质量。在掌握森林资源经营信息的基础上，主要包括森林资源的总量、分布、结构、类型等，以及木质与非木质林产品资源的产量、质量、分布、生产能力等。

（2）主要生态环境问题及其影响。主要包括水土流失、土地沙化、酸雨、旱涝灾害等发生程度和主要危害等。

（3）生物多样性状况。主要包括生物物种丰富度、均匀度和珍稀濒危野生动植物物种及种群状况，乡土树种和引进树种利用状况，以及入侵性森林树种、外来有害生物状况、林业生物技术产生的影响等。

（4）森林资源健康与活力。主要包括单位面积生产力、森林景观、林业有害生物、森林火灾和其他重要自然灾害、森林退化面积与程度、森林更新、树种结构和空间分布等变化。

（5）森林经营经济效益。主要包括森林物质产品生产和森林环境服务功能所产生的经济价值，不同利益群体参与森林经营的经济收益等。

(6)森林经营社会效果。主要包括森林经营活动对于就业、林业职工生产生活、周边农民生产和生活的影响，森林环境保护意识变化、森林文化的影响等。

(7)森林经营需求分析。全面分析国家、区域和社区对森林经营的经济、社会和生态需求，找出外部环境对森林经营管理的影响因素和影响程度。重点分析相关森林经营政策、林业管理制度的约束与要求，当地居民生产生活和相关利益者对森林经营的需求及依赖程度，生态安全与森林健康对森林多目标经营要求与限制等，以生态、经济、社会三大效益统筹兼顾和协调发展的经营理念确定经营战略。

2. 森林经营方针与经营方向

(1)森林经营方针。国有林业局、国有林场、国有森林经营公司、国有采育场、自然保护区、森林公园等，应根据国家、地方有关法律法规和政策，从所在地区生态地位区位条件出发，结合森林资源及其保护利用现状、经营特点、技术与基础条件等，确定方案规划期森林经营方针。

(2)森林培育方向。综合考虑森林经营单位生态环境保护、木材生产、林业产业发展等实际需要，明确森林经营单位在森林经理期内生态公益林、商品林森林培育的目标和方向。

(3)森林经营方式与经营重点。积极借鉴国内外成熟的森林经营模式与理念，依据森林培育方向与目标，明确经理期拟采取的主要森林经营方式。从森林经营单位森林资源结构、任务出发，确定森林培育(特别是低质低效林改造、中幼龄林抚育、封山育林、森林更新等)、森林保护等森林经营重点。

(4)森林经营管理与保护策略。按照现行的相关森林资源管理规定和技术规程，简要提出森林经营管理与保护技术策略。

(5)森林结构和产业(品)结构调整。按照森林经营培育和产业发展方向，明确提出森林经理期森林资源结构和林业产业结构调整目标及调整策略。

3. 森林经营目标

重点公益林经营要充分利用天然林自然演替和更新能力，以天然更新为主，人工更新和人工促进天然更新为辅，加强封山育林。促进乡土针叶树种或珍贵阔叶树种在林冠下或林中空地更新，诱导形成多树种、多层次、复层异龄混交林，增加生物多样性。对重点生态公益林区域内的人工林，采取适当的经营措施，促进其向混交林演替。对于特殊保护地区的生态公益林，不允许进行商业采伐活动；对于重点保护地区的生态公益林，不能进行以取材为目的的主伐，只能进行以提高森林生态功能为目的的抚育间伐和更新采伐。重点公益林区的低效林改造是必要的。改造过程中提倡尽可能保护原有植被，采取适当措施使其形成复层异龄混交林，同时也要有意识地保护具有观赏价值和经济价值的灌木林。提倡采取封山育林方式实现天然林保育目标。

一般公益林经营主要任务是调整林分结构和树种组成。要严格按照生态公益林建设技术规程、生态公益林抚育技术规程进行抚育采伐设计和施工，从抚育采伐设计到实施作业，都要保留珍贵树种和关键物种，保护次要树种、下木、幼苗幼树和地被物。在不影响森林生态系统环境容量的基础上，可以对一般公益林进行木质或非木质林产品生产和森林环境服务功能开发利用。对一般公益林中的人工林经营，要尽量采用半封或轮封方式维护和恢复天然林植被。经营重点是通过调整林分结构，改善森林健康状况。对天然林要慎重选择采伐更新方式，尽量避免对森林生态系统造成大的扰动，慎重使用皆伐更新方式，同时采伐前要对母树、关键物种和野生动物栖息树木做出标记并加以保护。尽可能采用天然更新或人工促进天然更新方式。

商品林经营以提高森林的物质产品功能和经济效益为主要任务。商品林经营要根据不同树种的特性，按照相关的技术规程进行经营。坚持速生丰产优质高效原则，充分发挥林地生产潜力，防止林地生产力退化。加强培育具有较高经济价值的珍贵阔叶树种，加强对具有地方特色的商品林的经营与利用。商品林经营过程中提倡将大面积纯林逐步改造为混交林，同时避免同一树种连栽和不适当地使用化肥，以防止地力衰退和产生负面环境影响。商品林的经营，要在满足其林产品生产主导功能的基础上，兼顾其生态环境服务功能。低产林改造过程中要逐步引入速生丰产目的的树种，调整树种组成和林分结构，提高林木生长量和林分质量。

森林经营任务。主要包括：人工造林面积、封山育林面积、幼林抚育面积、成龄抚育面积、主伐面积与蓄积、低质低效林改造面积、更新采伐面积、有害生物防治面积、非木质林产品开发规模、旅游开发规模、基础设施建设等。

4. 森林培育

森林培育是森林经营的重要组成部分和林业生产的重要环节。森林培育包括人工林培育和天然林保育。人工林培育是从林木种子、苗木、造林到成林、成熟的整个培育过程中，按既定经营目标和自然规律进行的综合培育活动。森林培育规划设计要按照分类经营的思想和原则，充分利用立地分类评价成果，在适地适树原则基础上，根据经营目标选择适宜的造林更新树种、造林更新方式和经营措施，并按照森林生态系统经营理念积极开展森林经营活动，提高森林生产力、维护森林生态系统健康和活力、提高水土资源保护能力，维护生物多样性。

造林更新规划设计是森林培育的首要环节，是影响森林经营质量和效果的关键。造林规划设计要按照分类经营的原则，分别公益林和商品林，进行人工造林和天然林保育规划设计。

公益林以构建稳定、健康的森林生态系统为目标，科学规划公益林建设范围。要充分考虑森林的天然更新能力，合理确定造林更新方式，坚持封山育林、飞播造林、人工造林相结合，有条件的地方要加大封山育林力度，促进天然林自我修复。生态林要优先选用涵养水源、保持水土、防风固沙能力强的乡土树种。大力提倡营造混交林，实行乔、灌、草相结合，在干旱半干旱地区优先选用耗水量低的乔灌木树种。

商品林造林更新设计，优先选择立地质量高的林业用地，并且明确商品林经营目标，提倡工业原料林定向培育。人工商品林既要选择速生树种，也要提倡营造经济价值高的各类珍贵树种，重视人工林稳定性。营造商品林应优先考虑市场对树种和材种的需求，选用速生、丰产、优质、高效的品种。有条件的地方要注重乡土树种和珍贵用材树种的造林更新，外来树种未经引种试验以及转基因树种未经安全性测试前，不得大面积栽植。一般用材林造林更新设计，应尽量保护原有天然林和树木，尽量避免营造大面积连片纯林。短轮伐期工业原料林的造林更新设计，提倡树种轮换，并采取施肥措施提高肥力，防止地力衰退。提倡采用"近自然林业"经营模式，并优先发展乡土阔叶树种，特别是硬阔叶树种。提倡规模化、集约化和企业化经营，提高林地利用效率和投入产出比，最大限度地发挥其经济效益。更新造林规划内容包括：更新方式、树种选择、混交方式、造林密度、造林整地、造林种苗、造林时间、造林方式等。

更新方式：更新造林包括采伐迹地、火烧迹地及其他无立木林地的造林。森林更新一般应以人工更新为主，人工促进天然更新为辅，人工更新与天然更新相结合；对当年的采伐迹地，应本着"随采随造"的原则，及时进行人工更新。

树种选择：应根据小班的立地类型、生态条件、树种结构和发展方向综合确定造林树种。树种的选择必须坚持适地适树的原则，以乡土树种为主。为增加树种多样性、提高森林生态系统稳定性，应采取"引针入阔"或"引阔入针"或"栽乔留灌"等形式营造针阔混交林或乔灌混交林。

混交方式：结合树种结构调整与树种的适应性，选择带状混交、块状混交或株间混交，并合理确定混交的树种比例。

造林密度：根据立地条件、树种生长特性以及后期经营管理水平确定造林密度。

造林整地：确定林地清理方式以及造林整地的方式、规格、时间等。

造林种苗：根据造林树种、面积、密度计算造林所需要的种苗量，并确定各造林树种的种子质量要求与苗木规格，采用良种壮苗造林。重视引种试验，培育和推荐速生、优质、丰产的品种。积极推广应用容器苗进行人工造林。

造林时间：根据树种特性、墒情、气候条件、年度任务安排等合理确定造林时间。

造林方式：根据本地条件及树种特性，选择植苗锹造林、整地造林等方式。提倡使用蘸根技术与容器苗造林。

5. 幼林抚育规划

补植：在造林成活率和保存率调查的基础上，对不符合成林要求的小班进行幼林补植。

前期抚育：主要包括复踩、扩穴、除草、割灌。设计各经营类型幼林抚育的年限、次数、时间。

定株：造林成林后，适时进行割灌并去除萌条。根据培育目标与树种特性，设计定株的年龄、目的树种、保留密度与强度。

透光伐：需要进行透光伐的林分，设计透光伐的时间、强度、保留密度、间隔期与伐除对象。

修枝：修枝可促进林分生长，提高木材质量。设计修枝的次数、年龄、高度与作业技术要求。

6. 封山育林规划

封山育林适用于人为干扰比较严重或难以经营、依靠天然更新可较快成林的地段。规划设计内容包括：封山育林的地点、范围和面积以及封山育林方式、时间和管护措施。

封山育林方式有全封、半封和轮封，应因地制宜采用。对封山育林区的林中空地，要采取人工补植的方式增加目的树种，使之达到封育标准。

7. 低质低效林改造规划

低效公益林改造以提高森林生态系统稳定性和生态环境服务功能为目标，改造对象为退化严重、生态服务功能低下的公益林。低效公益林改造提倡尽可能保护原有植被，改造过程中要尽量保护具有观赏价值和经济价值的灌木。

低质低效林改造对象、主要技术措施的确定，要按照国家林业局最新颁布的行业标准，结合所在地区低质低效林实际状况进行。

低产低效林改造对象主要是疏林、残次林、多伐萌生无培养前途和遭受严重自然灾害的低产林和低效林。

确定林分改造对象、面积、方法、技术措施和生产工艺。

可采用块状、带状、孔状小面积皆伐后进行重新造林或更换树种造林，或进行林冠下造林增加林分密度，也可进行封育改造等方式。

合理安排林分改造年限，安排一个经理期内的任务量，计算平均年林分改造面积和年伐蓄积量。

8. 森林抚育间伐规划

商品林的抚育间伐必须贯彻"以抚育为主，抚育利用相结合"的原则，公益林的抚育间伐要以调整林分结构、提高整体功能为原则。

(1)抚育技术措施的确定：根据树种特性、林分状况、立地条件、交通状况等因素，设计抚育间伐的对象、方式、开始期、间伐次数、间伐强度、间隔期等。提出抚育间伐生产工艺、作业方式和主要技术措施。

(2)生产顺序安排及规模：计算年抚育间伐面积、间伐蓄积量和出材量。

9. 森林采伐利用规划

森林采伐利用必须综合考虑国民经济和社会发展对森林产品和生态功能等多种需求，科学合理确定森林采伐利用的内容、布局、强度和方式，保持森林持续提供物质产品和生态、文化服务能力，最大限度地发挥森林的价值。森林利用应遵循多目标协调的原则，利用强度不能超过森林资源的再生或承载能力，保持森林良好更新和再生能力，要充分利用维护生态系统的收获利用技术，将森林利用对生态环境的不利影响降低到最小限度。

10. 森林防火规划

森林防火应规划以下内容：瞭望塔的位置、数量、监测范围。防火隔离带的类型、规格、数量、施工年度和保护措施。森林防火机构，防火检查站、护林员。预测预报设备、设施。通讯设备的种类及数量。防火车辆、防火机具的种类、数量、使用情况。

①森林防火组织措施：防火责任制及规章制度建设。

②防火监测网、通讯网的建立。

③防火资金的安排及管理。

④防火设备、防火工程的质量及维护。

11. 森林有害生物防治规划

贯彻"预防为主、综合治理"的方针，根据主要病虫害的危害树种、发生面积、危害程度、分布和蔓延情况以及发生、发展的规律，确定森林病虫害的防治方式、方法以及防治的工作量、地段和防治期限；提出防治使用的药械种类，并计算所需数量。

加强有害生物监测工作，开展营林防治措施，提高森林的自控能力，辅以必要的生物防治和抗性育种等措施。重点规划预测预报系统与监测预警体系，防治检疫站点与检疫体系，制定林业有害生物和疫源疫病防控预案等。

12. 生物多样性保护规划

生物多样性保护规划应充分考虑生物资源类型、保护对象特点、制约因素及影响程度、法律法规与政策等；以生态保护途径为主线，注重对景观、生态系统、物种、遗传和基因不同层次多样性的系统保护；将高保护价值森林区域作为规划重点，明确高保护价值区域范围、类型与保护特点，提出保护措施；以林班或小流域为单位，保持森林类型、物种组成、空间结构和年龄结构的异质性；注重保护珍稀濒危物种和群落建群树种的林木、幼树、幼苗；保护物种的栖息生境，减少森林景观的破碎化；保护动物生存所需的生态单元、关键节点与廊道。

13. 水土资源保护规划

水土资源保护的重点是保护与发展森林资源，同时在森林经营活动中采取合理的生态环境保护措施。

邻接多年性河流、间歇性河流或湖泊、池塘、水库、沼泽等水体的条形地带，应按照《森林采伐作业规程》的要求划出缓冲带。

坡度大、土层薄，以及山脊、湿地等敏感区域的森林，应按照公益林的要求进行管理。

合理确定造林与采伐方式，降低集材、修路等经营活动对水土资源的破坏，确保生态脆弱区不受严重影响。

结合生态工程项目，制定水土保持、水源地保护及防风固沙的地点、规模与措施。

加强对公益林的保护，提高经营水平，增强公益林的生态防护功能。

14. 旅游和非木质林产品利用规划

森林环境中自然生长和栽培的工业原料、药材、森林食品、花卉等非木质资源，以及森林旅游资源是森林生态系统的重要组成部分。

森林旅游规划内容：确定森林旅游区位置、范围、面积和性质；进行森林旅游区的景区分区、景点分级；规划旅游设施的规模、位置，提出规划期限；旅游区的生态保护措施及环境影响评价；估算经营项目的总投资、成本、利税和效益情况。

林下资源经营规划内容：确定林下资源经营的项目、产品种类、利用方式、生产规模及市场预测；规划生产基地的位置、面积范围和基地建设年限；提出项目建设的资金来源、管理办法和核算方式；估算经营项目的总投资、成本、利税和效益情况。

15. 环境与社会影响评估

对于实施森林经营方案可能产生的环境与社会影响，要按相关程序进行评估，并且要向相关利益群体说明实施森林经营方案可能对当地社区产生的经济、环境与社会影响。

社会影响重点考虑因素：森林周边群众使用森林的权利；农业和就业；采集薪材和野生食物；林火阻隔与林区城镇安全；文化与宗教价值；林业工人和服务人员的工作条件与安全生产保障；林业技术普及与提高；交通与通讯等基础设施。

16. 投资估算与效益分析

投资概算是森林经营方案的重要组成部分，是编制基本建设投资计划，确定木材生产和营林作业成本的依据。应参照现行林业、森工基本建设工程概算编制办法和林业生产技术经济指标以及成本核算的有关规定进行。

（1）投资概算。森林经营方案投资概算应包括造林更新、森林经营、森林保护、森林采伐、道路修建等各项投资。投资概算年限分别列出第一个五年各年度和第二个五年期间建设工程量及投资概算。投资概算主要包括：

① 营林：

造林更新：包括种子、苗木、林地清理、整地造林等人工费用、规划设计费。

封山育林：包括网围栏、人工促进更新、补植补造、调查设计费等。

森林经营：包括幼林补植、未成林幼林抚育、中幼林抚育间伐、林分改造及其他林种抚育费用和调查设计费用。

② 森林采伐：包括采伐道路建设、采伐、集材、调查设计费用等。

③ 森林保护：包括防火林带建设、防火设施、森林有害生物防治等各项费用和调查设计费用。

④ 其他投资：包括森林旅游、林下资源开发、多种经营等。

⑤ 不可预见费。

（2）效益分析

① 经济效益分析。主要包括直接经济效益、森林旅游产值和其他产业产量与产值。

投入分析：包括营林投资、采伐投资、森林保护投资、其他产业建设投资、贷款利息、基础设施建设投资、规划基地建设投资和缴纳各项税金（包括目前实际征收的各种税费，如增值税、育林费、维简费、检疫费等）。

产出分析：包括木材生产产出、森林旅游产出和其他产业产出。

② 生态效益分析。主要包括：生物多样性保护、水土流失、水土保持效益、防风固沙效益、其他生态效益等。

③ 社会效益分析。主要分析经营期末森林资源的总体素质，对本地区社会经济发展的贡献。主要内容有：分析本经营期末森林资源发展的状况，森林覆盖率和绿化程度；分析本经营期内有林地、蓄积量的增长量和增长率，资源消耗量、各林种

和用材林各树种结构调整的情况；评价森林资源总体素质，森林经营效果，安排社会劳动力，增加群众收入等对社会生态环境的贡献。

（二）简明森林经营方案要点

简明森林经营方案编案单位，存在产权主体多元，产权关系复杂，经营形式多样，规模小而分散，组织经营难度大。在集体林区经营主体多数是当地的农民，既务农又耕山致富，林、牧、茶、果、药多种经营。有条件的地方，还经营采掘业、旅游业和以当地土特产为原材料的加工业等。

1. 乡（镇）简明森林经营方案编制

乡（镇）是县的主要林业生产基地，在乡（镇）级林业机构（林业工作站）健全、森林资源和经营档案齐备，其他森林经营条件也具备时，可以乡（镇）为单位编案。

乡（镇）简明森林经营方案的广度。乡（镇）简明森林经营方案一般应包括森林资源与经营评价，目标与布局，森林经营、森林保护、森林经营基础设施维护、效益分析等内容。

乡（镇）简明森林经营方案的深度。对于控制性指标，例如，林种比例、树种比例、采伐限额（或蓄积消长比例）、林区基础设施建设（道路、防火网点）等要量化，分年度落实。对于森林培育与利用可以考虑将生态公益林和商品林分类经营，区分森林经营类型（作业级）进行典型设计，分年度编制计划，落实到山头地块。

2. 村（组、户）简易森林经营方案编制

村（组、户）经营范围小，经营项目单一，技术相对简单，编制简易森林经营方案即可。编制简易森林经营方案时，要根据乡（镇）简明森林经营方案对经营地段的林种设定或其他要求，必要时须与镇林业站沟通和协调。简易森林经营方案应尽可能简化，以满足三类经营主体经营操作为准，一般包括：

①产权描述（1:10000 基本图、四（界）至描述，业主组成或各分比例及其他说明）；

②森林经营类型的规划设计、更新造林的规划设计；

③森林采伐的规划设计；

④森林保护的规划设计；

⑤收益（投入、产出）的估算。

编制经营方案时主要体现造林类型设计和森林采伐设计等的主要指标，在确定经营地段的目标林种，并划分森林经营类型（作业级）后，进行森林经营类型典型设计，也可以选用县或乡（镇）森林经营方案中的森林经营类型典型设计。一般采用表格式编制，作为经营者从事森林经营活动的依据。参见表 8-1 森林经营措施规划设计一览表。

表 8-1 森林经营措施规划设计一览表

经营宗数：　　　　　　经营面积：　　　　hm²　　　　　　　　　　　　　单位：hm²、m³、百根

林班号	小班号	宗地号	小班面积	宗地面积	森林资源状况									经营类型名称	更新造林规划设计					采伐规划设计	
					地类或林种	优势树种	树种组成	起源	郁闭度	年龄	林木蓄积量	竹林株数	散生木蓄积		造林树种	造林时间	苗木用量	幼林抚育方法	抚育间伐时间	采伐类型方式	采伐年度
·																					

村委会盖章：　　　　村主任签名：　　　　业主签名：　　　　规划设计人：

第九章　社会影响评估指南

一、社会影响评估概述

（一）社会影响评估概念解析

社会影响评估的英文是"social impact assessment（SIA）"，主要评估个人、家庭、社区在社会发展中物质或精神上的损益。通俗来说，人们在开展某项重大活动之前，需要事先进行策划，研究该活动对不同的人群会有什么影响，人们会做出什么反应，并且需要充分估计到可能出现的问题，以便预先制定对策。这种对影响进行评估并制定对策的过程就是社会影响评估。

社会影响评估中对人类受到影响的关注是全面的、细致的。具体来说，社会影响主要关注的是以下几个方面：

（1）对人们生活方式的影响：包括生活、工作、娱乐等方面。

（2）对文化的影响：包括信仰、习俗、价值观等方面。

（3）对社区的影响：包括社区的凝聚力、稳定性、特征、服务和设施等方面。

（4）对人们参政议政的影响：包括人们参与决策的程度，民主化的层次等方面。

（5）对人们生活环境的影响：包括空气和饮用水的质量，食物的供给量和质量，灰尘和噪音，卫生条件等方面。

（6）对人们健康的影响：这里的健康不仅仅指无疾病，还指一种生理、心理、社会和精神上的完全良好状况。

（7）对人们私人和财产权利的影响：特别是考虑人们是否在经济上受影响，个人自由是否受到侵犯。

（8）人们的担忧和渴望：包括对于自身安全的认知，对社区未来的担忧，以及对未来的期望等方面。

考虑到了上述几个方面，有助于我们做到以下几点：①在开展活动之前进一步明确做什么、不做什么、怎么做，预防问题的出现；②提前制定针对意外情况的解决方案，以便一旦出现问题，能够把损失控制在最低限度；③提前做好解决各种问题的组织准备、物质准备和思想准备。

（二）社会影响评估的意义

当前，随着社会发展由以"物"为中心的经济增长观向以"人"为中心的社会发展观的转变，社会影响评估引起了越来越多人的重视。人们公认开展社会影响评估不仅是促进经济发展方式转变的重要手段，也是适应社会民主化、促进公众参与的重要手段，同时也是人类预测、管理重大行动能力的进步，是管理科学的重大发展。开展社会影响评估不仅有利于项目的建设和发展，社会的公平和稳定，还可以为政策制定、项目规划和实施提供合理的建议，可以更好地解决相关的社会问题。具体来说，开展社会影响评估的主要意义包括以下几个方面：

（1）防患于未然。人类不同于其他物种，他们能够预测影响、控制影响的后果；人们对社会影响了解得越多，解决问题的成本也就越低。

（2）实现以人为本，经济与社会的平衡发展。

（3）为各利益方表达不同的意见提供渠道和平台。

（4）提高项目成功的把握，减少不利影响，降低风险。

（三）社会影响评估在促进森林可持续经营中的重要作用

20世纪以来，随着科学技术进步和社会生产力水平的极大提高，人类创造了前所未有的物质财富。但与此同时，森林却以前所未有的速度遭到破坏。尤其在一些发展中国家，毁林已经导致农业生态系统无可挽回的衰退，发展的基石已经塌陷。因此，面对森林迅速消失，生态环境日益恶化，自然灾害频繁，农村人口贫困加剧，政府经营管理森林效果不甚理想，经济开发与防止森林衰败两难顾及的全球形势，国际社会逐步认识到社会问题已成为阻碍林业发展的重要原因之一，将社会影响评估纳入森林经营活动中，是确保森林的生态、经济和社会效益协调统一，促进森林可持续经营不可或缺的一个重要方面。

对于我国而言，随着社会主义市场经济体系的建立与发展，林业问题不仅仅是生物和技术的问题，而是关系到社会的各个方面，成为社会问题之一；森林可持续经营不仅是林业工作者的任务，它更需要与环境、经济、社会、文化、性别关系与权力等多方面的联系，需要相关的众多学科的结合，也需要相关领域的部门、组织协调在一起，共同参与解决有关问题。因此，在林业日益社会化的今天，实现森林的可持续经营需要我们从更广阔的视野和角度，把自然－社会看成是一个大系统，从森林经营与社会之间相互联系、相互作用、相互制约的角度，全方位考虑利益相关者对森林经营的影响。特别是在制定森林经营决策时，不仅要有技术和经济的可行性，而且要考虑社会的和政治的可接受性以及利益相关方的参与。可以说，社会影响评估在实现我国森林可持续经营中发挥着越来越重要的作用。

（四）对社会影响评估的认识误区

相对于环境影响评估而言，社会影响评价对广大群众来说还比较陌生，为了进一步加深对社会影响评价的理解，现将常见的几个误区分析如下：

（1）国家应更关注于经济发展。发展应该把对人的关注放在首位，当前我国政府明确提出了"以人为本"的发展原则，林业发展强调的"生态文明"、"民生林业"都凸显了对人的关注。

（2）"获得的经济效益可以胜过任何可能的负面影响，现金补偿可以弥补任何不利社会后果"。在1970年前，这种认识是世界的主流，但事实已经证明，负面的社会影响不仅可能削减所得的经济效益，而且会引发严重的社会冲突，严重损害人类的生存环境。

（3）"社会影响评价增加了活动开支，却不增加效益"。由于进行社会影响评估能优化活动方案、促进项目活动顺利实施，其带来的经济效益也是非常可观的。

（4）"这是一个好想法，但是社会影响评估在我们这里实施还不适合，因为当地的社会发展程度，以及人们的教育水平与发达国家相比还有很大差距"。社会影响评估并不受其他条件的限制，可以结合当地的实际情况灵活运用它的原理。

（5）"社会影响是常识，每个人都知道，我们在实际中也是这么做的"。已经有大量事例证明，我们在工作中往往忘记这个最基本的常识，导致了大量的问题。

（6）"社会影响很少发生，因此不需要评估"。其实，社会影响具有广泛性，负面的社会影响的长期积累会最终导致激烈的社会冲突，应通过常规性的评估来减缓或解决所有负面的社会影响。

二、如何开展社会影响评估

（一）制定社会影响评估方案

目前，社会影响评估在美国、加拿大，以及欧洲国家开展得较为普遍，美国1994年还颁布了《社会影响评估指导原则》，规范了评估方案和评估内容。另外，一些国际组织例如世界银行、粮农组织和亚洲开发银行等都先后发布了社会影响评估手册，内容主要包括社会影响评估方案的制定和实施指南。近年来，我国先后对一些流域、区域开展过一些社会影响评估的实践，但总体上还处于起步阶段，还未确定统一的社会影响评估方案模板。鉴于此，在对国际国内社会影响评估实践进行梳理和归纳的基础上，确定社会影响评估方案的内容应包括评估目的、评估范围和程序、日程安排、评估人员安排、评估频率等方面，现将主要技术要点详述如下。

1. 评估程序的制定

（1）开展针对森林经营活动的社会影响评估，首先要考虑如下几个问题：

①实施森林经营活动将会有哪些影响？为什么？在何时、何地发生？

②谁将受到影响？

③谁受益？谁受损？

④采用不同的实施方案，结果将会有何变化？

⑤如何避免或减缓不利的影响，增强效益？

（2）基于上述考虑，笼统来说，社会影响评估程序主要包括下列步骤：

① 收集基础资料：途径包括查阅文献、访谈知情者、访问社区代表等。

② 确定评估范围：通过分析掌握的基本情况，界定出评估范围。

③ 确定评估指标和评估方法：分析潜在的重大社会影响，并据此确定用以评估的评价指标，或者制定出调查问卷，并确定采用的评估方法。

④ 确定关键的利益相关者，针对确定的评估指标听取利益相关者的意见，开展评估活动。

⑤ 撰写评估报告：在与利益方充分沟通的基础上，分析评估结果，撰写评估报告。

⑥ 制定解决或减缓措施：针对发现的潜在负面影响，依据下列原则制定解决或减缓措施。

避免：那些造成不良社会影响的活动是否可以不做？

最小化：如果不能不做，采取什么样的措施，可以将所造成的不良影响降到最低限度？

补偿：对于无法避免的不良影响，制定相关的政策或措施，来补偿这些不可逆转的影响。

2. 确定利益相关者

社会影响评估的第一步就是确定利益相关者。针对森林可持续经营，国际上通用的确定利益相关者的方法被称为"重要性矩阵法"，简单来说就是通过访问有关人员和查阅相关资料，依据以下 7 个方面，找出那些在森林经营中必须特别关注的、与森林关系最密切的利益相关者。

（1）与森林的距离：在森林附近居住的人们对森林具有更大的影响。一般来说，距离森林越近，与森林经营的相关性就越强。因此，森林周边的居民常常被确定为森林经营的主要利益相关者。

（2）传统权利：对于居住在森林内或周边的那些居民，承认并尊重他们对森林资源的传统权利非常重要，不公正对待这种传统权利可能会导致冲突、破坏和暴力等一系列麻烦事件，严重影响正常的森林经营活动。

（3）对森林的依赖性：在很多林区，人们在生活和生产的许多方面都依赖森林。例如人们在森林中狩猎、捕鱼、采集食品、药材，或者从事农林间作。森林可持续经营要求必须重点关注那些依靠森林为生的人们的需求。因此，人们对森林的依赖性也是判定森林经营利益相关者的一个重要方面。

（4）贫困程度：世界各地对贫困的解释不同，但是一致公认：人们越贫困，森林对其的重要性越强。因此在利益相关者评定中，贫困程度也是衡量指标之一。

（5）乡土知识：生活在林区的居民常常拥有独特的知识。这些知识可能涉及动物习性、植物栽培、各种产品的利用、林产品加工技术等。在当地居民参与森林经营过程中，乡土知识也可发挥重要作用。因此，乡土知识的拥有程度也是利益相关者评定的指标之一。

（6）森林与文化整合：在森林中有许多宗教场所和文化场所（例如寺庙、风水林），在人们的文化（或生活方式）与森林密切相连的地区，森林经营对文化传承的影响也很大。对森林文化的破坏不仅会严重影响人们的士气，使他们感到受到排斥和迫害，还会引发各种社会问题。因此，对那些文化已经深深植根于森林的社会群体来说，森林具有特殊的重要性。

（7）弱势群体：在很多地区，同其他利益相关者相比，在森林中或森林周边居住的人们通常是边缘群体，几乎没有什么权力。森林可持续经营要求对这些弱势群体给予特殊的关注，避免这些群体因其脆弱的抗逆能力而在森林经营活动中遭受难以承受的损害，以保持社会的平衡和稳定，也有利于发挥他们对自然资源利用的特殊作用。

（二）确定社会影响评估人员

最理想的情况当然是由具有相应专业知识的人来进行社会影响评估，这些人员应具备以下条件：①受过培训、具有社会评价经验，掌握进行社会影响评估的工具和技术；②具有丰富的社会科学背景和经验，掌握社会科学的基本概念、方法和分析程序；③具有广泛的知识，最好是由不同专长的人组成跨学科小组；④了解社会，善于与不同的人沟通和互动；⑤能预测活动的潜在影响；⑥能充分理解和分析不同利益方的立场和观点；⑦对受影响社区的历史、生活方式和价值观等有尽可能多的了解；⑧具有较强的信息收集能力、资料分析能力、社会价值判断能力和对决策者的说服能力。

但是在现实中，通过对现有的相关人员开展培训，其完全可以承担社会影响评估工作。

（三）确定社会影响评估方法——参与式评估方法

目前，社会影响评估经过40多年的发展，已经从单一的分析工具演变成为一个保证人权、改善社会公平、提高公民自治及社会包容性的综合性分析体系，而公共参与则成为社会影响评估过程中的一个核心部分。20世纪70年代，提出了参与式这一新的理念。目前参与式评估方法已经广泛应用在社会影响评估中。具体针对林业领域，参与式评估方法主要包括三种，详述如下：

（1）农村快速评估（Rapid Rural Appraisal，简称RRA）。是一种为在有限的时间内尽可能合理地收集资料而设计的调查方法。它有一个多学科专门组成的调查组，吸收社会科学工作者参加，以人文生态为基本理论基础，以社会系统和生态系统为调查对象，采取参与性观察、单独个别访问、第二手数据的使用、半结构式访谈、三角法（使用相互对照核对不同来源的资料）等方式，全面、系统、灵活地获得丰富信息，是一种了解小范围农村社会和自然条件的快速有效的方法。

综合来看，RRA具有以下特点：①强调与调查问题有关的人员的参与，特别是最直接的基层干部和群众的参与，这使得研究者、收益者和决策者之间能广泛地、开放式地交换意见和讨论问题；②调查组成员来自多学科，他们的密切配合可获得对问题比较全面的认识和提出较为合理的综合解决方案；③三角法的使用可判断数据的真伪，保证信息的准确性；④RRA不仅仅局限于对量化资料的收集，而且对复杂的社会、经济、生态、文化变量和高度相互作用的社会系统、社会组织、外部决策支持系统、社会规范、人们潜在的需求及动机、信仰价值观、参与意识等非量化的资料也进行深入必要的调查。

RRA 调查的主要内容包括：调查地区的地理位置、历史沿革、社会发展简况、土地利用现状、自然资源权属状况、农林工商的相互协调、市场发育现状、产品流向及外部信息、政策执行情况、生产传统和支持决策系统的关系、社会—生态系统存在的主要问题和对策、各级政府对调查地区的规划设想、调查地区的林业发展史、发展水平、群众的林业意识、参与意识、利益关系，调查地区的不显著群体(妇女、儿童、老人和贫困户)在林业生产中的作用和地位、村民对林业及生态环境的潜在要求、调查地区的社会化服务体系的建设情况等。

(2)参与性农村评估(Participatory Rural Appraisal，简称 PRA)。它是 RRA 的改进，更强调当地人的参与，由当地人参与调查与分析，分享调查分析结果。具体的内容包括二手资料收集、关键人物调查、时间表、季节特征图、趋势分析、差异分析、打分和分类等。

(3)参与性评估和监测(Participatory Assessment，Monitoring and Evaluation，简称 PAME)。它的核心是把社区自身的看法、观点看成是最高目标，将传统的从上而下(社区外的人确立社区发展目标，监测、评估目标实现情况)的项目实施方法转换为鼓励、支持和加强社区自身的能力以确定其自身的需求、目标，进而监测和评价。PAME 鼓励调查人员与社区群众成为合作者，相互间的关系建立在双向沟通、信息清楚、解决问题、共同为社区发展作贡献的基础上，它是概念、方法和工具的组合，包括预估、监测、评价、反馈等步骤，具体可采用小组讨论、宣传手册、案例调查(典型分析)、农民记录等方式。

(四)确定开展社会影响评估的时机

针对森林经营活动，从社会影响评估进行的时段来分，评估可以分为以下两类：

1. 作业前的社会影响评估

通常针对特定的森林经营活动进行，主要对预定的作业或管理方式的潜在社会影响进行评估。由管理人员、监督人员或者负责人对可能产生的影响进行快速评估，以保证计划的行动尽可能减少负面影响。各单位应培养员工养成在活动开始前进行评估的习惯，以便减少经营活动的负面影响。

2. 作业后的社会影响评估

通常定期进行，对利益相关者进行咨询和调查，了解相关活动的执行情况，以及这些活动产生了哪些效果。监测的频率取决于各部门作业活动的复杂性和林业局可以利用的现有资源。如果涉及的利益相关者很多，森林作业活动比较复杂，这时需要对问题进行更深入的监测。

(五)开展社会影响评估并撰写评估报告

根据上述社会影响评估方案，开展评估活动，评估结束后应撰写评估报告。评估报告的内容主要包括以下几个方面。

（1）评估内容：概述评估事项和评估对象。

（2）评估方法：说明采用的调查方法。

（3）说明所调查的利益相关方：分类列出被调查的人员名单。

（4）评估过程：详述评估过程，说明时间、地点、评估人员、被评估人员、评估内容等。

（5）评估结果：详列针对不同利益相关方群体的评估指标，以及利益相关方的意见和建议。

（6）改进措施：针对发现的潜在负面影响，列出制定的解决或减缓措施，并明确实施部门、制定出实施计划。

（六）监测改进措施的实施

监督社会影响评估报告中确定的解决或减缓措施的落实情况和实施效果，做好记录，为今后修订相关管理制度和技术规程，以及森林经营方案的修订提供第一手资料。

三、社会影响评估实施详析

根据 CFCC 森林经营认证标准的要求，社会影响评估主要涉及"3.3.9：根据社会影响评估结果调整森林经营活动，并建立与当地社区（尤其是少数民族地区）的协商机制。"具体指标包括："3.3.9.1 林业企业根据森林经营的方式和规模，评估森林经营的社会影响。 3.3.9.2 在森林经营方案和作业计划中考虑社会影响的评估结果。 3.3.9.3 建立与当地社区和有关各方（尤其是少数民族）的沟通与协商机制。"

（一）确定需要开展社评的主要森林经营活动

根据 CFCC 森林经营认证标准的要求，现将森林经营过程中需要开展社会影响评估的主要项目、调查对象、抽样比例、咨询或调查频率实例归纳如下（表9-1），以供参考。

表9-1　森林经营中的社会影响评估实例

评估的项目	对象/内容	抽查比例/方式	咨询方式/频率	类别
1. 森林和林地的使用权和所有权	市级政府和林业相关单位、当地社区		访谈和咨询/一次	
2. 保护区、公益林和商品林的界定	省级政府和林业相关单位		访谈和咨询/一次	
3. 政策和法律符合性鉴定	各级政府和林业相关单位	就相关问题召开会议进行讨论和咨询	访谈和咨询/一次	政策法规类咨询
4. 森林经营方案编制和审议	省级政府和林业相关单位、非政府组织、社区居民、科研教育部门		不定期进行	

（续）

评估的项目	对象/内容	抽查比例/方式	咨询方式/频率	类别
5. 造林、抚育	当地村民、林业相关单位等利益相关者	抽查，一般 10 人左右	讨论、咨询、社评表（会议形式）/活动发生前进行	经营活动前的评估
6. 采伐				
7. 修路				
8. 多种经营				
9. 对当地村庄社会经济发展的影响	当地村民（针对就业、收入、基础设施等）	每个村抽查一般村民 10 户，另外还应对村委会主任、党支部书记、村民小组组长进行调查访问	调查问卷/定期每年一次	针对利益相关者的社会影响监测
10. 村民进入和利用森林的传统权利	当地村民		调查问卷/定期每年一次	
11. 文化和宗教意义的场所	当地村民		调查问卷/定期每年一次	
12. 社区对林业局的意见和建议	当地村民、承包商		调查问卷/定期每年一次	
13. 经营活动对林区邻近土地资源的影响	当地村民（果农、农民、鱼塘主等）	每个村每类农户至少抽查 3 户	调查问卷/定期每年一次	
14. 工资待遇与福利	林业局职工、临时工、承包商	现场工人每种作业类型每个林场或苗圃抽查 50 人；林业局职工按照职级，科级以上调查 30%（女性全部调查），科级以下调查 20%（女性调查 50%）	调查问卷/定期每年一次	
15. 工作条件	林业局职工、临时工		调查问卷/定期每年一次	
16. 健康与卫生	林业局职工、临时工		调查问卷/定期每年一次	
17. 森林经营技术	科研教育部门、环保组织	会议讨论	讨论咨询/不定期	
18. 森林经营中环境和社会问题	科研教育部门		讨论咨询/不定期	
19. 生物多样性保护	科研教育部门、当地社区、环保组织		讨论咨询/不定期	

综合分析可以看出，从评估的对象来分类，森林经营活动的社会影响评估主要包括以下三类：①针对社区居民的社会影响评估；②针对企业职工或承包商的社会福利评估；③针对森林经营重大活动的咨询与评估。

（二）确定针对不同利益相关方的评估指标

对于上述三类主要的社会影响评估活动，确定针对当地社区、现场工人、承包商、职工等不同利益相关方的社评表格（案例详见社会影响评估表 9-2～表 9-13）。不同的利益相关方访谈的重点内容如下：

1. 针对当地社区居民的访谈内容

重点了解村民收入来源情况；村集体与森林经营企业的合作情况；林权情况及纠纷；村集体自然资源的分布情况；对当地村民有重要文化和宗教意义的地点如风水林或神山、神树、庙宇、坟墓等的分布和保护情况；村民对森林资源的传统权利；村民参与森林经营活动的情况；森林经营活动对林区邻近土地资源及相关权利的影响；以及村民对森林经营企业营林活动的意见和建议。

2. 针对现场工人的访谈

重点了解现场工人现场作业的生活条件，包括：饮用水、居住房舍（适用时）、厕所（适用时）、生活垃圾堆放点等；现场工人工资和福利待遇情况，包括：月工资金额、能否及时发放、是否享受保险等；现场工人作业安全情况，包括：参加安全技术和急救知识培训情况、配备的安全装备和急救物品、生产事故处理情况等；以及现场工人对森林经营企业营林活动的意见和建议。

3. 针对承包商的访谈

重点了解承包商是否签订了正规的承包合同；在营林作业中承包商是否按照合同规定来执行，承包款的发放情况；森林经营企业对承包商的技术培训和安全作业培训情况；承包商在雇佣工人以及实施作业方面是否符合相关制度的要求；以及承包商对森林经营企业营林活动的意见和建议。

4. 针对企业正式职工的访谈

重点了解职工的福利待遇情况，包括工资水平、保险和公积金、住房补贴、年度健康检查等；职工权利情况，包括工会建立情况、职代会制度、晋升制度、加班情况等；职工技术培训情况，包括参加培训类型、配备的安全装备等，以及企业职工对森林经营企业营林活动的意见和建议。

5. 针对相关政府机构的访谈

重点了解林业政策与法律、林地的所有权与使用权、经营活动的合法性、相关机构和非政府组织对某一特定森林经营活动的意见和建议，以便森林经营企业采取相应措施改进森林经营。

6. 针对环保组织的访谈

森林经营中的环境与社会问题；重点需要保护的森林及保护情况。

（三）不同利益相关方的抱怨分析

社会影响评估的主要目的就是防患于未然，及时发现不同利益相关者的抱怨，分析其原因和潜在的风险，并制定和实施相应的对策。下面以南方集体林区的营林公司为例，将森林经营企业在社会影响评估中可能会发现的抱怨、原因及应对对策归纳如表9-2所示，以供参考。

表 9-2　社会影响评估中利益相关方的抱怨、原因及应对对策

序号	利益相关方抱怨的类型	原　因	风　险	对　策
一	土地所有者的抱怨			
1	村民对《林业用地承包合同》有关条款不理解或不满意	(1)无法向全体村民进行合同条款的逐一讲解； (2)一些村民对合同的50年期限和林木分成方式不满意	(1)村民不愿意签订合同； (2)村民签订合同后反悔，盗伐、毁坏林木	(1)印发有关合同宣传资料； (2)营林公司管理员耐心细致地向村民讲解合同条款，说明合同50年期限和林木分成对他们的益处
2	村民受承包商的欺骗签订《林业用地承包合同》	(1)承包商以许诺修路、修桥、给地租等方式欺骗村民签订合同	(1)村民毁林； (2)村民阻止公司进行施肥、抚育作业； (3)公司形象遭受破坏，投资遭受损失，合法权益得不到保障	(1)印发有关公司承包经营方式的宣传资料； (2)签订合同前到村里召开群众大会，说明合同的内容
3	《林业用地承包合同》上村民的签章是别人伪造的	(1)合作方承办合同人员为省事省力或其他原因伪造村民的签章	(1)村民毁林； (2)村民阻止公司进行施肥、抚育作业； (3)公司形象遭受破坏，投资遭受损失，合法权益得不到保障	(1)签订合同前召集群众会议，核实合同签章
4	本集体的土地被其他村民集体发包，或本村民集体与其他村民集体及有关单位有争议的土地被发包	(1)没有土地权属的他人将土地发包； (2)有争议的土地被发包	(1)村民毁林； (2)村民阻止公司进行施肥、抚育作业； (3)公司投资遭受损失，合法权益得不到保障	(1)承包合同范围的地形图经当地林业站勾绘核实权属范围，合同经林业局、政府审批； (2)签订合同时向周边群众了解土地权属问题
5	承包商超承包范围作业	(1)承包商想多赚承包费	(1)村民毁林； (2)村民阻止公司进行施肥、抚育作业； (3)公司投资遭受损失，合法权益得不到保障	(1)管理员严格督促承包商按合同范围施工； (2)超合同范围造林地不予验收
6	承包商不兑现工钱	(1)承包商拖欠工钱	(1)村民毁林； (2)村民阻止公司进行施肥、抚育作业； (3)公司投资遭受损失，合法权益得不到保障	(1)付款给承包商前先行了解其是否拖欠工钱，将公司付款给承包商的日期告知民工代表，以便民工追讨

（续）

序号	利益相关方抱怨的类型	原　因	风　险	对　策
一	土地所有者的抱怨			
7	造林后公司不进行抚育	(1)公司内部经营计划变更	(1)村民要求解除承包合同； (2)村民盗伐	(1)向村民解释清楚
8	造林后发生盗砍乱伐现象	(1)护林不到位； (2)当地村队民风不良	(1)公司投资受损	(1)抓好护林工作； (2)加大宣传护林的重要性及盗伐林木的违法性； (3)处理好盗伐案件
二	承包商、供应商的抱怨			
1	造林后公司不及时验收	(1)工作量大，验收工作不能及时进行	(1)承包商干扰公司正常工作； (2)承包商状告公司	(1)妥善安排，及时验收
2	造林后公司不予验收	(1)承包商超《造林承包合同》范围施工或不按合同规定时间完成造林任务或造林不符合合同的技术规程； (2)承包商擅自在公司没有规划造林的合同地施工； (3)土地有纠纷	(1)承包商干扰公司正常工作； (2)承包商煽动村民毁树； (3)承包商状告公司	(1)管理员严加督促，强调违反合同的责任； (2)管理员勤于巡视，强调不按公司规划范围施工的后果； (3)尽量在签订《林业用地承包合同》时弄清土地权属。发生纠纷时请政府部门处理好土地纠纷
3	公司没有及时结算承包款	(1)验收工作的不及时影响到款项的结算	(1)承包商干扰公司正常工作； (2)承包商状告公司	(1)及时验收，及时付款
4	公司扣除承包款	(1)承包商超领苗木； (2)承包商回收育苗穴植管数量少于领出数量； (3)承包商作业不符合《造林承包合同》的要求； (4)因土地有纠纷或争议(承包商有责任时)导致村民毁树； (5)由于承包商自身原因(如拖欠工钱等)导致毁树事件	(1)承包商干扰公司正常工作； (2)村民毁树； (3)承包商状告公司	(1)向承包商说明合同的条款及违反合同应承担的责任； (2)向承包商说明因其失误造成公司损失的，应从承包款中扣赔

（续）

序号	利益相关方抱怨的类型	原　因	风　险	对　策
三	政府有关部门的抱怨			
1	炼山时有跑火现象	（1）承包商没有严格按规定炼山	（1）发生火灾； （2）烧毁他人树木； （3）影响公司环保形象； （4）公司牵连烧山民事案件	
2	民工作业时抓捕野生动物	（1）承包商没有管束好民工	（1）民工涉嫌违反法律行为； （2）影响公司环保形象	（1）要求承包商约束好民工； （2）培训民工，宣讲保护野生动物的重要性
3	民工拿不到工钱到政府上访	（1）承包商拖欠工钱	（1）村民毁林； （2）村民阻止公司进行施肥、抚育作业； （3）公司投资遭受损失，合法权益得不到保障	（1）付款给承包商前先行了解其是否拖欠工钱，将公司付款给承包商的日期告知民工代表，以便民工追讨
四	其他相关方的抱怨			
1	炼山时跑火烧至作业区外山林	（1）承包商没有严格按规定炼山	（1）发生火灾； （2）烧毁他人树木； （3）影响公司环保形象； （4）公司牵连烧山民事案件	（1）培训承包商，要求其严格执行炼山的作业程序； （2）要求承包商亲自严格监管火场
2	承包商不兑现工钱给民工	（1）承包商拖欠工钱	（1）村民毁林； （2）村民阻止公司进行施肥、抚育作业； （3）公司投资遭受损失，合法权益得不到保障	（1）付款给承包商前先行了解其是否拖欠工钱，将公司付款给承包商的日期告知民工代表，以便民工追讨
3	造林地附近村民抱怨造林污染他们的生活水源、生活环境，影响庄稼生长	（1）居民不了解树种特性； （2）民工乱丢垃圾	（1）发生毁林案件； （2）影响公司形象，投资受损	（1）向村民宣传造林树种特性，以及森林可以保护水源、保护生态环境的知识； （2）向民工进行环保培训
4	造林地附近居民抱怨造林活动对其生活、生产设施造成损坏。	（1）工人现场操作不当	（1）发生毁林案件； （2）影响公司形象，投资受损； （3）违反国家法律法规； （4）影响造林施工进度	（1）做造林预定地调查工作； （2）要求承包商管束民工； （3）对有可能发生问题的工地，现场管理员加强监督及检查

（四）社会影响评估的过程要求

1. 访谈要求

如上所述，公共参与是社会影响评估过程中的一个核心部分。因此，体现公共参与的利益方访谈是开展社会影响评估的主要方式，访谈的目的主要是了解森林经营活动所产生的影响，倾听各利益方对森林经营的意见和建议。建议制定出利益方名单，具体可以采用电话、问卷、座谈、访问等形式来进行访谈，并进行记录整理。

2. 记录保持要求

根据 CFCC 森林经营认证标准的要求，开展社会影响评估的过程记录至少应保存 5 年。因此，建议建立针对社会影响评估的档案管理系统，同时在评估过程中及时做好记录的整理工作。具体的记录包括：确定的社会影响评估方案（包括访谈人员名单、访谈日程安排等）、调查完成的评估表格、访谈记录表、完成的社会影响评估报告等。

（五）社会影响评估注意事项

社会影响评估是一个综合性的过程，为了确保评估的准确性、客观性、代表性，应重点关注以下几点：

（1）森林经营决策所产生的社会影响，不但是经常的、广泛的，而且是会不断积累的。

（2）通过社会影响评估，可以帮助决策者认识潜在的冲突，有助于提前制定预防和防治措施。发现问题、暴露矛盾是解决矛盾的基础，而社评就是一种发现问题、暴露矛盾的有效途径。

（3）在进行社会影响评估时，不仅要考虑活动在场的直接影响（初级影响），还应考虑间接影响（次级影响）和叠加影响。其中，次级影响是指由初级影响和直接影响引发的影响。在时间上，次级影响通常较晚发生，在地理上，也可能距离项目区很远。叠加影响是指一个新活动与过去的、目前的其他行动以及可合理预见的未来行动相互作用所造成的影响。

（4）评估人员应根据不同的调查对象采用不同的调查方式。同时，必须取得当事人参与评估的知情同意，不应以强行的方式进行，被调查者有权拒绝访问、咨询。

（5）评估应在融洽放松的环境下进行，尽量避免双方敏感的话题；同时所用的措辞应中立、客观，不能引导偏向。

（6）评估人员必须不偏不倚，不得涉及利益冲突，不给受调查者任何利益承诺，不得隐瞒评估的结果。

（7）特别要注意保存文件和相关记录的重要性，在评估过程中及时对各种信息进行详细记录，并且存档保留 5 年以上。

（8）社会影响评估报告要求有调查过程、调查结果、汇总分析（正面与负面）、结论或建议（针对经营方案提出修订措施）。

四、社会影响评估的技术案例与模板

实现森林可持续经营已经成为世界各国林业发展的共同目标。森林经营的社会影响评估是针对森林经营的各项活动对利益相关方所造成的影响，对这些影响的性质和程度进行评估，有助于企业及时了解森林经营活动对利益相关方的正面或负面影响，及时修正相关措施，减少纠纷的产生。这不仅有利于改善企业的经营，而且也可建立和改善林业局与各相关方的关系，展示企业的社会责任感。×××林业局根据拟定的社会评估方案，针对森林经营活动中的利益相关方开展了调查、访谈和咨询活动，现将调查结果总结如下。

（一）评估内容

本次社会影响评估的主要内容包括对社区居民的调查、对防火隔离带调查、对采伐作业的调查、对职工及承包商的调查、对营林道路调查，以及对林业多种经营活动影响的调查，分别由各林场、防火办、生产处、劳动人事处、计划处，以及资源开发公司相关人员具体开展评估活动。

（二）评估方法

本次社会影响评估采用的方法主要是问卷访谈，对个别人采取了电话访谈的方式。针对不同对象的问卷调查表见表9-3～表9-11。

（三）调查的利益相关方

利益相关方指所有直接或间接受到森林经营活动影响的，或是直接或间接从森林经营中受益或受害的群体或个人。本次评估的利益相关方清单如表9-3所示（具体名单略）。

表9-3　利益相关方清单

序号	姓名	性别	年龄	代表的机构（村组）	职位	联系方式
1						
2						
3						

（四）评估过程

1. 各林场对社区居民的调查情况

　　××林场于2009年8月4日对××村、××村各10名社区居民及5名承包商进行了调查访谈；××林场于2009年8月5日对××村、××村各10名社区居民及5名承包商进行调查；××管护站于2009年8月3~6日对××村、××村各10

名社区居民及 5 名承包商进行调查。

2. 防火办对防火隔离带调查情况

2009 年 8 月 6 日开始，由防火办组织人员对中俄边境线 240 公里沿线的村屯及边防战士进行了防火隔离带施工所造成的社会影响进行了调查，走访咨询了相关人员，本次调查共专访村屯 10 个，访问人数 10 人。

3. 生产处采伐作业调查情况

2009 年 8 月 6～16 日，生产处按照森林采伐作业社会影响评估表对相关人员进行了调查访谈。我们分别找了具有不同身份和工作岗位的 10 个人进行了询问，其中有当地居民 3 人，林场职工 3 人，承包作业人员 4 人。

4. 劳动人事处对职工及承包商调查情况

2009 年 8 月 7 日，劳动人事处主要针对职工的工作和生活情况和承包商情况进行了调查，共发放调查问卷 272 份，收回 272 份。

5. 计划处对营林道路调查

由于我局营林公路的修建主要集中在××林场、××林场、××林场管护站这三个生产林场（站），本次调查选择在这三个林场（站）的已建营林公路上随机调查。

6. 资源开发公司对多种经营活动影响的调查

2009 年 8 月 17 日对××村、××村等 20 名居民进行走访调查。

（五）评估结果

1. 各林场对社区居民的调查结果

（1）村民的主要收入来源：种植业、采集业、畜牧业、养殖业。

（2）村民大部分可以自由进入林地开展采集、放牧、采集烧材、种植药材等活动。春化林场承包户不允许村民进入沟系开展活动。

（3）林业局营林、防火以及允许村民开展采菜、烧材、放牧做得比较好，能安排一部分剩余劳动力搞副业增加就业机会，给村民带来不少收入。

（4）村民对林业局的经营活动的意见和建议：①对村里有些耕地权属有争议。②对老虎吃牛及野猪毁坏庄稼赔偿问题有争议。③对沟系承包、不许进入沟系开展活动有意见。④希望林业局协助办理畜牧场手续。⑤建议林业局注意施放鼠药时，采取相应办法以防止牲畜误食造成伤害。⑥建议林业局减少采伐量，以维护森林的原生态。⑦承包商建议林业局提高生产费用，加快结算速度。

2. 防火办对防火隔离带调查结果

防火隔离带施工所造成的社会影响调查的综合结果为，有利于避免村民误入俄境；有利于阻隔俄火入境；给社区居民带来了一定的经济收入。

3. 生产处采伐作业调查结果

普遍对林业采伐作业活动没有反对意见，他们提出了采伐作业会带来有利方面：一是给当地居民带来了广泛而较长时间的就业机会，增加了居民收入，提高了生活水平。二是从业人员学到了有关林业生产知识，掌握了相关技术本领。不利方面是可能对生态环境造成暂时性影响，集材道局部坡度较大地段可能会发生少量的水土流失等。

4. 劳动人事处的调查结果

（1）现场工人居住环境方面。饮用自来水的占25%，饮用山泉水的占18%，饮用河道水的占54%；居住房舍中木房占29%，塑料工棚占46%；厕所多为简易厕所，占68%；生活垃圾57%能做到集中处理，34%随地丢弃。

现场工人工资待遇与福利方面： 月工资标准基本上能达到700元/月；96%能在工程结束后按时结账；林业局/承包商对85%的现场工人买了意外伤害险。

安全卫生方面： 被调查人中43%的人参加过紧急救护，75%的人表示在工作中没有出现过危险，78%的人表示今年没有人受过伤，94%的人表示作业前对现场工人进行过安全培训。

（2）对承包商的调查问卷。生产作业完成、验收合格后都能按时拿到工程款；在整个生产作业中林业局能严格按照合同规定执行；在生产作业中林业局对多数承包商提供了合同以外的帮助；林业局对承包商都进行了生产作业培训和安全生产培训。

（3）对林业职工的调查。被调查人中全部参加了社会保险和工伤保险，参加意外伤害险的有71人，占比38%；被调查人中林业局人事部为其缴纳了公积金。林业局成立了工会，建设了职工食堂，每年定期组织集体活动数次，每年都通过职工代表大会的形式与职工交流沟通。法定假日和周末林业局很少要求职工加班，如有特殊情况确需加班的，过后会给予一定的补休时间的，如不能补休会按法律规定给付加班费的。

被调查人中有170人月工资水平在1500元以下，占比91%；有16人月工资水平在1500~3000元，占比9%；对薪资满意度达到55%，对福利满意度达到84%；大部分人感到工资水平过低，希望林业局能大幅度增加工资，林业局在岗职工2008年平均工资11634元，月平均工资970元，确实比2008年××市社会平均工资1818元低很多，但这也超过了×××市最低工资标准600元/月，与全州同行业相比，工资水上平在中上等。

被调查人中有100人参加过林业局组织的培训，占比54%；林业局举办的培训包括：安全、检验、量材、防火、营林生产、财务管理、思想品德、野生动物保护野外培训、野外调查培训等。

5. 修建营林公路对当地社区社会影响调查结果

营林公路的修建为当地人生活带来了方便。上山采山菜、采蘑菇，可以开摩托上山，为林农生产创收提供了很大的帮助。建议由国家投资增加营林公路的建设。

6. 多种经营对当地社区社会影响调查结果

林业局多种经营活动限定在国有林地中进行，没有侵犯集体、私有、自留地、农田；多种经营活动对当地社区社会经济发展的影响（就业、收入、基础设施等）是积极的正面影响，当地居民可以通过办理合同，参与多种经营活动并从中获得收益，促进了当地就业、收入；林业局在多种经营活动中没有对山野菜，蘑菇等进行收费性经营，当地居民可以随时入山采集。村民进入和利用森林的传统权利（薪材、采集、放牧等)得到充分保障。

(六)改进措施

综上所述,林业局应在以下方面进行加强,现提出整改意见,在以后的经营活动中加以改正并实施。

(1)林业局的经营活动为农闲时的村民提供了就业机会,为他们创造了一定的财富。林业局鼓励村民在森林中多开展活动来增加收入,今后林业局资源开发公司应协调沟系承包户与村民的收益关系,进一步处理好国有林地被蚕食等问题及野猪毁坏庄稼未得到赔偿事件。

(2)防火隔离带有利于村民不会误入俄境;有利于阻隔俄火入境;给社区居民带来了一定得经济收入,防火办应继续合理开展工作。

(3)林业采伐作业活动给当地居民带来就业机会,增加收入,提高生活水平。使从业人员掌握了相关知识和技术本领。不利方面是可能对生态环境造成暂时性影响,集材道局部坡度较大地段可能会发生少量的水土流失等。生产处应在减少环境影响的前提下开展伐区作业,减少对地被植物和土层的破坏,取消机械集材,采用畜力集材,作业结束设置阻流带,及时植苗造林,恢复植被。以后应逐年减少采伐量直至采伐量为零,以最大限度发挥森林的三大效益。

(4)林场和承包商应提高现场工人居住环境、工资待遇与福利,在安全卫生的情况下进行经营活动。

(5)相关处室应增加当地务工人员的培训机会。

(6)营林公路的修建为当地人生活带来了方便。应将主要营林公路建成永久性公路,集营林、防火、交通等功能,为加强森林管护、促进当地经济发展做出贡献。

(7)林业局的多种经营活动多年来为当地社会做出了很大贡献,今后将继续加大当地居民得到林区多种经营收益的力度,促进当地就业,提高居民的收入水平,维护林区的和谐发展。

表9-4　对当地社区的评估问卷

林场：		调查员：		调查地点：		调查日期：	
受访者姓名：		性别：男　女		年龄：		村组：	

相关方	问题	回答			
		A	B	C	D
村委会领导	村民主要的收入来源有哪些？	☐	☐	☐	☐
	林业局与村里主要有哪些合作？/提供了哪些服务？	☐培训	☐用工	☐基础建设	☐其他
	村民是否同意与林业局合作？	☐是	☐否		
	村子在林业局林地周围有农田/鱼塘/集体林和其他资源吗？	☐有	☐无	☐其他	
	林业局营林对村子的农地、鱼塘、集体林和其它资源有影响吗？	☐无	☐影响不大	☐影响很大	
一般村民	林业局营林对您的工作和生活有影响吗？有什么影响？	☐无	☐影响不大	☐影响很大	
	您希望能够在林中从事哪些活动（如采集烧柴、放牧等）？	列举：			
	您是否可以自由进入林地开展这些活动？	☐是	☐否		
	在林业局林地内有风水林吗？如有，具体在什么地方？	☐是 位置：	☐否		
	林业局的营林活动对村子饮用水质量和流量有影响吗？	☐是	☐否		
	林业局造林有没有影响到林地范围内的坟墓和庙宇？	☐无	☐轻微影响	☐很大影响	
	你认为哪块林子对你很重要，为什么？				
其他	您认为林业局哪些方面做得比较好，给您或当地带来什么好处？				
	您对林业局的经营活动有哪些不满、意见和建议？				

受访者签名：

表9-5 对现场工人(外包工人)工作、生活情况评估表

林场:	调查员:	调查地点:	调查日期:

受访者姓名:	性别：男 女	年龄：	工种：
籍贯:		雇佣时限：	

1. 工人居住环境描述				
1)饮用水源	□自来水	□简易过滤水	□山泉水	□河道水
2)居住房舍	□木房	□茅草屋	□塑料工棚	□无
3）厕所	□简易厕所	□挖坑掩埋	□无	□其他
4)生活垃圾堆放点	□分类堆放	□集中处理	□随地丢弃	□其他
2. 工资待遇与福利				
1)月平均工资?				
2)是否能按时结账?	□是	□否		
3)林业局/承包商是否给你们买了意外伤害保险?	□是	□否		
3. 安全卫生				
1)是否参加过紧急救护培训?	□有	□无		
2)在工作中出现过危险吗? 有哪些危险?	□否	□是	列举：	
3)今年有人受伤吗? 如何受伤的?	□无	□有	原因：	
4)受伤时的处理方式	□到医院治疗	□自行包扎	其他：	
5)有没有急救箱?	□有	□无		
6)提供了什么急救的药品?				
7)有没有提供必要的安全装备? 如安全帽、手套、劳保鞋等。	□有	□一些	□无	
8)作业前有没有进行过作业安全培训?	□有	□无		
9)有没有对环保知识进行宣传和培训?	□有	□无		
10）您对森林经营有何意见或要求?				

受访者签名:

表9-6 对承包商的调查问卷

林场:	调查员:	调查地点:	调查日期:

受访者姓名: 性别:男 女 年龄: 籍贯:
承包内容:

1. 生产作业完成、验收合格后能否按时拿到工程款?	□是	□否	
2. 在整个生产作业中林业局是否严格按照合同规定执行?	□是	□否	
3. 在生产作业中林业局是否提供了合同以外的帮助?	□有	□无	列举:
4. 林业局是否对你们进行了生产作业培训,是否进行了安全生产培训?	□是	□否	
5. 您与林业局合作的年限?	□偶尔	□合作多年	

其他:您对林业局有何意见或要求?

受访者签名:

表 9-7 林业局职工工作、生活情况调查问卷

调查员：		调查地点：		调查日期：	
受访者姓名：	性别：男 女	年龄：	民族：		
所在部门：	职称：	职务			
1. 林业局为您买的保险包括：	社会保险	意外伤害险	工伤保险	其他	
2. 林业局是否为您交纳住房公积金？	是	否			
3. 林业局成立工会了吗？	是	否			
4. 林业局有食堂吗？	是	否			
5. 林业局为员工提供住房补贴吗？	是	否			
6. 林业局有没有定期组织集体活动？	是	否			
7. 林业局有没有和员工的交流沟通机制，例如通过职代会？	是	否			
8. 法定假期和周末林业局要求加班吗？	否	是			
9. 非上班时间加班是否按照法律规定给付工资？	是	否			
10. 您参加过林业局组织的培训吗？	是	否			
11. 林业局有晋升管理办法吗？	有	无			
12. 您的月工资水平是	5000 元以上	3000~5000 元	1500~3000 元	1500 元以下	
13. 您对林业局提供的福利满意吗？	是	否			
14. 您对薪资满意吗？	是	否			
15. 您从事的工作会受伤吗？	是	否			
16. 您是否参加过安全生产方面的培训？如参加过，请例举是哪些培训。	是 培训包括：	否			
17. 其他：您希望林业局在哪些方面做出改进？您对林业局的意见与建议？					

受访者签名：

表 9-8　相关方咨询记录表

部门：　　　　　　　调查员：
咨询方式：　　　　　　　咨询日期：
活动/计划/项目名称：
活动简述：

1. 咨询的相关方名录

姓名	单位	地址	电话	电邮	传真	所属关系（当地居民、工人、政府、环保组织等）

2. 相关方的主要意见与建议：

3. 林业局应对措施和处理意见：

4. 执行和落实情况：

受访者签名：

表9-9 造林活动的社会影响调查表

林场：		调查员：		调查地点：		调查日期：	
受访者姓名：		村组：		性别：男 女		年龄：	

相关方	问题	回答			
村 民	1. 您是否知道林场的造林活动？	□是	□否	□	□
	2. 您是否认为造林活动将影响村子饮用水质量和流量？	□是	□否	□	□
	3. 在造林区周边有坟地、祭祀小庙吗？如有，具体在什么地方？	□无	□有	具体位置：	
	4. 您希望参与林业局的造林活动吗？	□是	□否		
	5. 村子在林业局造林区域周围有农田/鱼塘/集体林和其他资源吗？	□有	□无	□其他	
	6. 造林活动对村子的农地、鱼塘、集体林和其他资源有影响吗？	□无	□影响不大	□影响较大	□影响很大
	7. 其他：您对林业局的造林活动有何意见或要求？				
承 包 户	1. 您是否愿意承包造林活动？	□是	□否		
	2. 您参加过造林作业相关技术规程、标准及要求的培训吗？	□是	□否		
	3. 如未经培训，您对造林作业相关技术规程、标准及要求了解吗？	□是	□否		
	4. 您对造林作业的承包费满意吗？	□满意		□一般	□不满意
	5. 其他：您对林业局的造林活动有何意见或要求？				
外 包 工 人	1. 您是否参加过造林作业岗前培训？	□是	□否	□	□
	2. 您是否参加了意外伤害保险？	□无	□有	具体位置：	
	3. 您是否愿意参与造林作业活动？	□是	□否		
	4. 您认为造林的劳动强度感觉如何？	□大	□一般	□小	
	5. 其他：您对林业局的造林活动有何意见或要求？				

受访者签名：

表 9-10 森林采伐运输的社会影响调查表

林场：	调查员：	调查地点：	调查日期：	
受访者姓名：	村组：	性别：男　女	年龄：	

相关方	问题	回答			
村民	1. 您知道林场的采伐活动区域吗？	□是	□否	□	□
	2. 您是否认为采伐运输活动影响了村子饮用水质量和流量？	□是	□否	□	□
	3. 在采伐区周边有坟地、祭祀小庙吗？如有，具体在什么地方？	□无	□有	具体位置：	
	4. 您希望参与木材采伐运输活动吗？	□是	□否		
	5. 村子在林业局采伐区域周围有农田/鱼塘/集体林和其他资源吗？	□有	□无	□其他	
	6. 采伐运输活动对村子的农地、鱼塘、集体林和其他资源有影响吗？	□无	□影响不大	□影响较大	□影响很大
	7. 其他：您对林业局的木材生产活动有何意见或要求？				
承包户	1. 您是否愿意承包木材生产及运输活动？	□是	□否		
	2. 您参加过木材生产作业相关技术规程、标准及要求的培训吗？	□是	□否		
	3. 如未经培训，您对木材生产作业相关技术规程、标准及要求了解吗？	□是	□否		
	4. 您对木材采伐及运输活动的承包费满意吗？	□很满意	□满意	□一般	□不满意
	5. 其他：您对林业局的木材生产活动有何意见或要求？				
外包工人	1. 您以前是否参加过木材采伐和运输方面的岗前培训？	□是	□否	□	□
	2. 您是否参加了意外伤害保险？	□是	□否		
	3. 您是否愿意参与林业局的采伐活动？	□是	□否		
	4. 如果愿意，您对劳动强度感觉如何？	□大	□一般	□小	
	5. 您对工资满意吗？	□很满意	□满意	□一般	□不满意
	6. 其他：您对林业局的采伐活动有何意见或要求？				

受访者签名：

表9-11 道路修建(包括取土场建立)的社会影响评估表

林场:		调查员:		调查地点:		调查日期:	
受访者姓名:		村组:		性别:男 女		年龄:	

相关方	问题	回答			
村民	1. 您是否知道林业局的修路计划?	□是	□否		
	2. 您是否认为修路影响了村子饮用水的质量和流量?	□是	□否		
	3. 在拟修建的道路周边有坟地、祭祀小庙吗? 如有,具体在什么地方?	□无	□有	具体位置:	
	4. 您希望参与林业局的修路活动吗?	□是	□否		
	5. 村子在林业局拟修建的道路周围有农田/鱼塘/集体林和其他资源吗?	□有	□无	□其他	
	6. 修路活动对村子的农地、鱼塘、集体林和其他资源有影响吗?	□无	□影响不大	□影响较大	□影响很大
	7. 其他:您对林业局的道路和取土场修建活动有何意见或要求?				
承包户	1. 您是否愿意承包道路修建活动?	□是	□否		
	2. 您参加过道路和取土场修建相关技术规程、标准及要求的培训吗?	□是	□否		
	3. 如未经培训,您对道路和取土场修建相关技术规程、标准及要求了解吗?	□是	□否		
	4. 您对道路和取土场修建活动的承包费满意吗?	□很满意	□满意	□一般	□不满意
	5. 其他:您对林业局的道路和取土场修建活动有何意见或要求?				
外包工人	1. 您以前是否参加过道路和取土场修建方面的岗前培训?	□是	□否		
	2. 您是否参加了意外伤害保险?	□无	□有	具体位置.	
	3. 您是否愿意参与林业局的道路和取土场修建活动?	□是	□否		
	4. 您对劳动强度感觉如何?	□大	□一般	□小	
	5. 其他:您对林业局的道路和取土场修建活动有何意见或要求?				

受访者签名:

表 9-12　多种经营的社会影响调查表(社会影响评估表)

多种经营活动类型:林蛙养殖□　放牛□　山野菜采集□　松塔采集□　人参种植□

林场:		调查员:	调查地点:		调查日期:	
受访者姓名:		村组:	性别:男　女		年龄:	
相关方	问题		回答			
村民	1. 您是否知道林业局多种经营活动的区域?	□是	□否			
	2. 多种经营活动是否给您带来了收益?如是,请详细说明:	□是	□否	收益说明:		
	3. 在多种经营区域周边有坟地、祭祀小庙吗?如有,具体在什么地方?	□无	□有	具体位置:		
	4. 您参与了多种经营活动吗?如没有,您是否希望参与?	□是 □是	□否 □否			
	5. 村子在多种经营区域周围有农田/鱼塘/集体林和其他资源吗?	□有	□无	□其他		
	6. 多种经营活动对村子的农地、鱼塘、集体林和其他资源有影响吗?	□无	□影响不大	□影响较大	□影响很大	
	7. 您对多种经营活动有何意见或要求?					
承包户	1. 您是否愿意承包多种经营活动?	□是	□否			
	2. 多种经营活动的收入占您家庭总收入的比例大吗?	□很大	□不大	□很小		
	3. 您是否了解多种经营活动的相关管理规定?如了解,您认为这些规定合理吗?	□是 □合理	□否 □不太合理	□不合理		
	4. 您对多种经营活动的承包费满意吗?	□满意	□一般	□不满意		
	5. 您对多种经营活动有何意见或要求?					
外包工人	1. 您是本地人还是外地人?	□本地	□外地			
	2. 您是否参加了意外伤害保险?	□是	□否			
	3. 您是否愿意参与林业局的多种经营活动?	□是	□否			
	4. 您对劳动强度感觉如何?	□大	□一般	□小		
	5. 您对工资满意吗?	□满意		□一般	□不满意	
	6. 其他:您对林业局多种经营活动有何意见或要求?					

受访者签名:

第十章 环境影响评估指南

一、环境影响评估的背景和意义

环境影响评估对森林经营至关重要。它提供了一种用来确定森林经营当前和潜在的环境正面和负面影响的重要方法，可以指导森林经营机构确立森林经营的目标和指标，同时也是制定森林经营规划的基础。根据环境影响评估的潜在影响，还可以为森林监测和经营作业的实际影响提供参考。

二、环境影响评估的类型

开展森林经营活动的环境影响评估时，应该评估森林经营活动对环境的现实和潜在影响，并尽可能减少对环境产生负面影响。可以对森林经营单位进行全面的环境影响评估，并将其作为森林经营方案的一部分。也可以对单独的活动（如修路、采矿、土建和就地加工等）及其影响范围进行环境影响评估，这样有利于发现潜在的问题并及时反馈到作业措施当中，从而减少对环境的负面影响。概括来说，森林经营企业主要开展以下两类环境影响评估。

（一）森林经营作业的全面环境影响评估

拟开展的森林经营作业或管理方式对环境的潜在影响开展全面深入的评估，通常可结合森林经营方案的制订共同开展，或作为森林经营方案的核心内容之一，有时也称为森林经营方案的环境影响评估。环境影响评估有以下两种形式。

（1）由企业的人员进行内部评估。小规模和低影响度的活动可以由森林经营单位内部开展评估，由机构内部人员根据自身的知识和经验自行开展。进行内部评估有助于企业了解其目前的整体状况，并提供如何改进现状的机会。内部评估有时候也被称为环境考察。

（2）聘请外部机构或者专家进行评估。对拟定的大规模作业或管理方式进行环境影响评估，内部专家可能缺乏相关的能力，聘请森林经营单位以外的第三方机构开展环境影响评估有利于提高认证的可信度。它由专业机构的专家或技术人员来评估拟定的操作活动可能产生的影响，并向林业企业提交环境影响评估报告。林业企业从中可以了解自己的经营活动以及这些活动的环境风险。按照我国的法律规定，针对森林经营单位的大规模的营林活动环评通常由具有资质的第三方机构完成。这是法律的规定，也是投资者和当地管理者的要求。

如果环评是由外部组织或公司完成，森林经营单位应充分参与评估过程和理解评估结果。外部专家进行的环境影响评估常常会有这样的问题：当评估完成并出具了报告以后，专家提出的建议往往得不到很好的执行。因此，就需要森林经营单位从一开始就要安排人员与外部咨询专家保持紧密的联系。力争让工作人员与专家一起工作，这样会使工作人员能很快学会如何评估，使他们对评估的结果又更好地了解。其次，在开始工作之前，要保证开展环境影响调查的范围清楚明了，并保证考虑了所有的技术和环境影响。再次，确保评估小组的人员组成的专业性和多样性，并至少有一名成员很了解当地的情况。最终报告应该包括对最重要的事件和潜在影响的清晰总结和归纳，以及如何减缓影响的讨论。这是十分重要的，许多评估报告由于太长、太技术化、呆板和难以理解等原因而最后无法使用。评估小组应该用很容易理解的语言在归纳总结，而不是做技术术语报告。评估报告应该充分考虑到森林经营的实际情况，才能成为改进森林经营的基础。

（二）针对特定经营活动的作业前现场评估

现场作业的快速评估通常作为日常经营活动的一部分。在开展各项活动之前，由管理人员、监督人员或者是负责人对经营活动可能产生的影响进行快速评估，以保证经营活动尽可能减少负面影响。

现场评估是对深入的环境评估的补充，而不是替代，它对实现高水平的森林经营十分有用。现场评估能使操作人员利用少量的时间，通过分析可能产生的负面影响以及如何减缓影响的过程而更加充分地了解潜在影响及其范围。这有助于养成一种习惯：工人们在作业开始之前就已经考虑到经营活动的环境影响，很大程度上降低了产生负面影响的可能性。

所有涉及重要影响的营林作业程序里都应制定针对现场评估的指南。在评估之前，制定一份简要的评估问题清单十分有帮助，这样能够防止忘记或忽略某些影响因素。通常而言，这样的清单都会附列在如采伐地地图上，或是野外作业的记录本里。对于特别重大的营林活动，管理人员还要定期检查现场人员所做的现场评估，这项工作也可以作为内部核查工作的一部分。

三、环境影响评估的程序

两种类型环境影响评估的程序不完全一致，全面的环境影响评估比较正式而规范，通常需要出具完整的环境影响评估报告；而作业前的现场评估系快速评估，通常结合作业活动开展，以评估表、问题清单或记录的形式体现。下面重点介绍由经营单位内部开展的森林经营方案的环境影响评估程序。

内部环境影响评估可以分为以下六个阶段（Sophie Higman etc.，2005）。

（一）成立评估工作小组

除小型的森林经营活动外，环境影响评估通常不可能由一个人完成。因此需要一个具有技术和环境技术背景的团队共同开展工作，通常需要森林经营单位成立环境影响评估工作小组，并确定具体的负责人来协调整个过程。

评估小组的成员取决于森林经营活动的规模、人员的可用性及专业背景，重点包括：①要有专人或专门的部门/小组来负责协调评估的过程；②广泛吸收森林经营单位内部的员工参与评估；③如有需要，可以从单位外部聘请有特殊专长的专家，来弥补本单位人员所缺乏的某些技能；④相关的单位外其他人员，如当地社区、政府部门和环保方面的非政府组织也应作为咨询的对象。

评估工作组可以由单位内部不同部门人员组成，通过界定环境影响，反馈至各个部门（如采伐、苗圃、规划等），由具体的部门将减缓措施并与实际开展的活动结合起来。广泛吸收单位内部员工进行参与评估非常重要，这不仅能使每个人知道要考察哪些内容，还能使他们能够很清楚地依据评估结果采取相应的措施。评估小组在缺乏某些技能的情况下，或是针对某些特殊的评估内容，需要聘请外部的林业专家，就特定的问题提供专业性的指导意见，以保证评估能够全面有效的开展。另外，外部的利益方咨询也很重要，他们可以帮助探讨评估要涉及的问题，协助收集相关的数据并确认哪些影响是重大和需要减缓的。组织外部人员参与环境影响评估可采用以下几种方式：①邀请相关单位的代表参加评估小组；②邀请相关单位的代表参加评估小组的会议；③评估小组成员召开各利益方代表的会议；④邀请相关单位或利益方来审议各个阶段的评估结果。

（二）确定评估的范围

1. 确定评估范围的程序

几乎所有的森林经营活动都会产生一定的环境影响，如包括资源调查、道路建设、造林、采伐、化学品的使用、车辆维修和运输、苗圃的管理、废弃物的处理、化学药品的使用等。但对于每个经营单位的各项经营活动具体的影响程度是不同的，因此我们需要确定环境影响评估的范围，即确定可能产生主要环境问题的森林经营活动以及需重点关注的环境问题，从而环评的重点更为突出和有针对性。一般来说，确定评估范围的程序是：①确定哪些问题是环评中需要重点开展调查的，哪些不是；②确定如何收集基础数据；③确定适用的评估或预测影响的方法；④确定出评判各种影响程度的标准或方法。

2. 确定环评范围应考虑的因素

正确确定环评的范围很重要。如果错误确定评估的范围，除了浪费人力物力之外，还会使得后期的评估调查偏离正确的方向，错失重大的影响评估。

下列问题有利于帮助企业确定开展环评的范围：

（1）考虑有关法律法规的要求。包括森林法、森林实施条例、环境保护法、劳动法、野生动物保护法以及其他当地涉及森林经营活动的国家和地方法律法规。

（2）考虑我国已经签署的国际公约的要求，如濒危野生动植物国际贸易公约等，这些在我国相关的法律法规中已有体现。

（3）森林经营活动所涉及的外部群体的需求，例如当地社区或周边居民可能会比较关注水污染、景观、游憩等问题。加强森林经营单位与周边居民的联系，注意收集他们的意见并寻求适合当地情况的解决方法非常重要。

（4）内部员工的想法和经验是评估过程至关重要的部分，不仅仅是因为内部员工对需要讨论的问题有深厚的背景知识和经验，特别是野外作业的员工对现场实地的操作都有非常丰富的经验。参与的过程还能让员工对评估的结果有更加深刻的认识。现有的相关记录可能有关于森林经营实际和既往影响的一些有价值的信息。

（5）考虑森林经营认证所有的标准/指标要求。确定范围的结果是列出环评中需重点考虑的、最易受到森林经营活动的影响主要环境问题清单。清单做好以后，还要根据这些问题的严重程度，进行排序区分，以确认哪些是需要优先考虑和评估的方面。

（三）数据收集

环境影响评估是为了评估森林经营活动或方法对环境的潜在影响，并采取措施最大限度地减缓负面的影响。通过收集基础数据可以全面了解目前的情况和评估潜在的影响，也可以为未来减缓措施的实施效果提供前后比照基准。

正确确定评估的范围是数据收集的关键，这样可以使收集的数据更有针对性和代表性。在确定评估范围时，应该确定可能受森林经营活动影响的环境因子/指标，并确定需要评估的关键问题。各个森林经营单位所面临的环境问题不完全相同，总体来说包括以下方面：①水土资源安全（数量和质量）；②野生动物重要栖息地的保护；③遗传多样性，特别是商业物种基因的多样性；④物种多样性，特别是濒危物种的保护；⑤生态系统多样性，特别是稀有、珍贵和濒危森林类型的保护；⑥碳的贮存；⑦采伐废弃物和其他废弃物的处理或是循环利用；⑧景观价值。

在评估时，对特定问题的问题清单要详细得多，例如，森林经营者考虑到对水土资源的影响包括：①土壤侵蚀；②土壤物理性质；③土壤化学性质；④水源地的保护；⑤溪流的污染等。

不同的单位须根据本单位确定的评估范围确定需要收集的数据，应集中现有的时间和精力放在有重要影响的环境因子的评估上，没有受到森林经营活动的影响的环境因子可以不开展调查。在数据收集之前有两个问题需要弄清楚：①为什么需要这条信息？②这条信息有助于解决哪些特殊的问题？

数据收集的方式和方法有很多。相较于定性数据（如人们的认知力和景观价值），定量数据（如水资源的数量和质量）容易收集也易于分析。但是环评也需要收集定性数据，虽然其比较难收集和分析。不同的数据可以用于支持不同的分析点

（比如说某一指标的状态，如某一特殊鸟类在某一时间段的种群数量）或趋势性信息（如该鸟类的种群数量在经过一段时间后发生了什么样的变化）。了解这样的趋势变化很重要。例如，如果该鸟类的种群数量在经过一段时间以后下降了，那么森林经营活动对这一趋势的影响是什么样的就显而易见了。

收集基础数据的渠道很多，政府部门、非政府组织、科研机构、林务人员、当地居民和企业都有可能提供有价值的数据信息。特别是一些基础数据都可以从国家或当地林业局的森林资源调查部门取得。只有在没有基础数据或不齐全的情况下，才会需要全面开展基础数据的调查与采集工作。

如果需要，也可以收集一些与所评估的经营活动相关的对比数据，如即将或已经开展的活动、范围和方法，不同的地点或作业方式，或假定"没有此项营林活动"的情况，这样可以将不同的活动方式所带来的影响与不受影响的情况进行对比。

（四）确定实际的或潜在的影响

森林经营活动所带来的影响可能是正面的或负面的，长期或短期的，永久性的或是临时性。数据收集完成以后，下一步的工作就是分析现有的影响并预测其未来的影响。这需要与特定的森林经营活动结合起来。在分析森林经营活动的潜在影响时，下列问题很有帮助：①如果不开展森林经营活动，该地区会是什么状况？②因为森林经营活动，该地区未来会发生何种变化？

另外，需要考虑影响的具体指标，如：森林经营活动对水体数量、pH 值、溶解氧或是其它指标有什么影响？这里的森林经营活动可泛指所有的森林经营活动如采伐、集材或修路等等。

在本阶段，尽量预测某一既定的活动可能会产生哪些影响非常重要。比如说我们在某一个集水区育林 $500hm^2$，树种采用湿地松，在永久性河流的两侧各设置 20m 的缓冲带，那么这样对在该集水区生活的某一物种的种群数量会有什么影响？这样的设计也可以和其他方案进行对比，如更换造林树种，甚至种植农作物等。

确定或预测某一项营林活动的影响并不容易。评估人员可使用下列方法来预测影响：①以往的经验，和对类似情况的专业判断的知识；②模型，模拟模型或是计算机模型；③试验或测试；④以往和现在的地图；⑤航拍图片或是其他影像资料。

一旦影响已经界定，接下来就是根据影响的重要性进行排序。为了能更好地确定影响的程度，设置一个"重要性阈值"会很有帮助，这个阈值就是影响是否重大并需要采取替代或减缓措施的参考点。对有些指标来说，这个重要性阈值比较容易确定。如关于水体质量，我国法律已经设立了标准，那么可将此标准就作为阈值。对有些指标，由于无法量化，其重要性阈值则不易设定。有些影响的重要程度可能取决于受影响人群自身的优先考虑程度和对其的价值，因此受影响人群和相关专家的咨询对确定影响的重要程度是否触及阈值十分重要。

确定影响的重要程度有很多方法，以下三个问题是需要优先考虑的：

①是否违反了法律？如果森林经营活动不符合法律要求，应立即得到纠正和处理。

②有没有对所涉及的相关团体产生特别重要的环境问题？例如，如果一个村庄依靠某一条河流作为饮用水，那么河流受到污染，甚至是轻微的污染都可能会是一个严重的问题。

③最近有什么严重的问题？如果已经产生了负面的影响，那么就要引起高度重视并予以解决。

这三个问题应该把最需要立即解决的影响界定出来。然后才是使用更加客观和系统的方法对其余已经界定的影响进行排序。这些方法包括评分系统、合并风险、放大可能的影响等等，用来确定影响的重要程度，然后再进行排序。影响的重要程度排序可以按照森林经营单位整体活动进行，也可以对单独的营林活动进行排序。规模较小的森林经营单位可能对单位整体活动进行排序就可以了。

（五）制定减缓措施

环评的最后阶段是针对已经界定的严重影响制定减缓措施。已经确定的影响常常是对所涉及的相关人群而产生的，所以邀请他们参与制定减缓措施十分重要。这部分工作可以说是前期咨询工作的延续。在本阶段，有两种做法可供选择：①对已确定的影响采取减缓措施，以减轻其负面的影响。②替代措施：如果潜在的影响比较严重且无法减缓，或者是其他的替代措施能更加有效地实现目标，则必须采取替代措施。

也有可能会出现完全无法通过减缓措施或替代措施避免产生影响的情况，遇有这样的情况时，森林经营单位可以通过与受影响对象进行协商，就所产生的影响进行资金补偿，或是通过提供服务和补助的形式进行补偿。

减缓措施或替代措施一经确定，需制定整改计划并付诸实施，包括设立明确的整改目标和指标。目标是对意图的广义的陈述，而指标更为具体和明确，应尽可能细化、可以衡量并能够实现。同时，应规定各指标实现的时间安排和责任主体。

（六）准备评估报告

评估的最后应该是出具一份环境影响评估报告或报表，报告应该涵盖三个方面的内容：①评估过程中所使用的方法和评估结果；②有关森林经营活动当前和潜在的影响，相应的减缓或替代措施；③由于可能还要用于和影响所涉及的人群进行协商交流，因此还要视繁简程度而起草一份摘要，以备使用。

环境影响评估报告的主要内容包括：

（1）森林经营活动的环境影响评估内容：如整地、造林、采伐、木材运输、修路、取土、施肥和使用化学品、防火隔离带、多种经营等活动。

（2）森林经营活动的环境影响评估方法：如环境影响评估表快速评估、聘请外部公司进行专业评估、现场评估等。

（3）环境影响评估范围：主要的营林活动及环境因子等。

（4）环境影响评估小组和评估过程。

（5）森林经营活动对环境影响评估的结果：包括森林经营活动对环境的积极影

响；森林经营活动对环境的负面影响；使负面影响减小采取的措施。

四、环境影响评估常见的问题

1. 环评成果及建议被采用的原因

环境影响评估中一个比较普遍存在的问题是，评估成果及建议未能有机结合到森林经营机构的实际操作中，特别是经营单位聘请独立的第三方或外部专家开展时，主要原因包括以下几个方面。

（1）森林经营单位经常没有合适的人或根本没有人参与到评估小组当中，最后的评估结果得不到双方认可，或提出的缓解措施不具可操作性。

（2）评估过程中，为了得到更为翔实的数据，评估小组可能会超越评估范围。

（3）森林经营机构有时会认为环境影响评估是认证强加给他们的额外限制，是开展认证的管理体系的要求，而不是用于改善经营活动。

（4）环境影响评估报告使用过多的专业术语而难以理解，评估过程或内容过于冗长，对减缓和替代措施描述甚少。

（5）环评的结果未能在相关的技术规程或经营方案中及时体现和应用。

2. 认证审核中环境影响评估的常见问题

（1）环境影响评估不到位，虽然大部分的森林经营单位都开展了环境影响评估，但很少有单位进行系统的识别并审核所有活动对于环境的潜在影响。

（2）对土壤和水资源保护重视不够，没有根据评价结果调整作业计划。

（3）森林经营方案、经营规划、作业设计的文件当中，缺乏相关的影响分析及控制措施。

（4）环境影响评估所提出的各项措施落实不到位。

（5）缺乏化学品使用的培训或处理规定。

（6）针对各类作业缺乏足够的记录。

（7）取土场、采石场植被恢复措施不当。

（8）垃圾管理和处理不当。

（9）使用装备不当。

（10）林区道路的不合理开设容易造成严重的水土流失。

五、主要森林经营活动的环境影响与减缓措施

主要森林活动和潜在的环境影响评估应考虑景观水平的影响以及现场加工设备的影响。在森林经营活动立地干扰开始之前进行，还要对现场加工设备的环境影响加以控制。因此森林经营企业需要确定什么活动将在林分和景观水平上对现有资源会造成影响。主要森林经营活动的潜在环境影响见表10-1。

表 10-1　主要森林经营活动的潜在环境影响

活动	潜在的影响
林区道路建设	森林覆盖减少，道路越宽，森林面积损失越大
	路面和裸露的路缘导致土壤侵蚀
	河道淤塞，特别是桥梁和浅滩地方
	非法活动者更容易进入林区
	水生生境的退化、水生物种迁移的减少或干扰水生物种
	对某些动物的迁徙造成障碍
	破坏地貌景观
采伐和集材	破坏剩余林木，降低林分的再生能力
	破坏河床，增加沉积并影响水质，改变水生生境
	增加土壤板结度
	加重土壤侵蚀
	干扰野生动物的筑巢和繁殖
	破坏景观地貌，尤其是大面积的皆伐
森林经营	可采伐树种生长量和产量减少
	森林生态服务功能降低
	天然更新的种子不足
	生物多样性和野生动物栖息地遭到破坏
	森林生态可持续能力降低
	森林更新能力下降
加工	产生废弃物
	影响水质
化学品管理和病虫害防治	影响林中的非目标物种
	对附近树木的影响
	影响附近水体内的生物
	影响饮用水质
	对林区周围和施药者的伤害
	减少生物多样性
	化学品进入食物链

对应这些潜在环境影响的减缓措施如下：

（一）林区道路建设

1. 林道规划原则

林道建设会造成地表裸露，如遇降水，增加水土流失的风险；增加水体的浊度，使水生生境退化、影响水生物种迁移的减少或干扰水生物种；影响陆地动物的迁徙路线。因此在林道规划方面应遵守以下原则。

（1）确定最大的道路密度，道路密度越高，受到破坏的森林面积就会越大。所以尽量要减少最大道路密度。

（2）道路的选址应尽可能减少土石方量，并有利于排水。因此，山脊常常是很好的选择。

（3）道路的选址应尽量减少坡度，如果可能，应沿等高线筑路。

（4）确定和保护溪河岸边的缓冲带，如果道路必须穿过河谷，应修建在溪河的缓冲带以外。

（5）尽可能把道路建在崎岖不平的地方，因为建排水渠很困难。

（6）实行道路线路设计，以减少土壤的搬运（特别是挖方和填方），因其会形成不稳定和易流失的裸露土壤。

（7）避开潮湿的土地和易侵蚀的地段，以降低成本并防止破坏环境。

（8）避开关键的生物多样性保护区。

2. 建设林道时应注意的问题

林区道路按农用车道标准修建，在修建过程中要特别考虑减少负面影响。建设林道时，重型机械附近要形成大量的松土移动。桥梁建设需要在水道中作业。这些对河床与河岸都是潜在的破坏影响。土壤侵蚀对河道的威胁也很严重，为了减少负面影响，除了使用专业的作业队伍实施作业和进行严格的监督之外，还应该注意这些问题：如果有可能，应选择在旱季进行道路施工，以避免过量的径流和侵蚀。应该在降雨开始之前将道路压实。在使用前应保证有最短的道路固化时间。为防止对河床的破坏，桥梁施工时禁止或尽量减少在河道中使用重型机械。尽量减少或禁止挖填方。如果无法避免，挖填物质不应抛落到水道中。并且施工后应尽快恢复填方坡面的植被。建造桥梁和管路来避免改变水流方式。

3. 林道的使用与维护

另外，林道的使用和维护也很重要。除了在危险地段和弯道处设立警示标志以保障员工和其它道路使用者的安全之外，在暴雨及雨后，特别是高峰雨季，应限制道路的使用。以减少重型卡车对道路的破坏而增加道路的维护成本。

（二）采伐和集材

不良的采伐和集材作业会破坏剩余立木生长，有时甚至可能造成后期不能采伐。相反，降低影响的采伐也能有效地节约成本。采伐前的规划和信息对预防采伐和集材的破坏非常重要。因此尽可能对资源调查和数据分析有及时准确的掌握。确定和规划采伐和集材过程中要避让的区域，特别是溪河两岸的缓冲带、陡坡、脆弱的土壤、潮湿的地面、文化和生物多样性保护带。使用降低影响的集材方式，如滑道集材和人力集材，或是使用绞盘机把原木从树桩拖向地点集材机系统，尽量避免伤害剩余立木。大规模的皆伐比小规模皆伐更容易导致土壤减少和肥力丧失，对景观的破坏也最为严重。一般来说皆伐的规模应和自然因素（如森林大火、暴风雨）毁灭森林的规模相似，但是景观美学也是一个需要考虑的因素。因此一次皆伐的面积不要超过 $5hm^2$，坡度平缓、土壤肥沃、容易更新的林分，可以适当扩大面积。在采伐带、采伐块之间应当保留相当于皆伐面积的林带、林块。对保留的林带、林块，待采伐迹地上更新的幼树生长稳定后方可进行下次采伐。另外，还需考虑所在地的气候特点和林木生长特性，为了避免森林采伐后造成水土流失、有利于水土保持和森林更新，提高木材质量，木材生产主要安排在雨水较少的秋、冬季，不在多雨的夏季采伐林木。采伐地点周边如果有水体如小溪或水库时，还要设立缓冲区，避免在缓冲区采伐作业，而给水体带来负面影响。采伐作业后及时恢复林分，如在装卸场和集材道上造林，在坡面集材道上修筑横隔来防止水土流失，清理碎木和采伐剩余物等。以及采伐迹地的更新造林，以恢复和维持森林生态系统的稳定性。

（三）森林经营

选择森林经营体系，对决定森林能否可持续地提供所需产品及服务功能至关重要。森林经营不当也会带来诸多负面影响。如不当的采伐强度和经营措施会使目的树种的生长率降低，经验表明，对非目的树种进行间伐，可以有效促进目的树种的生长率。森林经营会影响森林的流域保护、休闲和美学价值，因此结合地形和森林特点选择多种营林体系相结合很重要。比如在陡坡地进行轻度采伐并采用人力或畜力集材，以维护森林的保护功能；也可以在缓坡地段实施较为集约化的营林体系。集约化的森林经营必然会使森林的结构趋向单一化，从而减少了生物多样性。因此必须对不采伐的地区进行保护。森林经营也会影响生态过程，如养分和水循环。我国现在有一部分人将云南旱季水流量减少和干旱归咎于种植速生人工林。生态系统中养分的丧失受采伐方式（皆伐或择伐）、采伐形成的天窗大小、土壤类型以及被伐林木的比例等各种因素的影响，这些都是森林经营中的重要组成部分，都会影响森林可持续能力。另外，对天然更新的森林而言，下一代树木的种子由现有树木提供，充足的母树数量也很重要。通常在天然更新的森林里采取择伐的方式是基于简单的限制采伐，如控制可采伐树木的最小直径。这样的经营方式并没有考虑到对更新的影响。例如，如果优势树种在光照条件下更新良好，那么简单的限制采伐方式并不一定合适。仅伐除大径阶的树木可能并不会使光照充分而促进更新。

营林体系受许多因素的影响，而且这些因素不能从一个地区生搬硬套到另一个地区。对一种森林类型有用的体系，对另一种森林类型不一定有用。一般来说，需要长期的研究，了解单个营林措施及其附带产生的影响。因此在缺乏完善的营林体系的情况下，森林经营可以考虑如下操作步骤：

（1）观察类似森林类型的经营情况，规划和实施都很好的案例中，其采伐实践可以作为营林的工具。

（2）考虑合适的采伐强度，要考虑高强度采伐产生的危害，并需要保留有生产潜力的树木及母树，以便在下一个轮伐期采伐。

（3）建立永久样地，以监测现有经营实践的影响和为随后进行的营林措施和试验提供对比的基线标准。

（4）保持现有收获量及其危害程度的记录，以便了解收获强度的长期影响。

（5）支持持续的研究工作，以确定合适的伐后营林措施。

（四）废弃物的处理

林业生产加工过程中会产生大量的废弃物，遗留在林地的废弃物是环境污染的一个重要方面。因此针对加工过程中废弃物的建议措施包括两个方面：废旧物品（如垃圾、废油、废旧轮胎和报废的车辆）和采伐剩余物的处理。如果本地区有政府设立的废弃物处理点，就应该加以利用。企业可以将废弃物统一送往该废弃物处理点，经由政府统一处理。作业结束前将迹地的垃圾及时收集并运出森林。尽可能减少采伐剩余物，如破损原木、大块下脚料、废弃原木及其他森林产品，以减少对环境和林地内水体的影响。

（五）化学品管理和病虫害

森林经营过程中使用的化学品包括化肥、除草剂、杀虫剂、杀菌剂和激素等。化学品多用于苗圃和人工幼林。几乎所有的化学品都不是只对特定的目标有效，因此化学品的影响是长期和广泛的。针对化学品带来的负面影响，实施病虫害综合治理是最为有效的减缓措施，病虫害的预防和发生以后的治理同等重要。预防病虫害发生的方法主要建议措施有：①选择合适的立地和树种；②选择合适的树木种源（乡土或外来树种）、栽植结构（混交或纯林）；③使用良好的营林措施（造林、疏伐、施肥等）；④建立检疫措施防止外来虫害，即在森林经营单元内设立内部检疫；⑤进行实际和潜在害虫的调查，评估虫害的规模和影响；⑥对危害严重的害虫种群（生命阶段统计）进行定期监测；⑦根据所有与经济、昆虫学和营林要素有关的可能信息进行管理决策；⑧控制虫害爆发的方法；⑨在适当的地方采用病菌、寄生虫或天敌的生物控制措施；⑩选择使用有效的化学品进行杀虫控制。

此外，目前市面上或是劳保部门推荐的防护服常常是为温带地区设计的。因此在我国的南方地区，穿防护服非常不舒服，由于缺乏舒适性以及长期以来的陋习，化学品使用者都没有穿防护服的习惯。针对这些问题，森林经营单位可以和供应商联系，了解对使用者最大的健康风险：皮肤接触、呼吸、化学烟雾、意外泄漏等方面。向供应商指出使用者在使用过程中的不便以及可能带来的健康危害。最后和供应商一起进行分析，确保使用者至少使用最起码的防护设备，以及能否设计更多的合适的设备。

六、环境影响评估的技术案例与模板

森林经营的环境影响评估是针对森林经营活动对环境和人类造成的影响，确定森林经营当前的和潜在的正面和负面影响。

××林业局为了使森林经营活动能符合 CFCC 认证标准的要求，有效地避免或防止森林经营活动对森林生态系统和周边环境造成较大的负面影响。因此，在森林作业经营活动开展之前，结合实际情况针对有影响的活动，组织调查人员在××林场、××林场、××林场管护站等被认证的林场，开展了各种森林经营活动前的环境影响评估。并根据评估的结果制定相应的措施，确保了森林生态环境的可持续性。

（一）森林经营活动的环境影响评估内容

评估内容主要有：整地、造林、采伐、木材运输、修路、取土、施肥和使用化学品、割防火隔离带、多种经营等活动。

（二）森林经营活动的环境影响评估方法

经营作业活动的环境影响评估主要采用环境影响评估表快速评估的方法，参见表 10-3、表 10-4、表 10-5、表 10-6、表 10-7 和表 10-8。

（三）环境影响评估范围

评估的范围主要是以××林场、××林场、××林场 3 个被认证的林场和××苗圃为主，以××林场、××林场、××林场为辅，主要针对营林生产、病虫害防治、林道建设、木材生产、多种经营等营林活动开展环境影响评估。

（四）环境影响评估的情况

按照森林认证标准的要求，我局积极组织营林处、生产处、计划处、防火办、创业办 5 个部门，结合实际情况对各自部门分管的森林经营活动进行了作业前的环境影响评估工作。具体工作安排参见表 10-2。

1. 营林作业的环评

组织相关技术人员在××林场、××林场、××林场等，对将要实施的苗木生产、营林生产和病虫害防治作业活动，分别进行了环境影响评估。

（1）苗木生产作业：分别针对苗圃整体的苗木生产作业进行环境影响评估。

（2）人工造林作业：分别在不同类型的纯林和混交林中，选择了 10 个将要实施人工造林的小班进行环境影响评估。

（3）营林抚育生产作业：分别在不同类型的纯林和混交林中，选择了 10 个将要实施幼林抚育的小班进行环境影响评估。

（4）病虫害防治作业：分别选择了 2 种不同种类的病虫害防治作业进行了环境影响评估。

2. 生产作业的环评

组织 2 名主管上段采运技术人员，林场各 1 名采运技术人员协助配合，在××林场、××林场、××林场等，对将要实施木材生产作业活动，采取抽样方式，分别对其进行了环境影响评估。

(1)森林采伐作业：分别选择了不同采伐方式的 10 个小班进行环境影响评估。其中择伐 4 个小班，采伐面积 47.1 hm^2；更新采伐 5 个小班，采伐面积 36.4 hm^2；生长伐 1 个小班，采伐面积 4.2 hm^2。

(2)木材装车及运输：分别选择了被认证的林场的 4 个作业沟系，对木材装车及运输作业进行了环境影响评估。

3. 规划建设的环评

组织相关技术人员在××林场、××林场、××林场等，对将要实施的林道修建作业采取抽样进行了环境影响评估。

4. 防火作业的环评

组织相关技术人员在××林场、××林场、××林场等，对将要实施的防火带、隔离带作业活动选择了 10 处评估样点，分别进行了环境影响评估。

5. 多种经营活动的环评

组织相关技术人员在全局范围内，分别对将要开展的养殖业、采集业和种植业等多种经营开发活动，进行了环境影响评估。

(1)林蛙养殖活动：分别选择了 10 个不同的林蛙养殖沟系，针对林蛙养殖经营活动进行了环境影响评估。

(2)红松果实采集活动：分别选择了 10 个不同的红松果实承包区域进行了环境影响评估。

(3)林下种植活动：分别选择了 3 个不同的林下种植区域进行了环境影响评估。

(五)森林经营活动对环境影响评估的结果

根据营林处、生产处、计划处、防火办、创业办 5 个部门，上报的《森林经营作业环境影响评估表》和相关森林经营活动对环境影响的评估报告，总体对××林业局的森林经营作业活动对环境可能产生的负面影响进行了评价。

1. 营林生产作业

(1)苗圃选种、育苗、施肥

潜在的负面影响：①若选种没有经过检疫，发生病虫害的可能性就会增大；②育苗品种不丰富会影响造林的多样性；③种苗生产过程中，使用化肥容易使土壤板结，使用单一的无机肥会使土壤肥力下降或破坏土壤结构，使用农药会对土壤和水造成污染。

使负面影响减小采取的措施：①选种必须经过严格的检疫，保证质量和无虫害；②增加育苗品种的多样化；③合理使用化肥和无机肥，定期换肥力比较好的腐殖土；按 CFCC 认证标准使用农药同时尽量减少农药的使用。

(2)人工造林作业

正面影响：造林对水土保持起到了积极的作用。

潜在的负面影响：①穴状整地正面影响，可以减少土壤地表水流量，延缓地表径流速度，有效积水，把截阻的地表径流分散积蓄；②穴状整地操作不当，土地裸露容易出现水土流失；③造林作业时残留的枯枝落叶，进入河道溪流，引起河道溪流堵塞，破坏水质；④为造林而清除原来的藤条、灌木等自然植被，会因原植被的丧失而影响生态经济价值；⑤人工造林如果林分单一，极易引起病虫灾害。

减小负面影响应采取的措施：①在设计作业区时，作业区与水体之间的距离大于1km，中间设立隔离带；②在采伐后对植被破坏严重、水土流失较重的地方加大造林密度；③造林作业时尽量减少对原有植被的破坏，把对生物多样性破坏降到最低，割灌时实行带状割灌并保留珍贵树种的幼苗幼树；④选用乡土树种大力营造混交林。

（3）幼林抚育作业

潜在的负面影响：①镐抚时，穴状整地操作不当，土地裸露容易出现水土流失；②刀抚时，清除原来的藤条等自然植被，会因原植被的丧失而影响生态经济价值。

负面影响减小应采取的措施：①镐抚穴面直径在60～80cm，不会对环境造成大的破坏且可在短时间内恢复；②刀抚进行穴状抚育，不进行全林割灌，只进行带状割灌，植被可在短时间内恢复。

2. 病虫害防治作业

正面影响：有效地减少了林木病虫害发病的机率。

潜在的负面影响：①烟雾剂防治落叶松枯梢病，烟雾剂燃烧会污染空气，影响野生动物的活动；②不育灵防治鼠害，如果家畜或野生动物误食后会导致死亡，危害家畜或野生动物的生存；③不育灵老鼠没吃，散落林间的会污染土壤或水源。

减小负面影响应采取的措施：①尽量采用生物防治方法来控制森林病虫害；②选择凌晨和傍晚来进行烟雾剂的施放；③尽量少用不育灵，如果使用要按照国务院颁发的《森林病虫害防治条例》执行，事先通知地方人民政府，并张贴《通告》，做到家喻户晓。同时，要与各村、屯签订责任书，避免发生人、畜伤亡事故。

3. 道路修建作业

正面影响：可以作为营林、防火公路对森林进行管护、病虫害防治。

潜在的负面影响：①对土壤、地表植被造成破坏，容易出现水土流失；②修建过程中使用机械作业可能出现油脂泄露，造成土壤和水质污染；③破坏了森林的整体景观性和生物多样性，野生动物栖息地在短时间内受到影响。

减小负面影响应采取的措施：①在坡度、曲线半径允许的情况下减低挖方、填方量；②积极保养机械，对废弃和泄漏的油脂进行回收；③定期养护路面和路基、桥涵、边沟，防止水土流失；④尽量在道路两侧造林，保持水土。

4. 木材生产作业

（1）采伐、打枝和造材、清理

潜在的负面影响：①小四轮拖拉机集材的集材主道局部会出现轻微板结现象，个别坡度较大地段集材主道会发生少量的水土流失；②由于作业伐区林内光照增加，土壤微生物种群结构及有机物分解过程发生变化；③由于采伐和清理活动，在有限的程度上对原有植被结构造成轻微破坏，对生物多样性和野生动物栖息生存环境造成影响，但在短时间内可以恢复；④伐木噪声会影响野生动物活动及生存。

减小负面影响应采取的措施：①选择冬季进行作业，控制作业时间，尽早完成生产任务；②对可能发生水土流失地段横向堆放枝桠，设置水流阻滞带，防止水土流失发生；③春季对采伐迹地进行造林补植，尽快恢复植被；④减少人为活动，恢复野生动植物的生存环境。

（2）集材、装车和木材运输

潜在的负面影响：①在装车场地，由于铲车、汽吊车等机械装车作业，运材车辆活动使部分土壤产生轻微板结；②运材车辆排放的尾气和尘土污染对线路两侧临近植物会产生轻微的影响；③装车、运材等机械噪音对野生动物活动有暂时影响；④新修道路有增加人为活动的可能性。

减小负面影响应采取的措施：①春季对楞场进行造林，以恢复植被；②尽量在短时间内完成木材装车、运输任务。

5. 割打防火隔离带作业

潜在的负面影响：①作业期间，人员过多或使用机械作业都会影响中俄边境线上野生动物的正常来往活动；②作业时产生的生活垃圾或油料泄露处理不好会对环境造成污染，如：不可降解的塑料袋、割灌机油料泄露等。

减少负面影响应采取的措施：①制定便于管理的，可行的生活垃圾处理办法；②尽量利用短时间快速完成割打防火线作业活动。

6. 多种经营开发

（1）林下参种植

正面影响：①促进和增加了生物的多样性；②企业和个人在经济上受益。

潜在的负面影响：①可能对原有植被、土壤有一定的影响，但不大；②种植和看护时的人为活动影响野生动物的活动。

减小负面影响应采取的措施：①只允许种植林下参，不允许破坏其它原有植被；②开展经营作业时禁止带污染物品进入经营区，合理处置生活垃圾，防止污染林区。

（2）红松果实采集

正面影响：①满足育种的需求，使红松果实效益最大化；②企业和个人在经济上受益。

潜在的负面影响：①采摘时可能对树木周围的幼树有一定损害，但不大；②采摘时的人为活动影响野生动物的活动；③可能会造成人和野生动物抢食的现象。

减小负面影响应采取的措施：①采摘作业时避开幼树，减小对树下植被的破坏；②采摘作业时应留有一定数量的果实给野生动物食用；③制定红松果实采摘管理办法，严格控制作业时间等，以及处理好因作业而产生的生活垃圾。

（3）林蛙养殖

正面影响：①促进了生物的多样性，增加了林蛙的数量；②企业和个人在经济上受益。

潜在的负面影响：①看护、捕捞时的人为活动影响野生动物的活动；②捕捞时设置林蛙挡趟，阻碍了其它小型动物的活动；利用电机捕捞，破坏了水质和鱼类等生存环境；③看护房产生的生活垃圾有可能污染林区环境。

减小负面影响应采取的措施：①禁止林蛙养殖户捕捞时使用挡趟子、利用电机的方法进行林蛙捕捞；②严格控制林蛙养殖看护人员的活动，避免人为干扰野生动物的活动；③合理处理好生活垃圾，防止污染林区环境。

为了能够更加符合森林认证标准的要求，我局将根据各项森林经营活动可能产生的环境影响评估结果和减小影响采取的有力措施，指导今后的森林经营作业活动，并在实际经营作业中，不断积极采取有力措施改进各种生产经营作业；不断修正、完善森林经营方案中关于环境影响评估的相关内容，以便真正地达到森林的可持续经营。

环境影响评估相关表格和环境影响评估报告模板，如表10-2～表10-8所示。

表10-2　环境影响评估工作安排表

类别	森林经营活动	负责单位	要求
营林生产	树种选择	营林处	①在每次造林活动开展前，以林班为单位，必须进行环境影响评估；②树种选择可针对不同树种进行评估；③对选种、抚育和施肥进行整体性评估；④对突发性的病虫害，在实施前必须进行环境影响评估
	选种		
	育苗		
	造林地选择		
	整地		
	植苗		
	抚育		
	施肥		
病虫害防治	病虫鼠害防治		
林道建设	修路、取土场取土	计划处	对各林场（站）的所有新修林道和取土场取土进行环境评估
木材生产	采伐	生产处	①在每次采伐活动开展前，以作业小班为单位，必须全部进行环境影响评估，并定期进行环境影响监测（可与采伐验收结合进行）；②运输以作业沟系为单位进行环境影响评估
	打枝、造材		
	伐区清理		
	集材、装车		
	木材运输		
多种经营	养殖（家畜家禽、林蛙等）	多种经营办	在每次承包活动开展前必须进行环境影响评估
	采集（红松果实等）		
	种植（林下参、五味子等）		

表 10-3 造林作业活动的环境影响评估表

评估日期： 评估人员： 评估地点：

造林作业描述					
时间		造林方式		整地方式	

造林作业小班地点描述					
林班小班号 □		面积	坡度	林分类型	水土流失情况

珍稀野生动植物栖息地	有□			无□	
周边高保护价值森林	有□			无□	
周边水体	溪流□	湖泊□	湿地□	饮用水源□	
周边农地状态	有□			无□	
其他					

作业前环境影响评估				
评估指标	负面影响级别			
林地生产力	无□	轻微□	一般□	较重□
水土流失	无□	轻微□	一般□	较重□
对周边水体	无□	轻微□	一般□	较重□
植被破坏	无□	轻微□	一般□	较重□
生物多样性	无□	轻微□	一般□	较重□
野生动物栖息地	无□	轻微□	一般□	较重□
森林景观	无□	轻微□	一般□	较重□
有害物、垃圾残留	无□	轻微□	一般□	较重□
周边保护区或高保护价值森林	无□	轻微□	一般□	较重□
其他				

列出正面或负面的影响：

列出便不利影响最小化的措施：

措施的批准和实施情况：

表 10-4　修路的环境影响评估表

评估日期：　　　　　　评估人员：　　　　　　评估地点：

<table>
<tr><td colspan="8" align="center">修路作业描述</td></tr>
<tr><td>时间</td><td></td><td>作业方式</td><td></td><td colspan="2"></td><td>修路设备</td><td></td></tr>
<tr><td colspan="2" align="center">道路起止地点</td><td align="center">长度</td><td align="center">宽度</td><td align="center">坡度</td><td align="center">土壤稳定性</td><td colspan="2" align="center">涵洞、桥梁或涉水情况</td></tr>
<tr><td colspan="2"></td><td></td><td></td><td></td><td></td><td colspan="2"></td></tr>
<tr><td colspan="8" align="center">修路周围环境描述</td></tr>
<tr><td colspan="2" align="center">周边小班号</td><td></td><td align="center">坡度</td><td></td><td align="center">林分类型</td><td align="center">水土流失情况</td><td></td></tr>
<tr><td colspan="2">珍稀野生动植物生境</td><td colspan="3">有□</td><td colspan="3" align="center">无□</td></tr>
<tr><td colspan="2">周边高保护价值森林</td><td colspan="3">有□</td><td colspan="3" align="center">无□</td></tr>
<tr><td colspan="2">周边水体</td><td colspan="3">溪流□　　　　湖泊□</td><td colspan="3">湿地□　　　饮用水源□</td></tr>
<tr><td colspan="2">周边农地状态</td><td colspan="3">有□</td><td colspan="3" align="center">无□</td></tr>
<tr><td colspan="2">其他</td><td colspan="6"></td></tr>
<tr><td colspan="8" align="center">作业前环境影响评估</td></tr>
<tr><td colspan="2" align="center">评 估 指 标</td><td colspan="6" align="center">影 响 级 别</td></tr>
<tr><td colspan="2">林地生产力</td><td colspan="2" align="center">无□</td><td colspan="2" align="center">轻微□</td><td align="center">一般□</td><td align="center">较重□</td></tr>
<tr><td colspan="2">水土流失</td><td colspan="2" align="center">无□</td><td colspan="2" align="center">轻微□</td><td align="center">一般□</td><td align="center">较重□</td></tr>
<tr><td colspan="2">对周边水体</td><td colspan="2" align="center">无□</td><td colspan="2" align="center">轻微□</td><td align="center">一般□</td><td align="center">较重□</td></tr>
<tr><td colspan="2">植被破坏</td><td colspan="2" align="center">无□</td><td colspan="2" align="center">轻微□</td><td align="center">一般□</td><td align="center">较重□</td></tr>
<tr><td colspan="2">生物多样性</td><td colspan="2" align="center">无□</td><td colspan="2" align="center">轻微□</td><td align="center">一般□</td><td align="center">较重□</td></tr>
<tr><td colspan="2">野生动物栖息地</td><td colspan="2" align="center">无□</td><td colspan="2" align="center">轻微□</td><td align="center">一般□</td><td align="center">较重□</td></tr>
<tr><td colspan="2">森林景观</td><td colspan="2" align="center">无□</td><td colspan="2" align="center">轻微□</td><td align="center">一般□</td><td align="center">较重□</td></tr>
<tr><td colspan="2">有害物、废弃物及垃圾残留</td><td colspan="2" align="center">无□</td><td colspan="2" align="center">轻微□</td><td align="center">一般□</td><td align="center">较重□</td></tr>
<tr><td colspan="2">周边保护区</td><td colspan="2" align="center">无□</td><td colspan="2" align="center">轻微□</td><td align="center">一般□</td><td align="center">较重□</td></tr>
<tr><td colspan="2">其他</td><td colspan="6"></td></tr>
<tr><td colspan="8">列出正面或负面的影响：

</td></tr>
<tr><td colspan="8">列出使不利影响最小化的措施：

</td></tr>
<tr><td colspan="8">措施的批准和实施情况：

</td></tr>
</table>

表 10-5 取土场的环境影响评估表

评估日期：　　　　　　评估人员：　　　　　　评估地点：

取土场作业描述					
建立时间	使用年限	作业方式	面积	保护措施	恢复时间和恢复措施

取土场周围环境描述				
周边小班号		坡度		林分类型		水土流失情况	
珍稀野生动植物生境	有□		无□	
周边高保护价值森林	有□		无□	
周边水体	溪流□　　　湖泊□　　　湿地□　　　饮用水源□			
周边农地	有□		无□	
其他				

作业前环境影响评估				
评估指标	影响级别			
林地生产力	无□	轻微□	一般□	较重□
水土流失	无□	轻微□	一般□	较重□
对周边水体	无□	轻微□	一般□	较重□
植被破坏	无□	轻微□	一般□	较重□
生物多样性	无□	轻微□	一般□	较重□
野生动物栖息地	无□	轻微□	一般□	较重□
森林景观	无□	轻微□	一般□	较重□
有害物、废弃物及垃圾残留	无□	轻微□	一般□	较重□
周边保护区	无□	轻微□	一般□	较重□
其他				

列出正面或负面的影响：

列出使不利影响最小化的措施：

措施的批准和实施情况：

表 10-6　林木采伐小班(楞场)环境影响评估表

评估日期：　　　　　　评估人员：　　　　　　评估地点：

采伐作业描述						
时间		作业方式			采伐设备	
集材道的修建或重建			长度	坡度	土壤稳定性	

采伐作业小班(楞场)地点描述				
林班小班号□ 楞场号□	面积	坡度	林分类型	水土流失情况
珍稀野生动植物生境	有□		无□	
周边高保护价值森林	有□		无□	
周边水体	溪流□	湖泊□	湿地□	饮用水源□
周边农地状态	有□		无□	
其他				

作业前环境影响评估				
评估指标	影响级别			
林地生产力	无□	轻微□	一般□	较重□
水土流失	无□	轻微□	一般□	较重□
对周边水体	无□	轻微□	一般□	较重□
植被破坏	无□	轻微□	一般□	较重□
生物多样性	无□	轻微□	一般□	较重□
野生动物栖息地	无□	轻微□	一般□	较重□
森林景观	无□	轻微□	一般□	较重□
有害物、垃圾残留	无□	轻微□	一般□	较重□
周边保护区	无□	轻微□	一般□	较重□
其他				

列出正面或负面的影响：

列出使不利影响最小化的措施：

措施的批准和实施情况：

表 10-7　多种经营的环境影响评估表

评估日期：　　　　　　　评估人员：　　　　　　　评估地点：

多种经营活动类型：林蛙养殖□　　放牛 □　　山野菜采集□　　松塔采集 □　　人参种植 □				
多种经营活动描述				
时间		多种经营类型	面积	主要活动

多种经营地点周围环境描述				
周围小班号		坡度	林分类型	水土流失情况
珍稀野生动植物生境	有□			无□
周边高保护价值森林	有□			无□
周边水体	溪流□　　　湖泊□　　　湿地□　　　饮用水源□			
周边农地状态	有□　　　　　　　无□			
其他				

作业前环境影响评估				
评估指标	影 响 级 别			
林地生产力	无□	轻微□	一般□	较重□
水土流失	无□	轻微□	一般□	较重□
对周边水体	无□	轻微□	一般□	较重□
植被破坏	无□	轻微□	一般□	较重□
生物多样性	无□	轻微□	一般□	较重□
野生动物栖息地	无□	轻微□	一般□	较重□
森林景观	无□	轻微□	一般□	较重□
有害物、废弃物及垃圾残留	无□	轻微□	一般□	较重□
周边保护区	无□	轻微□	一般□	较重□
其他				
列出正面或负面的影响：				
列出使不利影响最小化的措施·				
措施的批准和实施情况：				

表 10-8　病虫害防治的环境影响评估表

评估日期：　　　　　　　　评估人员：　　　　　　　　评估地点：

病虫害类型：　病害□　　　　虫害　□　　　　鼠害　□				
病虫害防治作业描述				
发生时间		病虫害种类		
防治方法	化学防治□　　生物防治□　　人工防治□		使用药品	

病虫害防治作业小班地点描述				
林班小班号□	发生面积	严重程度	林分类型	病虫害情况简要描述

珍稀野生动植物生境	有□　　　　　　　　　　　无□			
周边高保护价值森林	有□　　　　　　　　　　　无□			
周边水体	溪流□　　　湖泊□　　　湿地□　　　饮用水源□			
周边农地状态	有□　　　　　　　　　　　无□			
其他				

作业前环境影响评估				
评估指标	影响级别			
林地生产力	无□	轻微□	一般□	较重□
水土流失	无□	轻微□	一般□	较重□
对周边水体	无□	轻微□	一般□	较重□
植被破坏	无□	轻微□	一般□	较重□
生物多样性	无□	轻微□	一般□	较重□
野生动物栖息地	无□	轻微□	一般□	较重□
森林景观	无□	轻微□	一般□	较重□
有害物、垃圾残留	无□	轻微□	一般□	较重□
周边保护区	无□	轻微□	一般□	较重□
其他				
列出正面或负面的影响：				
列出使不利影响最小化的措施：				
措施的批准和实施情况：				

第十一章

森林监测指南

一、森林监测的背景与意义

监测是指对事物及时连续的追踪，即以时间为单位收集数据，最终得到足够的信息以了解监测对象的状态，并实现合理管理监测的对象，控制事物发展形势的目的。森林监测，就是利用各种技术手段进行调查和了解，与森林有关的各方面内容的长期序列信息，以取得各项营林活动（包括林业管理、生态环境保护、社区规划等）过程和结果的数据，进而进行评价，以帮助和指导森林经营实践。一个森林监测系统包含监测的目标、原则、监测周期、指标体系、设备、方法、技术和实施监测的人员和过程，监测结果精度的检验和信息发布，以及对监测的管理等组成部分。

森林监测又称森林资源和生态状况监测，它是全面掌握森林资源与生态状况变化的有效手段，由其产出的成果是我国林业科学发展重要的决策依据，也是评价林业重点工程和生态建设成效的基础信息。目前世界各国的森林资源监测主要是围绕着森林可持续经营指标来采集所需要的信息。如蒙特利尔进程和赫尔辛基进程提出的森林保护和可持续经营的标准和指标，涉及生物多样性、森林生态系统、水土保持、碳循环、社会和经济效益等丰富的内容，不过具体的内容依调查监测的类型而异（舒清态，唐守正，2005）。

实现森林可持续经营是一个不断改进而实现的过程。根据过程管理理论，过程管理是指使用一组实践方法、技术和工具来策划、控制和改进过程的效果、效率和适应性，包括过程策划、过程实施、过程监测（检查）和过程改进（处置）四个部分。而监测在其中占据了非常重要的地位。过程管理中，其作用主要表现在对过程实施中和实施后的监测，旨在检查过程实施是否遵循过程设计，达成过程绩效目标，同时通过监测不断改正，实现对过程的控制，实现预期的目标。森林监测对实现森林可持续经营的作用也是如此，即通过对相关记录的检查、定期视察、内审，了解森林经营管理体系中各项操作是否能达到预期的目标，对违反操作规程的行为发出纠正通知，对一些容易发生错误的操作环节发出预防性通知，减少犯错的机会，以期实现最终的目标——森林可持续经营。

森林监测是现代森林经营管理的重要手段，在森林经营管理过程中能够发挥重要作用。第一，监测是一种对森林经营工作的检查，通过监测活动定期对森林经营实施情况进行了解，能够及时发现问题，并进行调整；第二，森林监测的成果是通过实践调查、研究和分析得出的，一定程度上能够作为森林经营者，如林业生产、经营、管理部门，进行相关决策的依据；第三，通过实施监测收集到的大量基础数据和资料，可以为林业生产、科学研究提供可靠的基础。因此，对森林开展监测与评价是森林经营和管理的重要组成部分，对促进森林可持续经营有着十分积极的意义。

二、森林认证对森林监测的要求

（一）森林监测指标的选择要求

可持续经营的概念和内涵基本包含了资源、环境、社会和经济四大方面，因此建立森林经营单位水平上的森林可持续经营监测和评价体系，也应当充分考虑以这四个领域的内容。因此选择科学合理实践性又比较强的监测指标在理论上应该能够全面反映出可持续经营监测的目标。

但是，我国森林经营单位的经济条件和专业条件都较为有限，因此在实际工作中，还要充分分析和选取实用性和操作性较强的监测指标，同时还应能够尽量降低和减少经济和人力上的投入。综合这些因素，监测指标的选择原则见表 11-1。

表 11-1　森林经营单位综合监测指标选择原则

选择标准	主要内涵
与监测目的密切相关	清楚监测结果所要回答的问题
代表性	包括所选择监测项目的全部特征或有代表性特征的指标
简化信息以易于理解	将复杂信息简单表达从而具有明确意义和易于交流，使非专家的管理人员和实际操作人员也能把握其核心意思
数量化	能够进行精确度量，表达时间上的变化趋势，便于比较分析评价
及时性	最好能够定期更新，对变化的趋势快速作出判断，以做出预警
便于分析	可利于分析评价监测结果的指标
经济适用、便于采集	选择在现有条件下能够取得的和易于采集的参数，而不需要特别多额外的或不现实的财政资源
敏感性	在相对较小的时间尺度内对监测项目的变化比较敏感
科学可信性	要有科学性和可信性

（二）森林监测内容的要求

森林监测是整个森林经营中非常重要的一个方面，合理开展监测活动，有助于及时发现在森林经营活动中存在的问题，并及时调整森林经营活动，以避免人为的干扰对森林造成严重的影响和破坏。鉴于森林监测的重要性，世界上很多的森林认证体系都将森林监测作为一个重要内容加以考虑。CFCC 认证对森林监测的要求主要是通过 CFCC 原则和标准来进行的，分别从森林监测的方法、内容和目的等方面进行了规定。以下从原则和标准两个方面将 CFCC 原则和标准对森林监测的要求进行了解释。

1. 原则方面

CFCC 的原则要求，应按照森林经营的规模和强度进行监测，以评估森林状况、林产品产量、产销监管链、经营活动及其对社会与环境的影响。从原则本身来看，它包括两方面内容，一是要求森林经营单位建立与自身规模和强度相适应的森林监测体系，二是对森林监测的内容和目的进行了说明。不同于传统意义上的森林资源监测，CFCC 对森林监测的要求还涵盖了森林经营单位的生产效益，林产品的生产、加工，以及产销监管链、森林经营对社会和环境的影响。相对于传统的森林资源监测，CFCC 对于森林的监测在内容上更为丰富，它不但要求对森林进行监测，还要求在监测的基础上对整个森林的经营状况和经营活动进行检查和评估，从而不断地对森林经营活动进行调整。因此 CFCC 认证要求下的森林监测体系涵盖了 3 个主要的方面，即监测、评估和改进。从这种意义上来说，CFCC 认证要求下的森林经营更类似于一种"适应性"经营，要求在经营过程中通过监测不断对经营措施和手段进行调整，以保持森林经营中环境、经济和社会方面的平衡，进而实现可持续经营。森林监测则为这种"适应性"改进提供了数据上的支撑，使这种改进更加具有科学性和合理性。

2. 标准方面

监测方面的标准对监测体系涉及的主要方面进行了要求。主要对建立森林监测体系时应遵照的原则进行了规定，即合理性和可持续性。

受影响环境的相对复杂性指生态系统或社会系统的多样性和复杂性，一般而言，系统越复杂，其相对生态稳定性越强。而相对脆弱性则是指生态系统对外界（包括人类和自然的活动）的敏感性，越敏感则系统越容易受外界活动的影响，因而越脆弱。因此这就要求森林经营单位按照合理性原则，根据自身的经营规模和强度，综合考虑能够对所经营森林范围产生影响的环境、经济和社会方面的因素，制定适当的监测程序，建立森林资源档案，进行森林资源监测，妥善保存监测数据。同时要保证监测实施的可持续性，以保证能够为评估提供依据。因为一般情况下，只有进行重复监测和调查，反复对比不同时期的监测数据，才能够较好地对经营活动的影响进行评估，进而改善经营措施。

标准也对监测的主要内容和指标进行了规定，在建立符合 CFCC 认证要求的森林监测体系时，至少包括以下内容：

①主要林产品的储量、产量和资源消耗量；

②森林结构、生长、更新及健康状况；

③动植物(特别是珍稀、稀有、受威胁和濒危物种)的种类及其数量变化趋势；

④林业有害生物和林火的发生动态和趋势；

⑤森林采伐及其他经营活动对环境和社会的影响；

⑥森林经营的成本和效益；

⑦气候因素和空气污染对林木生长的影响；

⑧人类活动情况，例如过度放牧或过度畜养；

⑨年度作业计划的执行情况。

概括起来可以分为以下几个方面：

第一，环境方面。要求监测的内容包括森林经营活动对水质、水量、土壤、动植物的影响和林火情况及森林病虫害情况等。

第二，经济方面。要求监测的内容包括能收获的木质和非木质林产品的产量以及森林经营的成本和森林经营单位预期的经济收益。

第三，社会方面。要求监测的内容包括森林经营活动对社区居民生产、生活状况的影响，收入情况的影响，社区居民对森林经营的意见等方面。

第四，林木资源方面。要求监测的内容包括森林的树种组成和林分结构、林木生长量、消耗量和蓄积量、林木更新状况、非木质林产品丰富度等。

在该标准中把 CFCC 的另外一种审核类型——产销监管链认证引入了监测体系。产销监管链认证要求对木材及其产品从采伐、运输、加工到销售整个过程进行跟踪和记录。它具有两大功能：第一，通过对整个生产加工链条的监测，以保证最终销售的木材及其产品均为经过 CFCC 认证的产品而不掺杂其他不被 CFCC 认证认可的产品；第二，通过建立良好的监测体系，能够保证销售终端的产品能够被追溯到每个源头，即可追溯性。一般情况下，产销监管链主要涉及直接或间接以森林产品为主要原材料的加工业，如刨花板、胶合板、木地板等加工制造厂商。但由于森林经营单位是木材及其产品生产加工过程的最初一个环节，对以后链条中的产品具有很大的影响，因此对这个环节的监测也非常重要。

根据木材的采伐和运输流程，森林经营单位中涉及产销监管链的内容主要包括采伐地点、采伐人员、采伐面积、采伐量、木材分类、规格、存储地、运输方式、购买及用途等方面。这就要求森林经营单位应建立合理的木材监测、跟踪和管理档案，以确保经过认证的林木产品在加工和销售的各个环节中具有明确标识。

可以看出，CFCC 认证要求下的森林监测包括了 5 个方面，即环境、经济、社会、森林资源以及产销监管链，比一般意义上的监测内容更加丰富，各个内容均可以独立成为一个体系，彼此之间又相互关联，共同构成了一个有机的整体。

标准还要求森林经营单位应将监测结果进行数据分析，纳入到森林经营方案的实施和修订中，避免为了监测而监测。CFCC 认证对森林经营方案具有很高的要求，将其视为整个森林经营的纲领和指南性文件和经营活动的载体，所有的经营活动都要以森林经营方案为主要依据。由于监测的主要目的是以监测的数据为基础，对整个森林经营活动进行评价，进而提出改进措施，不断完善森林经营单位现有的森林经营体系，因此在监测和评价中发现的问题与提出的主要改进措施均需要纳入作业计划和森林经营方案的修订过程中，以森林经营方案为基础，改进经营活动。

在实际操作中，如果监测结果呈正面影响，则需要继续不断加强相关措施，保持并提升这种正面影响，如果呈负面影响，就需要制定合理的方案设法控制和减弱负面影响，并对森林经营方案进行修订。

适应性改进是 CFCC 森林经营认证的一个重要原则，所以吸收各方的意见，不断改善森林经营措施是非常重要的，对于森林监测也不例外。因此标准要求对监测的结果进行公示，即在尊重信息保密的前提下，森林经营单位有责任定期向公众公示森林监测结果概要。

在建立监测体系时，对监测结果的公示主要作为一个制度而出现，要求森林经营单位明确公示的方式方法以及主要内容。一般情况下，公示的主要内容还要包括监测的发现以及针对发现的主要改善措施。

三、森林经营单位监测体系的构建

采用统一的监测指标和适合的监测方法和频率，建立包含环境、社会、经济等多指标的科学的森林监测指标体系，并形成一个森林监测体系框架，监测并掌握森林经营区内的经营活动对环境、社会、经济等多方面造成影响的动态变化，为森林经营单位改进营林措施以及提高森林经营管理水平提供实践上的依据。

（一）监测体系建立的原则

森林监测包括森林经营的、环境的和社会因素的监测，是利用仪器设备和技术手段，了解森林生长、生态保护和社会利益的信息，促进环境、社会保护和森林可持续发展的重要手段。在建立森林监测体系时应该遵循以下的原则。

（1）目的性。在建立森林监测体系时，首先要考虑监测的最终目的。即为什么要收集信息与怎样利用监测结果。如果一个监测体系缺乏监测的目的，那最终所收集的监测信息就会被闲置无用，产生不了任何价值，因此是毫无意义的。

（2）实践性。在制定监测计划时，要求充分考虑经营单位的实际情况，监测的频率、强度、时机的选择，要既能反映对生态环境及社会因素的影响，又适合经营单位现有的资金技术和人力资源的水平。

（3）周期性。森林的监测并不是为应付审核员的到来而准备的，而是为了发现已经发生或预测将要发生的变化。只有合理定期进行监测才能真正发现存在的问题。因此需要选择正确的频率，定期收集信息。这个频率根据监测因子的不同而不同，可以是每天、每年或每五年。

(4)长期性。对森林的监测应当长期进行。一般情况下，树木的生长周期较长，因此短期观测到的结果可能无法反映长期变化，如森林中居住的物种可能在采伐期间转移到一个区域，但会在两三年后回来。每年水果和蘑菇的数量可能会有很大变化，但长期来看，则可能差不多。因此，为了能够正确反映森林的动态变化，应当进行长期的监测。

（二）监测体系建立的步骤

建立森林监测体系的具体步骤为：

（1）选取科学合理的森林监测指标，森林监测指标要符合 CFCC 认证标准的要求，能够体现出森林经营活动的实施对环境、社会和经济等方面所造成的影响。要能确定森林监测各指标层，构建森林监测指标体系，形成完整科学的监测指标体系。

（2）确定指标的监测手段、方法和实施监测的频度和强度。

（3）实施监测。选择适当的监测地点以样地调查、资料收集实验室测定以及调查访谈等为主要的监测方法，对建立的指标进行监测，科学监测森林经营对社会、环境、经济状况所造成的影响并预测其变化趋势。

（4）进行监测结果的分析和总结反馈，对于森林经营所造成的负面影响及时做出改进措施，以便相应地作出科学保护和管理的政策制度，并反映到森林经营方案中去，为下一步森林经营规划提供科学的依据。

（5）加强监测保障体系，指定专门的监测人员，并加强对监测人员的专业培训提高监测技术水平，以确保提供各类科学准确的监测数据。

根据监测体系建立的步骤，所建立的森林监测体系框架如图 11 - 1 所示。

（三）森林监测指标的建立

监测指标的选择和确定是森林监测活动研究的前提和关键，直接决定监测质量和结果的优劣。只有建立一整套完善的森林监测指标体系才能有效展开各项工作。因此，从 CFCC 认证的要求和森林经营单位的经营实践出发，森林监测应包括以下内容。

1. 林木、林地资源监测

实现森林可持续经营的一个先决条件是林产品的产量不能超过其生长水平。这需要能反映林木的蓄积量和生长率的信息：蓄积量、生长量和生产量的数据，并把它们作为计算可持续采伐量的基本信息。监测的指标主要有林木的胸径、树高、单株材积、密度（成活率、死亡率）、单位面积蓄积和林木蓄积根据单株材积、现有密度估算和林地面积及所有权等。可以采用资料收集如国家森林资源清查的数据或固定样地的方法进行调查。

2. 木质林产品资源监测

非木质林产品监测是要在查清非木质林产品现状和利用信息的基础上，分析其开发利用情况和发展趋势，为科学保护和合理利用提供重要依据。对森林经营单位

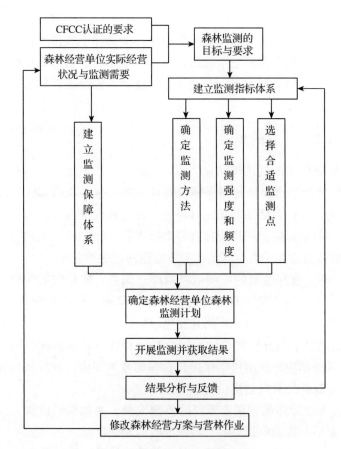

图 11-1 森林监测体系框架图

辖区内各种非木质林产品产量进行监测，掌握非木质林产品产量及消长变化动态。采用非木质林产品种类及产量调查表的形式定期进行非木质林产品资源的监测。

3. 野生动植物资源监测

对森林经营单位辖区内的主要的、珍稀的动植物种类、数量、生长情况等进行监测，并与当地植物志和动物志所记载的情况进行比较。结合林地巡视观测和资料收集的方法开展对动植物的种类、数量，以及保护级别等指标进行监测。

4. 火灾监测及病虫害监测

森林火灾监测包括对火灾的预测预报以及有效控制火灾蔓延，直至彻底扑救火灾的情况。预防森林火灾的发生，除对火源进行严格管理外，还需要获取各种森林生态系统类型可能引发火灾的基本信息，及早制定森林火灾防治措施。对已发生的森林火灾，及时获取准确的地理位置、道路、水域等自然环境情况、气候条件、火势及蔓延速度，以便采取有效的灭火措施。具体监测指标包括灾害发生地点、范围、种类，火灾监测还包括火灾发生原因、程度、熄灭途径、防火体系等指标的监测。森林病虫害监测包括对经营区内森林病虫害发生的原因、种类、防治措施等因素的监测，以达到全面防治的效果。

5. 水源、水质、水量监测

水源调查，包括种类（河流、湖泊、水库、池塘、小沟、溪流、山泉、地下水等）、面积或长度、位置分布、径流或蓄水量、水质、用途（饮用、工业、农业灌溉、水产养殖等）。森林经营活动对水源的影响包括对水质和水量的影响。水质主要是指化学品的使用造成的污染、化肥的流入导致水体富营养化、有机质的进入导致水源发臭变质以及水土流失导致水中悬浮物增多和水底淤积等。水量主要受树木对水分的吸收和水土流失导致水源缺乏和水体淤积，特大规模的造林等因素的影响，还要考虑气候条件，气温和降水量的变化对水量产生的可能影响。要评价森林经营活动对水源的影响，应该掌握林区范围和附近水源的状况，包括数量、种类、水质水量的现状、承载能力、目前负荷、地理分布等。水量监测的方法可利用简单的设备（不需要昂贵设备），如使用标有刻度的小棍就能测量小溪或湖泊的水量。水质的监测可以采用实验室测定的办法，也可以委托县级以上有资质的环境监测站来做。

6. 土壤监测

土壤的影响第一要考虑水土流失破坏林地的土层结构；第二要考虑长期种植林木对土壤肥力的影响；第三要考虑长期施用无机肥料对土壤酸碱化或板结的影响；第四要考虑杀虫剂等化学品对土壤（包括地下水）毒性的影响。土壤监测指标主要为土壤理化性质等方面内容。土壤监测，包括土壤肥力（矿物质和有机质含量）、污染（农药成分、酸碱度、重金属成分等）和土层结构（土层厚度和疏松程度等）。土壤监测的方法主要是现地取样并结合实验室测定的方式。

7. 化学药品、化肥使用监测

森林经营单位在经营区内如使用化学药品与化肥，也应进行监测。应该严格按照 CFCC 相关标准，控制使用种类和用量，使对环境的影响降至最低。森林经营单位可以结合自己的化学药品、化肥使用管理办法及规定对日常的化学药品、化肥的使用情况进行记录保存。

监测的主要指标包括：农药、化肥施用范围、面积、施用种类、折纯量、废弃物处理方式。在每次使用时都要填写登记表及调查表。

8. 社会影响监测

开展社会影响监测，能够检查森林经营单位是否遵守法律和规定，与利益相关者达成的协议是否为所有责任方所遵守，以及关键利益相关者是否对森林经营的实施感到满意，各利益相关方和当地社区对经营活动的意见和建议，以及经营活动对当地社会产生的影响等内容。这样就能发现问题并找出改进的机会。

社会影响监测应定期进行，对利益相关者进行咨询和调查，了解相关活动的执行情况，以及这些活动产生了哪些效果。监测的频率取决于各部门作业活动的复杂性和操作层次，以及经营单位可以利用的现有资源。社会影响监测可以由经营单位内部人员、外部人员或聘请的专家开展评估。如果涉及的利益相关者很多，森林作业活动比较复杂，这时需要对问题进行更深入的监测，并需要进行参与式的监测，即涉及的利益相关者参与整个监测的过程。

监测指标包括针对森林经营单位的各项森林经营活动，例如造林、采伐、施肥和道路修建等活动对相关利益方和周边社区居民的影响，包括就业、收入、森林依赖程度、宗教、文化，以及教育、健康、住房和其他社会服务水平等。通过这些指标，全面了解利益相关方的意见和建议，以帮助森林经营单位改进自己的经营活动，趋利避害，提高自己的经营水平。

社会影响监测一般采用参与式的社会调查方法，它强调由当地人参与调查与分析，分享调查分析结果，外来者协调和帮助，是一种在有限的时间内快速了解当地社会情况的有效方法。参与式监测是一种非常积极主动的方法。它涉及制定利益相关者认为有关的信息收集、分析和利用方式。在这个过程中，利益相关者自己定义良好森林经营的指标，并对这些指标进行监测，然后将监测结果贯彻到经营方案中去。具体方式包括：二手资料收集、电话访谈、入户访谈、村民小组讨论、村民大会等。另外，还采用问卷调查的方法来全面收集相关信息。

9. 森林经营活动监测

森林经营单位涉及的各项主要森林经营活动，例如木材生产、采伐、造林整地、林道修建、病虫害防治、木材运输、多种经营活动等对环境和社会造成的影响，都要开展相应的监测，以及时了解森林经营活动对利益相关方的正面或负面影响，及时修正相关措施，减少纠纷的产生。监测的内容根据活动的不同而有所差异。采用调查表的方式对具体开展的森林经营活动进行监测。

10. 产销监管链监测

产销监管链要求对木材及其产品从采伐、运输、加工到销售整个过程进行跟踪和记录。根据木材的采伐和运输流程，森林经营单位中涉及产销监管链的内容主要包括：采伐地点、采伐人员、采伐面积、采伐量、木材分类、规格、存储地、运输方式、购买及用途等方面。

11. 森林经营效益监测

应分别核算总成本和单位产品的成本。生产率及营林效率应以单位面积或单位投资所产生的效益进行计算。木材实际产量、生产成本、营林管理费用、日程管理费用、木材销售部门的木材销售收入、一级林产工业部门的收入、支出、利润。

12. 监测指标体系汇总

森林监测指标可以从森林经营单位的实际经营情况出发，根据上述森林监测的主要内容和指标，综合自然和人为因素，宏观监测和微观监测相结合，本文确立了科学合理的森林监测指标体系(表11-2)。鉴于监测的可操作性和准确性，所建立的指标体系不能过于庞大，应尽量减小监测过程中的复杂性。

表 11-2　森林监测指标体系

监测总体层	监测系统层	监测变量层	监测指标层
CFCC 认证要求和森林经营单位实际经营情况	森林资源	林木、林地资源	林木的胸径、树高、单株材积、密度(成活率、死亡率)、单位面积蓄积和林木蓄积根据单株材积、现有密度估算和林地面积及所有权
		非木质林产品资源	各种非木质林产品的种类和产量
		野生动植物资源	野生动植物的种类、数量和保护级别
	森林环境	火灾	火灾发生地点、范围、种类,火灾发生原因、程度、熄灭途径、防火体系等
		病虫害	森林病虫害发生的原因、种类、防治措施等
		水源、水质、水量	水源的数量、种类、地理分布、水量的现状、水质情况
		土壤	土壤肥力(矿物质和有机质含量)、污染(农药成分、酸碱度、重金属成分等)和土层结构(土层厚度和疏松程度等)
		化学药品、化肥使用情况	农药、化肥施用范围、面积、施用种类、折纯量、废弃物处理方式
	社会影响	森林经营单位的经营对周边社区影响	森林经营单位的各项森林经营活动例如造林、采伐、施肥和道路修建等活动对相关利益方和周边社区居民的影响,包括就业、收入、森林依赖程度、宗教、文化,以及教育、健康、住房和其他社会服务水平等
	森林经营活动	环境影响和社会影响	木材生产、采伐、造林整地、林道修建、病虫害防治、木材运输、多种经营活动等对环境和社会造成的影响
	产销监管链	产销监管链	采伐地点、采伐人员、采伐面积、采伐量、木材分类、规格、存储地、运输方式、购买及用途等方面
	森林经营效益	森林经营成本及利润	木材实际产量、生产成本、营林管理费用、日程管理费用、木材销售部门的木材销售收入、一级林产工业部门的收入、支出、利润

（四）监测的方法

对不同的指标进行监测时，要选择合理的方法。CFCC 认证对森林监测的方法的要求是简便易行，不需要涉及复杂的科技。因此，在选择监测方法时，可以尽量结合森林经营单位现有的一些监测调查方法，再综合 CFCC 对森林监测的要求来选用最佳的方法。一般可用于森林经营单位开展森林监测的方法有以下几种。

1. 样地调查法

（1）固定样地。固定样地法是通过设定固定标准地或固定样地，重复测定各项调查因子，从而确定林分的各类生长量的方法。主要有两类，第一类主要是配合林木生长过程监测和森林资源评估需要而设立的常规的圆形或矩形林木固定样地。此类固定样地除用作常规的林木生长和森林资源调查外，还将用于林下植被与受保护植物、土壤、水土流失等方面项目的监测。固定样地布局和数量应符合"少、均、准"的原则。在抽取固定样地时，应尽量考虑在高保护价值森林、生态脆弱林地（如25°以上的坡面）作为样地。另一类为非林木固定样地，根据需要在经营林地内设立有代表性的样地，对水土流失、水资源、水质等项目进行监测，在预设的固定（或相对固定）的时间内对固定样地进行调查。也可以根据需要对固定样地进行临时调查。

（2）临时样地。临时标准地法，又称之为一次调查法。它是通过设置临时标准地（或随机样地），用一次测得的树木直径生长量和林分直径分布预估未来林分蓄积生长量（净增量）。临时样地是为各项森林经营活动和森林病虫害、火灾等情况的监测需要而设立的临时样地，样地的位置、大小、数量根据经营活动的范围、灾害发生范围和规模等监测内容来确定。森林经营活动监测所设立的临时样地需在活动开展前设立，灾害监测所设立的临时样地在灾害发生时及时设立。

2. 林地巡视观测法

林地巡视主要结合森林经营单位经营林区内的护林员日常巡视活动建立。主要目的是用于森林管护、火灾、病虫害、自然灾害、受保护动植物出现、环境污染等方面的监测。森林经营单位相关护林员将受适当的培训，认识和了解在经营区内的林地或周边地区已有和可能出现的受保护动植物；如发现山火、病虫害、灾害、受保护动植物、环境污染等，须按事先制定的程序及时向有关主管人员报告，主管人员须及时予以记录，并向有关部门通报，以便经营单位的相关部门作相应的处理和系统的调查。

3. 资料收集

资料收集是指通过查阅或收集与本监测方案有关的文字、影像、图片资料，获取监测所需的各项内容从而达到监测信息获取的过程。如造林验收结果、林木生长模型、调查方法、抽样方法、预测方法、有关法律法规、保护植物目录和更新、化学药剂资料、相关监测结果、有关观察和记录等等。这些资料可以用作监测结果的对比和分析，也可用作监测评估、监测方法改进的参考。

4. 调查访谈记录

通过访谈记录、协商会议、问卷调查等方式开展的关于各利益相关方对于森林经营活动产生的各种社会、环境影响的调查分析，主要对象为当地各级政府相关部门、非政府组织、当地群众、企业内部职工，主要调查就业、经济、利益冲突、劳资关系等内容。

5. 试验室测定

监测方案中部分监测内容或项目需要结合野外取样，在室内做进一步的分析测定，如土壤结构和养分组成、水质等，并且部分内容需要具有相关资质的机构开展。森林经营单位根据自身能力组织开展此类分析测定工作，并根据需要与相关机构咨询、合作，开展必要的专业测定。最后，结合其年度工作，由经营单位本身进行结果分析和总结。

6. 项目合作

森林经营单位通过与有关部门（研究机构）合作在森林经营单位内的林地开展有关项目的调查研究，将有关内容和结果用于监测计划，作为补充或直接作为监测计划的一部分。

（五）监测的强度和频率

监测的强度指监测覆盖的范围、抽样的多少、投入监测工作所涉及的部门及人数、所采用的技术复杂程度和仪器的精密度等。监测的频率指每年的监测次数。监测的强度和频率由以下几个因素决定：

（1）森林经营规模，指营林面积、树种和产品品种等。

（2）管理强度，指管理水平的高低和对环境及社会责任的关注程度等。随着森林管理体系的不断实施，营林者应该不断提高管理强度。

（3）受影响环境的相对复杂度，指生态系统（或社会系统）的多样性和复杂性，一般而言，系统越复杂，相对其生态稳定性越强。

（4）受影响环境的相对脆弱度，指生态系统（或社会系统）对外界活动（包括人类的和自然的活动）的敏感性。越是敏感，则系统越容易受外界活动的影响，因而越是脆弱。

（5）此外，还要考虑生态及社会因素的相对重要性。如重要的生活饮用水的水源，其重要性要大于普通的水塘；区域性的主要水系，其重要性大于小溪等。生态因素越重要，监测的强度和频率应该越高。

四、森林监测体系的实施

（一）监测实施的计划

实施森林监测体系要制定一个计划，按步骤合理实施，才能保证森林监测实施的有效性。在制定监测计划时，要充分考虑森林经营单位的实际情况。选择监测频率、强度和时机时，要能反映对生态环境和社会因素的影响，同时又能适应经营单位现有的资金技术和人力资源的水平。

（二）监测的实施人员

环境监测是一项技术复杂，对人员素质要求较高的工作。取样是否有代表性，分析数据是否精确，监测的结果能否用于改进森林经营实践，只有具备相关学识和丰富经验的专业人员才能保证。由于监测包括林地调查、生态环境调查和社会调查，涉及的专业跨度很大，建议由不同专业背景的人员完成不同的调查工作。可以由林业专业的人进行林地的调查；环保专业的人员进行生态环境的调查；有行政工作经验的人员进行社会调查；也可以由林业和环境专业的人员经过相应的培训后承担社会调查的工作。

同时，对于要求特别高的监测内容，也可委托外部机构开展。此时森林经营单位应该首先确定是否需要邀请外部机构监测，以及哪些指标需要邀请外部机构监测。在森林经营单位现有的技术条件和仪器设备许可时应尽量自行完成，以节省资金和保证效果。水和土壤的质量指标，由于涉及的仪器种类比较多，仪器价格昂贵，且需要受过专业训练的人员才能操作，只有专业的监测机构才能拥有所有的设施，建议这些指标由外部的监测机构进行监测。水质指标可以挑选县级以上的环境监测站监测，土壤指标可以挑选县级以上的土壤研究所监测，这些机构设施齐全，人才素质高，有规范的运行程序，数据结果比较可靠。

（三）监测数据的收集

在收集监测数据时，要确保数据的精确性。监测数据的精确度必须要与监测的目的相适应，同时适合经营单位的管理水平，监测的数据精度越高，越能准确反映出营林对环境的影响，但同时监测的成本也越高，所以必须明确进行监测的目的。一般来说，对于森林经营活动的监测不同于科学研究，精确度足以反映出对环境的影响及其变化即可。另外，同一个指标也有不同的监测方法，各种方法的价格和精度也有显著的不同，应根据森林经营单位的实际情况进行选择，监测方法应该在监测计划中明确规定。

（四）监测数据的记录和保存

监测数据应该设计专用的表格，填写好的表格应该按照监测类别和时间先后顺序装订成册，以作为改进森林经营操作的基础。

（五）监测结果的分析、反馈和共享

1. 监测数据的处理

为了避免错误理解收集的监测数据，应进行分析处理，主要目的是剔除虚假和错误数据，使得真实的情况得以反映。森林经营单位应确定专门的人员或组织专门的技术力量对监测数据进行处理，以避免明显的错误产生，误导监测的方向。

2. 监测结果的反馈

森林经营单位应对监测的数据进行归纳和总结，及时发现森林经营活动的正面

和负面的影响，同时要把监测的结果反馈到森林经营方案中，以及时修改森林经营方案，不断完善森林经营活动。

3. 监测结果的共享

监测的结果也应该共享，以供所有的利益相关方使用。如可以让周边的居民利用监测的结果来改变他们的活动。森林经营单位可以使用公开监测的摘要来共享监测的结果。

（六）监测的保障体系

森林经营单位的监测应具有监测的保障体系，以保证监测能够顺利实施。监测的保障体系主要包括两个方面。一是监测的人员安排，森林经营单位要对每一项监测内容安排专门的人员负责，可以结合经营单位的生产实践，或对相关方面的内容进行专项培训，以确保监测的科学性和获取数据的准确性。二是经费的支持。森林经营单位要对监测活动的开展有相应的经费预算支持，以保证监测活动顺利开展。

五、森林监测的技术案例及模板

监测是指对事物及时连续的追踪，即以时间为单位收集数据，最终得到足够的信息以了解监测对象的状态，合理管理监测的对象，控制事物发展形势。森林综合监测是对森林资源、环境、社会等各方面的综合性监测，是森林经营管理的一项十分重要的基础性工作，它是全面掌握经营区内森林资源的现状及动态变化情况，分析评价各项经营措施实施效果的有效手段，综合监测成果是领导层经营决策的重要依据，也为提升内部经营管理水平，实施可持续经营战略提供必需的基础信息。随着公司经营规模的进一步拓展以及可持续经营方针的确立，以木材资源为主的单项监测已经不能满足现今经营管理的需要，因此为了提高经营水平，满足 CFCC 森林经营认证的要求，亟须建立一套完善的森林综合监测体系，涵盖资源、环境、社会的各方面内容，从而实现对森林资源、生态环境和社会影响的全面监测与评价，为经营区的可持续发展提供重要保障。

根据 CFCC 森林经营认证标准中原则 8 对森林监测与评估要求，包括标准 8.1～8.5 共 5 个标准 13 个指标的内容要求，应按照森林经营的规模和强度进行监测，以评估森林状况、林产品产量、产销监管链、经营活动及其对社会与环境的影响。

（一）监测目标

开展森林监测的目的在于通过监测方案的实施，获取监测指标的动态变化数据，掌握森林经营过程中各项因子的变化规律以及各种经营活动对环境和社会的影响，从而为改进经营措施提供依据，最终达到提高经营水平的结果，实现森林的可持续经营。

××林业局本次森林监测方案旨在通过选择科学合理的监测指标，确定各监测指标的合理监测周期，设置与林业局经营规模相符的监测样地，规范管理监测工作的实施，全面掌握林业局经营过程中的各方面信息，为经营决策提供重要参考。总体监测目标主要包括以下几个方面：

（1）掌握林业局经营区内森林资源现状和消长变化动态。

（2）掌握森林健康状态（森林火灾、病虫害等）的相关信息。

（3）掌握林业局开展各种经营活动（林木管护、木材采伐、营造林等）的实施效果以及对森林环境造成的影响。

（4）掌握林业局生产经营活动对社会产生的影响。

（5）根据上述监测结果总结整理监测报告，全面阐述监测周期内森林各方面的变化情况，提出对林业局各种经营活动的整改建议。

（二）监测范围

森林监测是在××林业局经营区域内的动植物、生产生活和相应的社会、环境的范围内进行监测。林地分布情况具体为：××省 304119 亩，其中：××县 167654 亩，××县 28572 亩，××县 107893 亩。

（三）监测方法

由于监测内容的多样性，在监测方法的选择上也采用多种方法相结合的方式。根据××林业局经营区的实际情况和技术条件，选择技术可行、操作方便、经济节约的方法，以下是本监测方案所采用的基本方法。

1. 样地调查

（1）永久样地。永久样地是在为林木生长过程监测和森林资源调查需要设立的常规的矩形样地。××林业局永久样地的设置为每 3000 亩设立一个样区，样区的面积为 1 亩。样区为正方形，边长为 25.82m。根据全县速丰林总面积，确定样区数，按年度、立地类型及品种随机分配到小班当中。永久样区从栽植后的当年秋天开始设立和测量，以后每年测量一次，直至砍伐。如果因为实际状况与现场工作的需要，需增加测量次数或废除永久样区，须签报管理人员批准同意，方可实行。

此类样地除用作常规的林木生长和森林资源调查外，还可用于林下植被与受保护植物、土壤、水土流失等方面项目的监控。样地的设置以符合"少、均、准"的原则，尽量考虑在生态公益林、生态脆弱林地作为样地。

（2）临时样地。临时样地是为各项森林经营活动和森林病虫害、火灾等情况的监测需要而设立的临时样地，样地的位置、大小、数量根据经营活动的范围、灾害发生范围和规模等监测内容所确定。森林经营活动监测所设立的临时样地需在活动开展前设立，灾害监测所设立的临时样地在灾害发生时及时设立。

2. 造林验收结果

利用造林验收结果了解基本造林密度、当年造林成活率、生长量（主要是胸径和树高）。作为监测的一种数据来源，成活数（率）直接用作密度变化的基础，生长数据作为林木生长监控的评估之补充用。

3. 林地巡视

林地巡视主要依靠公司经营林区内的护林员日常巡视活动建立。主要目的是用于森林管护、火灾、病虫害、自然灾害、受保护动植物出现、环境污染等方面的监控。公司相关护林员将受适当的培训，认识和了解在公司林地或周围地区已有和可能出现的受保护动植物；如发现山火、病虫害、灾害、受保护动植物、环境污染等，须按事先制定的程序及时向有关主管人员报告，主要人员须及时予以记录，并向有关部门通报，以便公司或有关部门作相应的处理和系统的调查。

4. 资料收集

资料收集是指通过查阅或收集与本监测方案有关的文字、影像、图片资料，获取监测所需的各项内容从而达到监测信息获取的过程。如造林验收结果、林木生长模型、调查方法、抽样方法、预测方法、有关法律法规、保护植物目录和更新、化学药剂资料、相关监测结果、有关观察和记录等等。这些资料可以用作监测结果的对比和分析，也可用作监测评估、监测方法改进的参考。

5. 各方访谈记录

通过访谈记录、协商会议、问卷调查等方式开展的关于各利益相关方对于森林经营活动产生的各种社会、环境影响的调查分析，主要对象为当地各级政府相关部门、非政府组织、当地群众、企业内部职工，主要调查就业、经济、利益冲突、劳资关系等内容。

6. 专业机构监测结果

监测方案中部分监测内容或项目需要结合野外取样，在室内做进一步的分析测定，如土壤结构和养分组成、水质等，并且部分内容需要具有相关资质的机构开展。公司将根据需要与相关机构咨询、合作，获取必要的监测结果。

(四) 监测内容

森林综合监测涵盖范围广，包括资源、环境、社会等各方面内容，从而使得衍生监测指标繁多。因此设置科学合理的监测指标，选择操作性强的监测方法成为森林监测方案编制的重点。××林业局森林监测方案根据公司经营规模、技术条件以及经营区的具体情况确定以下监测内容及相关指标。

1. 森林资源监测

森林资源监测的目标在于准确得到事业区林地面积变化情况，林木资源的种类、蓄积量、生长量、采伐量、造林面积、造林株树、成活率等。

(1)监测指标：面积变化情况、蓄积量、生长量、采伐量、造林面积、造林株树、成活率。

(2)监测方法：永久样地设置方法按照《××林业局速丰林生长监测管理办法》中要求执行；资料收集根据《××林业局速丰林项目自查验收汇总表》、《××林业局速丰林项目自查验收报告》等方法或材料获得数据后汇总整理，填写《××林业局森林资源汇总表》(表11－5)。

(3)监测周期：在首次设立永久样地时(栽植后第二年)进行一次调查，随后每年调查一次。

(4)监测点设置：样地数量的确定以公司事业区各县区的林地面积计算，一般为每 3000 亩设置一块样地,样地大小一般为 1 亩。

调查记录:《××林业局森林资源汇总表》(表 11-5)。

2. 森林灾害监测

森林灾害监测包括森林防火监测及病虫害监测。森林防火监测包括对火灾的预测预报以及有效控制火灾蔓延,直至彻底扑救火灾的情况。预防森林火灾的发生,除对火源进行严格管理外,还需要获取各种森林生态系统类型可能引发火灾的基本信息,及早制定森林火灾防治措施。对已发生的森林火灾,及时获取准确的地理位置、道路、水域等自然环境情况、气候条件、火势及蔓延速度,以便采取有效的灭火措施。森林病虫害监测包括对经营区内森林病虫害发生的原因、种类、防治措施等因素的监测,以达到全面防治的效果。

(1)监测指标。灾害发生地点、范围、种类,火灾监测还包括火灾发生原因、程度、熄灭途径、防火体系等指标的监测,病虫害包括发生原因、处理方式等指标的监测。

(2)监测方法。森林防火监测:森林火险等级由事业区各县林业局森林防火指挥部监测及预警预报,公司在森林防火监测中主要是通过了望台观察,护林员巡护的实时观测方法,对所属经营区内森林火灾的发生、蔓延趋势等进行监测,并填写《护林员巡护记录表》。

森林病虫害监测是以《××林业局速丰林生长监测管理办法》、《××林业局速生丰产林基地建设项目春季核查验收办法》中规定的年度核查验收活动为基础,以样行内树木为样本,逐株检查病虫害的发生情况,以一株的枝叶超过 5% 感染病虫害计为病虫株;如果是天牛等蛀干害虫,主干或侧枝上发现一个新鲜排粪孔,即可算为有虫株,填写《××林业局森林病虫害汇总表》。具体操作程序见《××林业局速生丰产林基地建设项目春季核查验收办法》。

(3)监测周期。每年进行一次,以及根据护林员巡护的不定期观测。

(4)监测点设置。森林火灾监测点分布为根据护林员巡护的全部范围,森林病虫害监测以公司核查验收活动中设立样地为监测点。

(5)调查记录。根据核查验收结果及护林员巡护记录以县为单位每年填写《××林业局森林病虫害汇总表》(表 11-6)、《××林业局森林火灾汇总表》(表 11-7)。

3. 非木质林产品监测

非木质林产品监测是在查清非木质林产品现状和利用信息的基础上,分析其开发利用情况和发展趋势,为科学保护和合理利用提供重要依据。公司经营林区绝大多数为平原林地,非木质林产品资源并不丰富,为了丰富当地社区收入来源,公司鼓励当地农民在林下开展非木质林产品的经营活动,对于非木质林产品的生产利用情况的监测主要通过调查走访形式完成。

(1)监测指标:非木质林产品种类、数量、年产值、更新情况等(自然更新的非木质林产品需调查其生长量和利用量的关系)。

(2)监测方法:资料收集、各方访谈记录等。

(3)监测周期:结合社会影响评估每年进行一次。

（4）监测点设置：以各县为单位查清从事非木质林产品经营活动的农户数量，每县选5户为代表进行调查。

（5）调查记录：《非木质林产品调查表》（表11-8）。

4. 野生动植物监测

开展生物多样性监测就是要在查清经营区内珍稀野生动植物资源现状和变化信息的基础上，分析变化原因和发展趋势，为科学保护和合理利用提供重要依据。

（1）监测指标：种类、数量、生境、是否属国家或地方保护种类等。

（2）监测方法：①与林木生长监测一致，在每个永久样地内设置6个5m×5m小样方，调查野生植物情况；②通过编制经营区内可能出现野生动植物图谱（根据地方林业局资料获得），发放给事业区员工以及周边群众，在日常巡查、经营活动中发现后上报公司监测部门进行记录。

（3）监测周期：样方设置与林木生长监测一致，发现报告程序为不定期。

（4）监测点布局：样方设置与林木生长监测一致，发现报告程序范围不定。

（5）调查记录：《森林野生动植物调查登记表》（表11-9）。

5. 土壤监测

土壤监测通过定期调查土壤有机质含量、理化性质等因子监测土壤肥力。××林业局经营林地多为人工林，拟开展认证区域分布在山东、河南两省，绝大部分林地为平原林地，实施监测较为方便，但土壤理化性质调查需通过专业机构进行，因此需控制成本，在监测指标的选取上尽量简化，选取与土壤肥力相关的监测指标。

（1）监测指标：土壤监测指标主要为土壤理化性质等方面内容。包括土壤厚度、质地、结构、土壤酸性、养分元素含量等。

（2）监测方法：每块永久样地中，以适当位置（林地的中部），挖掘长80cm、宽60cm、深100cm的样沟，测量土壤枯落物层（O层）、淋溶层（A层）、淀积层（B层）厚度，每层用环刀取样送实验室测定土壤质地、结构、酸性、养分元素含量，具体操作技术规范按照《森林土壤分析方法 国家标准（GB7830 – 7892 – 87）》和《土壤理化分析》相关要求。

（3）监测周期：在首次设立永久样地时，做一次基础参考用的分析测定，其后，选用的永久样地林分主伐前，即每轮伐期末，进行取样分析测定，主要看土壤结构和养分组成的变化。

（4）监测点布局：与永久样地设置一致。

（5）调查记录：《森林土壤调查表》（表11-10）以及由专业机构出具的土壤理化分析报告。

6. 水资源和水质监测

××林业局山东、河南、湖北所经营林地全部为平原林地，经营区河流、集水区分布较少，且当地居民以地下水为生活用水主要来源，因此在实际操作中根据经营区内河流、集水区的分布情况进行样点设置，在与各类林地、坡度、小班生态敏感区、林道、人工林关系密切水体、农田等每处设立相对固定的有代表性的取样地点，分别在鱼塘或水库沿岸边插入一根木柱，每月由护林员用尺在每个监测点测量水位一次，以记录水位上升或下降。观测公司人工林作业(主要整地、施肥、砍伐、建路、修路等)对水土流失和水资源获得性的影响；收取水样，分析水质；水质室内分析按常规的方法进行。水质监测将联系当地水文部门或环保部门，获取当地的水质监测报告。

监测点布局：与各类林地、坡度、小班生态敏感区、林道、人工林关系密切水体、农田等地每处设立一处取样地点。

调查用表：由当地水文部门提供的水质检测报告。

7. 化学药品、化肥使用记录

公司经营林区基本为人工林，经营过程中有少量化学药品和化肥的使用，在使用过程中，公司将严格按照 CFCC 相关标准，控制使用种类和用量，使对环境的影响降至最低。在监测过程中，对化学药品和化肥的种类和使用情况进行监测。

(1)监测指标：农药、化肥施用范围、面积、施用种类、折纯量、废弃物处理方式。

(2)监测方法：资料收集、填写调查表等。

(3)监测周期：不定期，每次使用填写登记表和调查表。

(4)监测点布局：根据使用范围确定。

(5)调查用表：《化学药品、化肥使用登记表》(表 11-11)。

8. 社会影响监测

公司定期对内部职工和各项经营活动相关的利益相关方和当地社区进行调查走访，掌握内部职工的意见、诉求，各利益相关方和当地社区对经营活动的意见和建议，以及经营活动对当地社会产生的影响等内容。此部分将结合社会影响评估共同进行，具体监测及调查内容参见社会影响评估的相关内容。

9. 经营活动监测

对于比较重要的营林活动，如整地、造林、抚育、采伐等，在活动开展前后都要开展相应的监测。监测的内容根据活动的不同而有所差异，对于××林业局而言，根据《森林采伐作业规程》制定相应的《经营活动检查验收管理规定》对采伐更新活动进行管理，公司根据《××林业局速生丰产林基地建设项目春季核查验收办法》对整地、造林等活动进行管理。

(1)采伐验收

采伐质量：①采伐方式、采伐面积、采伐蓄积、出材量、郁闭度是否符合调查设计要求；②幼苗、幼树损伤率占调查采伐面积中幼苗、幼树总株树比例不应超过 30%。

环境影响：①采伐时，确保伐区随集随清，清理质量满足调查设计要求；②记录集材道发生冲刷及水土流失情况；③可分解的生活废弃物深埋处理，难分解生活废弃物运往垃圾处理场。

(2)造林核查验收

外业验收。内容包括：①造林前准备工作检查：造林地的选择(适地适树)、水浇条件、整地规格、树穴密度、苗木品种质量及栽前处理等；②造林后造林质量验收：造林密度、栽植深度、是否浇水、间作物等；③造林实绩：面积及株数、造林成活率、造林保存率等；④活动影响：检查整地、栽植过程中林地破坏、水土流失、场地卫生等情况。

内业检查。内容包括：①自查验收的图表：《××林业局速丰林项目自查验收报告》、《××林业局速丰林项目小班自查验收登记表》、《××林业局速丰林项目自查验收汇总表》、1∶1万地形图等。②速丰林规划设计材料：《××林业局速丰林项目作业设计说明书》、《全县（市、区）速丰林总体布局示意图》、《速丰林小班设计图表》、《速丰林项目施工设计小班登记表》、《速丰林项目投资概算表》等；③有关合同及文件：林业局、速丰林公司、乡镇、村及农户之间签订的速丰林建设合同、县委、县政府发展速丰林的决定、速丰林的建设方案等。

监测内容具体介绍监测方案所涉及的各个方面，如森林资源、病虫害、水土流失等。同时，还要详细介绍每个监测内容具体的程序、指标、频率等。

（五）监测结果与报告

1. 森林权属及资源状况

××林业局杨树施业区此次参加认证的杨树总面积为×××hm^2。详见表11-3和表11-4。

表11-3 认证林地汇总表 hm^2，m^3

项目县	合计		2004 年		2005 年		2007 年	
	面积	蓄积	面积	蓄积	面积	蓄积	面积	蓄积
××县								
××县								
××县								
小计								

表11-4 用材林面积蓄积按龄组统计表 hm^2，m^3

统计单位	林种	起源	优势树种	幼龄林		中龄林		合计	
				面积	蓄积	面积	蓄积	面积	蓄积
××县	工业原料林	人工林	马尾松						
××县	工业原料林	人工林	桉树						
××县	工业原料林	人工林	杨树						
合计									

　　××林业局林地建设主要是与当地农民合作造林，采取××林业局+农户+基地"三位一体"的经营模式，由××林业局免费向当地农户提供苗木、肥料、农药和技术，农民提供土地和劳务并负责林木抚育、病虫害防治等日常管护工作，六年一个轮伐期，以培养短轮伐期工业原料用林为主，采伐后××林业局与农户按3∶7的比例进行分成。

2. 非木质林产品

　　××林业局鼓励合作农户开发非木质林产品，目前主要有林农间作和林草间作两种形式。通过此种经营可以充分利用林间空隙，进行间作，可以充分利用光能和地力；有利于保持水土；防止杂草竞争；促进幼林生长，增加短期效益，同时实行农林间作复合经营也是培肥林地的有效措施。

　　(1)林农间作。林下前几年里间种小麦、油菜、黄豆、花生等矮秆作物。间作林内耕耙时，小树周围留$1m^2$不能耕种，以免损伤树根。通过以耕代抚、施肥灌溉等措施，改善林地的土壤状况。

　　(2)林草间作。可在林下种植紫花苜蓿、黑麦草等牧草。因紫花苜蓿的最盛期为2~4年，与杨树的逐年郁闭相吻合，且具有固氮的作用，因此种植紫花苜蓿较为适合。

3. 森林经营活动监测

　　施业区的经营活动，从造林整地、选苗、栽植到采伐，制定了一整套严格的技术规程、核查验收和管理办法，对各项经营活动进行随时监测，努力提高造林质量，确保造林成活率和保存率，坚决杜绝无证采伐、超量采伐、越界采伐，号外采伐、半截号等现象。

　　此次参加认证范围的林地均为已造林林地，且均为幼龄林和中龄林，2008~2009年，施业区认证范围内林地无造林、更新和采伐等经营活动。

4. 森林火灾监测

　　××林业局森林防火认真贯彻"预防为主，积极消灭"方针，坚持"自防为主，积极联防，团结互助，保护森林"的原则，因地制宜，因害设防，以控制和减少森林火灾。经理期内每年的森林火灾发生率控制在1.0‰以下。

　　各基地县(区)林业主管部门(林业局)均已经建立了比较完善的森林防火监控系统，县林业局组建有森林灭火专业队，各乡镇组建有森林灭火预备队。基地的森林防火系统以各(区)已有的森防系统为基础，每个基地林场配备护林员3~5名，专业森防测报人员2人。

　　根据监测结果，2008~2009年施业区认证范围内林地无火灾发生。

5. 森林病虫害及化学药品监测

　　××林业局现场管理、验收人员均受到过病虫害防治方面的培训。近年来，××林业局根据基地林所在地林业主管部门发布的病虫害预测预报，及时向××林业局上级部门提报病虫害情况，由研发部门及时提出处理办法和防治建议，基本上能做到及时掌握病虫害的动态并有效控制。林分主要枝干病害有溃疡病、腐烂病；主要叶部病害有黑斑病、灰斑病；主要虫害有光肩星天牛、杨小舟蛾、杨尺蠖、杨白潜叶蛾等。在病害中溃疡病、黑斑病发生较多;在虫害中杨小舟蛾、杨白潜叶蛾和杨尺蠖发生较多,但多是局部发生,基本没有形成危害。

根据监测结果,2008~2009年,施业区认证范围内林地发生的病虫害主要为杨尺蠖,时间为2009年4月,发病面积总计1121.5hm²,其中:××县836.1hm²,××县285.4hm²。处理方法采用苦渗碱(生物药剂),施用量合计802kg,折纯量15.7kg。

6. 野生动植物监测

××林业局造林模式决定了施业区内绝大部分林地均位于农田之中,且所在地位于平原地区,交通发达,人为活动频繁,野生动植物出现几率较小。

此次调查的结果也显示,施业区认证范围内林地并无野生动物出现,林下植被较少,多为杂草。

(六)评估与建议

本次调查为监测体系的第一次本底数据调查,无周期性重复数据可用以分析,故本报告仅从目前经营状况进行分析。

1. 评估

施业区认证范围内的林地经营将有明显的社会、生态和经济效益。

(1)社会效益:

①提高了森林覆盖率,改善了生态环境,对提高经营区人民群众生存环境质量和改善经营区的投资环境起到一定的作用。

②可增加各种林产品数量,上缴税费,支援地方经济建设。另外,还可带动运输、物资生产等相关产业的发展,促进地方经济发展。

③施业区经营需要投入大量的劳动力,周边农民通过投入劳务,可增加劳务收入,有效地解决了当地农民生计问题,维护社会稳定和健康发展。

④提高当地群众的造林、护林意识,对于促进全社会关心林业,建设林业具有积极的作用和重要的意义。

(2)经济效益:

①××林业局通过事业区林地的经营从中获取经济收益。

②当地农民从合作经营中获得经济收益。

③促进当地就业,上缴税费,支援地方经济建设。

(3)生态效益:

①改善当地小气候。

②净化空气。按每年净化空气效益替代价值855元/hm²计,净化空气效益价值为752.6万元。

③森林不仅能净化空气,还具有固碳制氧功能,是一个庞大的氧气库。据测定,每公顷森林每天可吸收二氧化碳1005kg,释放氧气735kg。按每年固碳制氧效益替代价值480元/hm²计,固碳制氧效益价值为422.5万元。

2. 建议

(1)严格按照各项规程操作,并在经营过程中贯彻落实可持续经营的理念,以森林认证的原则和标准作为规范××林业局经营管理的准则。

（2）对森林的采伐利用坚持长大于消的原则，使森林质量不断提高，林木蓄积量不断增加。

（3）着重考虑森林环境的综合保护，杜绝水土流失。控制森林病虫害，预测森林火灾，不使用污染森林环境的农药和国家规定的禁用药品，保护森林的综合生态功能，最大程度地发挥森林的生态效益、社会效益和经济效益。

（4）进一步加大环境宣传力度，增加群众自觉保护环境的意识。

森林监测相关表格参见表11-5～表11-11。

表 11-5　　　　年森林资源汇总表

省	县	林地面积	蓄积量	生长量	采伐面积	采伐量	造林面积	造林株树	成活率
合计									

表 11-6　　年森林病虫害汇总表

序号	时间	地点	受灾小班号	树种	年龄	林分密度	灾害类别		发生范围		发生原因	处理方法			效果
							病害	虫害	株树	面积		化学药品	生物制剂	其他	
1															
2															
3															
4															
5															
6															
7															
8															
9															
10															

注:1. 化学药品及生物制剂填写具体名称,若使用化学药品,需同时填写《化学药品、化肥使用登记表》;
　　2. 效果中填写治愈株树比或面积比。

审核:　　　　　　　　　　　　　填表人:　　　　　　　　　　　　　填表日期:

表 11-7 　　 年森林火灾汇总表

序号	时间	地点	受灾小班号	树种	年龄	林分密度	火烧面积（亩）	火灾程度				火烧原因				熄灭途径		防火体系			火灾发生前三个月气候条件
								无	轻	中	重	自然	营林活动	农业活动	非法用火	自然	人工	无	一般	完善	
1																					
2																					
3																					
4																					
5																					
6																					
7																					
8																					
9																					

注：1. 火灾程度根据受损立木株树所占比例定级：无：≤5%；轻：5%～30%；中：30%～60%；重＞60%。

2. 防火体系定级：无：无护林防火体系和护林员；一般：有护林员，护林员数量有限，未达到公司要求；完善：有护林防火体系，护林员数量充足。（护林员数量要求按照公司相关规定）。

3. 火灾发生前气候条件为前三个月降水、气温、风力等情况。

审核：　　　　　　　　填表人：　　　　　　　　填表日期：

192

表 11-8 非木质林产品调查表

序号	姓名	所在乡镇	产品分布小班	200 年			200 年			200 年			200 年			200 年		
				种类	数量	年收入	种类	数量	年收入	种类	数量	年收入	种类	数量	年收入	种类	数量	年收入

注：数量以面积或株树记录

审核：   调查人：   填表日期：

表 11-9 年森林野生动植物调查登记表

乡镇		行政村		小地名		小班号	
小班面积		行株距		每亩株树		种植日期	
样区面积		样区株树		树种		林龄	

野生植物调查

序号	种名	数目	均高（cm）	主要特征	生境描述	保护级别	是否通报		首次发现		发现者
							是	否	是	否	
1											
2											
3											
4											
5											

注：保护级别中，填写"国家一、二级"和"省级一、二级"，不属于保护类填"无"。

野生动物调查

序号	种名	数目	主要特征	栖息地描述	保护级别	是否通报		首次发现		发现者
						是	否	是	否	
1										
2										
3										
4										
5										

注：1. 保护级别中，填写"国家一、二级"和"省级一、二级"，不属于保护类填"无"。

2. 栖息地描述中，若发现附近有该动物栖息地，进行描述；未发现，填"无"。

审核： 填表人： 填表日期：

表 11-10 　　　　　　　　　年野外森林土壤调查表

样地号	地点	小班号	树种	年龄	林分密度	质地	土层厚度			是否取样
							枯落物层（O 层）	淋溶层（A 层）	淀积层（B 层）	

注：1. 地点填写样地所在乡镇和行政村；
　　2. 质地填写通过目测判定的沙砾含量。

审核： 　　　　　填表人： 　　　　　填表时间：

表 11-11　　　　　年化学药品、化肥使用登记表

序号	时间	地点	小班	使用面积/株树	施用量	折纯量	使用原因			类别		品名		是否属禁用		废弃物处理		使用人
							病害	虫害	其他	化学药品	化肥	中文	英文	是	否	回收	丢弃	

注：若属禁用范围，填写禁用具体标准。

审核：　　　　　　　　填表人：　　　　　　　　填表日期：

第十二章　森林经营中的产销监管链指南

一、森林经营中产销监管链的概念及意义

（一）概念

产销监管链，顾名思义，就是对林产品从生产到销售整个链条进行监管。产销监管链认证是对林产品从原产地的森林采伐、运输、加工直至最终消费的整个过程进行认证，简称 COC 认证，它是森林认证的重要组成部分。独立的产销监管链认证主要是面向木材和木制品生产及销售企业的认证，但在森林经营的认证中也包括了产销监管链审核的要求，而且只有具有建立符合森林经营认证要求的 COC 体系的森林经营单位才能销售带有认证标志的木材和非木质林产品，也才能对产品作出认证声明。

产销监管链由许多环节组成，环节的数量要根据原料来源的范围、生产制造工艺的复杂程度和产品最终流向的市场来决定。一个比较详细的木制产品从森林中的立木到最后产品到达用户手上的产销过程的关键环节如下：

立木经采伐成为原木→从采伐点集材到楞场→从路边运输到贮木场→从贮木场到加工企业加工→零售商销售→最终用户。

必要时也可以加入其他的环节，例如当产品的加工是在多个地点进行或深加工；反过来，有些环节也可能没有，如很多木材直接在路边楞场进行销售或立木销售。

尽管一条完整的产销监管链具有许多环节，但可以把从森林立木到消费者之间的物流过程归纳为 3 个阶段：从森林到加工厂，加工阶段，从加工厂到市场。在实际操作过程中，它又分为两大类：一是森林经营中的产销监管链，即原木从森林采伐、集材、贮木场到销售的过程，通常它是森林经营认证审核的一部分，具有森林经营/产销监管链证书号；二是独立的产销监管链，主要在木材的加工或销售环节，需要企业建立独立的产销监管链认证体系，对认证的木材从采购、加工至销售进行监管，需要开展独立的产销监管链认证并具有独立的产销监管链证书号。本节重点

讲述第一类，即森林经营中的产销监管链，它通常包括以下要求：

（1）隔离：保证认证的原材料与其他非认证材料隔离，杜绝一切被混合的风险。例如在木材采伐、集材、运输、存贮和销售的过程中。

（2）标记：确保已认证的原料和产品清晰标记，减少被意外混合的风险。例如用可识别的认证原木条码、不同颜色标记或采用不同的包装等。

（3）记录：为了确保没有未被控制的混合，需要记录所有步骤和操作信息并保留记录文件。

需特别说明的是，如果在林区或周边没有非认证的木材，不存在认证木材和非认证木材混合的风险，可以不需要对认证木材进行隔离和标记，下列章节相关要求与此相同。

（二）意义

产销监管链是林产品生产者与消费者之间联系的纽带。产销链的监管可以有效确保林产品来源于可持续经营的森林，确认林产品原料的来源，进行林产品源头的追溯，并将这些信息传递给消费者。产销监管链要求通过整个供应链（从森林到最终产品）来控制认证原材料。如前文所述，产销链的监管不仅体现在林产品的加工过程中，也体现在森林经营的过程中，它是森林经营认证标准的要求和审核的重要内容。

在森林经营单位内部，需要对木材或其它非木质林产品从原产地的森林采伐（采收）、集材、运输、贮木场销售的整个过程进行监管和控制，特别在可能混入非认证产品的森林经营区域（如森林经营单位开展部分认证、经销非认证产品，或认证森林区域与非认证区域交叉），应确保没有混入未认证的产品（包括认证范围内的木材或非木质林产品）。因此，建立森林经营中有关认证产品的产销监管链体系是确保认证产品来源于可持续经营森林不可或缺的重要部分，保证了整个产销监管链体系的完整性和可信性。

另外，建立森林经营的产销监管链体系，森林经营单位还可以改进存货管理，提高商业效率，完善自身的管理水平。因此，从采伐、运输、存储到销售的整个产销链的监管过程认证也为森林经营单位带来了很多益处。

《中国森林认证 森林经营》标准3.9.1中已明确对此提出要求：建立木材跟踪管理系统，对木材从采伐、运输、加工到销售整个过程进行跟踪、记录和标识，确保能追溯到林产品的源头。总体上，大多数森林经营单位没有建立书面的COC控制体系程序的经验，对认证中所提出的建立培训制度和开展培训、确保认证木材和非认证木材的物理分离和可识别、销售发票有关认证码和材料类别的信息、认证木材的标识管理以及认证木材的销售统计和记录保存等具体要求不清楚。因此在实际操作过程中，很多森林经营单位并不了解如何建立有效的产销监管链体系，以满足此标准的要求。

二、森林经营中产销监管链体系的具体要求和监管重点

森林经营单位内部木材的产销监管链典型流程如图 12-1 所示，但不同经营单位差异很大。如南方人工林大都直接在采伐地点的路边直接销售，不经过贮木场，有些经营单位甚至直接销售立木。森林经营单位要明确界定森林经营中产销监管链终点，即所谓的"森林门"。森林门是指木材的所有权发生变化的节点，用于界定森林经营认证中木材产销监管链的监管范围。通常是指木材由采伐迹地运输至贮木场进行销售时，木材所有权转变为购买者所有的这一节点，木材经由采伐迹地，运输和贮运后到达森林门进行销售意味着木材所有权发生了变化，加工厂商、贸易商或代理商等木材购买者成为这些木材的所有者，森林门也被看做是森林经营中产销监管链的终点。森林经营单位在产销监管链的森林门应做好相关的贮运记录和森林认证相关的信息传递工作。

图 12-1　森林经营中木材产品的产销监管链流程

完整有效的产销监管链能够确保来源于认证林地的林产品不会与未经认证的林产品混在一起。有效的产销监管链要求林产品经过鉴定并与其他的林产品区分开，还应保存好相应的一套记录，在生产、采伐、运输、存储和销售等每个环节都能够被清晰辨认，由此证明产销链进行了有效和完整的监管。其重点工作应放在两方面：一是认证林产品和非认证林产品的区分；二是认证林产品的记录（图 12-2）。

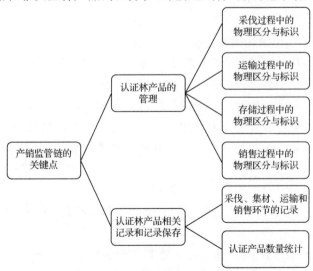

图 12-2　产销监管链关键点示意图

三、森林经营中产销监管链体系的建立和实施

(一)建立产销监管链管理程序文件

森林经营单位应建立完整的产销监管链管理程序文件,其主要内容包括:

(1)目的:追踪和管理认证的原木,建立认证木材的追踪管理体系。

(2)适用范围:适用于认证范围内所有的认证木材的管理。

(3)权责:确定体系的总体负责人和各主要环节如采伐、运输、销售环节的主要负责人及职责等。

(4)产品:认证产品范围,即采伐的主要树种名录。如开展非木质林产品认证,也应包括在内。

(5)生产环节管理:包括采伐、运输、集材、贮木场及木材销售环节如何追踪和记录认证木材。

(6)认证声明和标签管理:包括标签的申请、设计、使用的管理,以及产品声明的要求等。

(7)人员培训:包括培训对象、内容、时间、教材和记录等。

(8)记录:包括生产过程中所涉及的记录和汇总表等。

(二)林产品生产过程内部控制

1. 认证林产品的区分

森林经营单位要确保认证林产品和非认证林产品在物理空间上进行区分,避免认证林产品和非认证林产品进行混淆。在监管链的每个环节包括采伐、存储、运输和销售等都应进行区分和标识,可采用的方法包括设立标识牌、认证的原木两端上漆,通过颜色进行区分或为认证的原材料黏贴标签,通过标签进行物理区分等。

2. 认证林产品的记录和数量控制

森林经营单位应建立森林资源档案管理系统和木材跟踪管理系统,对木材从采伐、运输、存储到销售整个过程进行跟踪、记录和标识,并保存完整的记录。同时,认证林产品在每个环节的所有相关记录都应区别于非认证林产品记录,并至少保留五年,以便森林经营单位在年审时使用。应重点进行林产品的数量统计,包括林产品的生产量、采伐量、销售量和库存量,并确保每个月度的林产品进出库台账的数量平衡。

在此过程中可能涉及的相关记录包括:

(1)采伐(采伐迹地)文件:采伐规划书;采伐记录表;采伐统计表;伐区调查报告;采伐许可证。

(2)运输文件:发货明细;装车单;木材检查站检查记录单。

(3)存储(贮木场)文件:入库单;出库单;林产品进出库台账。

(4)销售文件:木材购销合同;出货明细;出货记录表;销售报表。

（5）其他相关文件：木材跟踪管理程序；采伐、运输、加工、储存、销售各个环节的记录；统计日报表；月报表；年报表；木材年度平衡表；木材采购商信息清单。

3. 认证产品的声明

森林经营单位在将林产品交付客户时，应向客户或消费者传递林产品森林认证的有效信息，林产品的发票或随车的相关运输单据中应备注林产品的森林认证证书号、产品声明信息，如 100% CFCC 认证。

（三）认证标识的申请与使用

森林经营单位通过森林经营认证，并实现产销链的有效监管后，即可申请使用中国森林认证标识。

森林经营中产销监管链是森林经营中的最终环节，通过 CFCC 认证的森林经营企业必须使用 CFCC 标识。而 CFCC 标识的使用不仅可以体现森林经营单位的认证信息，还可以将森林经营单位的信息有效传递给下一级供应商。

此外，森林经营单位应当对 CFCC 标识的使用情况进行良好监管，相关部门应对 CFCC 标识的使用数量和库存数量做好明确记录，同时森林经营单位应当制定对 CFCC 标识使用的内部管理和控制程序。

（四）实施产销监管链体系

1. 培训

培训是森林经营中产销监管链体系的基本要求。对相关人员进行产销监管链体系培训是保障产销监管链体系有效运行的前提条件，使森林经营单位的人员可以充分理解并执行森林经营中的产销监管链要求。具体的培训内容应注意以下几点：

①明确森林经营中的产销监管链体系负责人，确定其职责，开展相关培训保障森林经营中的产销监管链体系能够有专人实施和维护，并持续和有效的运行。

②森林经营中的产销监管链体系的所有人员都应了解各自在体系中的岗位要求和职责，并应定期接受专门培训，学习和完善产销监管链体系的管理。

③有关培训内容，应注意增加新员工上岗和员工转岗产销监管链体系相关内容的培训。

④制定年度培训计划，培训时做好相应记录，明确已接受培训的人员和培训内容。

2. 与现有的体系进行整合

中国东北国有林业局大都有完善的木材采伐、运输和销售管理体系，包括采伐现场的木材检尺和采伐验收、运输过程中"原木运输小票"三联单、木材检查站、到贮木场的原条验收等，对木材的监管比较严格，为企业开展森林经营中的产销监管链监测打下了良好的基础。企业在制定产销监管链程序文件时，应尽量与林业局、国家林场或南方集体林现有的采伐、运输管理体系有效结合，并满足我国和当地的法律法规要求。

2000年1月29日中华人民共和国国务院令第278号《中华人民共和国森林法实施条例》"第三十四条 在林区经营(含加工)木材，必须经县级以上人民政府林业主管部门批准。木材收购单位和个人不得收购没有林木采伐许可证或者其他合法来源证明的木材。前款所称木材，是指原木、锯材、竹材、木片和省(自治区、直辖市)规定的其他木材。"

条例中"第三十六条 申请木材运输证，应当提交下列证明文件：①林木采伐许可证或者其他合法来源证明；②检疫证明；③省(自治区、直辖市)人民政府林业主管部门规定的其他文件。符合前款条件的，受理木材运输证申请的县级以上人民政府林业主管部门应当自接到申请之日起3日内发给木材运输证。依法发放的木材运输证所准运的木材运输总量，不得超过当地年度木材生产计划规定可以运出销售的木材总量。"

运输证是木材监管中重要的证据和环节，与认证木材的发票和声明要求结合使用，可有效确保木材来源的合法性，证明森林经营单位所销售的木材来源是合法的；体系中的追溯功能和相关记录文件有助于森林经营单位申请木材运输证，并核准木材运输总量。

四、森林经营中的产销监管链技术案例与模板

(一)东北国有林业局技术案例

某××林业局通过中国森林认证森林经营认证。按国家林业局规定的森林分类标准，该局实际划分禁伐林区面积83961hm²，限伐林区56428hm²，商品林区31950hm²，其他19056hm²。目前该局销售原木均为CFCC认证原木，树种有白桦、杨木、榆木、落叶松、云杉、冷杉等。

1. 目的

追踪管理CFCC认证原木的来源、物流过程和使用方向，确保提供给客户的认证产品是来自CFCC认证的林地，符合中国森林认证标准的相关要求，并且品质和数量符合国家相关规定的要求。

2. 适用范围

鉴于我局CFCC森林经营认证包括了全部林地，本文件适用于管理已获得林木采伐许可证，获准采伐的所有林地。根据我局的实际情况，原木采伐后直接集中堆放在贮木场，不进行任何加工。林业局也不购买其他木材，该贮木场仅存放林业局自己采伐的原木，销售后客户直接到贮木场拉货，交易结束。因此该文件追踪范围是原木从采伐现场、运输、楞场、集中贮木场及销售(即森林门)的整个过程。

3. 权责

生产处和木材销售处负责本程序文件的拟订、修改和监督，报主管领导批准后执行，相关部门负责按照本程序文件执行。

(1)控制体系管理负责人及职责。任命木材销售处负责人为控制体系管理负

责人。

该岗位要求是：具有良好的沟通和协调能力；熟悉木材采伐、运输和销售的整个流程；熟悉森林经营认证、产销监管链认证和认证标识使用的程序和相关要求。

其主要职责权限为：负责控制体系的整体运作、协调和监管；负责对 COC 控制体系所涉及的部门或员工进行培训；协助生产处和木材销售处对认证原木数量进行控制与统计；负责收集和保存所有相关记录；协助木材销售处对认证原木标识进行管理。

（2）凡涉及 CFCC 认证原木采伐和销售的所有人员（如采伐人员、运输人员、贮木场管理员、统计员和木材销售人员）都有义务协助管理者代表做好认证原木的控制、指导和监督等工作。

4. 产品

我局的认证产品只有原木，并不涉及产品的加工。主要生产和销售的林产品为原木。

5. 流程图

根据我局的实际情况，原木从采伐现场到集中贮木场的流程图如下所示：

6. 木材采伐

（1）在确定采伐作业区前，应事先书面通知林地周边村民有关采伐范围、采伐方式、用工等方面的信息，及时记录村民的意见和建议。

（2）采伐作业中将采伐木集中堆放在楞场，按木材径级、品质和规格分类堆楞，按小班进行来源记录，记录单应加盖带 CFCC 证书号字样的印章。

（3）备有林业局伐区调查报告、林木采伐许可证。

7. 木材运输

（1）木材从楞场运输装车时，填写装车单，装车单应注明该批木材的来源小班号，并加盖带 CFCC 证书号字样的印章。

（2）保留木材检查站检查记录单。

8. 木材入贮木场

（1）到达贮木场后，贮木场管理人员检查原木数量和质量后，依据装车单填写认证原木入场单，注明木材的来源小班号，并加盖 CFCC 证书号字样的印章。

（2）按月进行数量汇总，并进行年度汇总。

9. 木材销售

（1）根据客户的要求签订木材购销合同，必须知晓购货方对 CFCC 认证木材的用途，××林业局应当对购货方的资料作记录，如果客户是已经通过 CFCC 产销监管链认证的单位，还应当登记其认证证书号。

（2）木材销售处按照客户的要求准备好每车货物，如果客户要求认证原木粘贴标识，根据标识管理规定进行标识的粘贴，同时记录标识的使用数量。

（3）根据《木材采伐许可证》，协助客户办理《木材运输许可证》，木材销售处每发一车货，都要相应地填写《出货记录表》和《林木运输证发放记录表》。

（4）木材销售处开给认证木材客户的发票应注明以下内容：①买方单位名称和地址；②日期；③木材规格；④木材数量；⑤木材产地（林场）；⑥木材运输证号；⑦认证机构颁发的CFCC认证证书号；⑧认证木材的声明类别：100% CFCC认证。

10. 数量控制及相关记录

（1）在控制体系内涉及的各种表单或原始记录由各相关负责人提供和保存。

（2）CFCC认证原木采购商信息清单汇总表。

（3）CFCC认证原木采伐量年度汇总表。

（4）CFCC认证原木年度销售汇总表。

（5）CFCC认证原木年度平衡表。

11. 记录保存

（1）CFCC认证原木在采伐、销售及运输等过程中的所有记录均由各部门的负责人予以保存。对于重要的记录和文件，应复制一份给认证办。

（2）CFCC认证原木在采伐、销售及运输等过程中的有关记录和文件包括：采购商信息清单、采伐记录、销售和运输记录、有关CFCC标识的批准和宣传材料、培训记录、有关统计和汇总表等。

（3）控制体系管理者代表负责将每一年度周期的所有必备材料整理成册，以便年度审核和以后的保存。

（4）以上所有相关记录或文件均完整保存5年以上。

（二）南方集体林技术案例

××林业局利用当地丰富的毛竹资源经营CFCC认证的毛竹。××林业局所经营的林地已通过中国森林认证森林经营认证和竹林经营认证。××林业局林地所有权为国有和集体（××林业局租赁经营）。认证的方式为多地点的联合认证，此××林业局为中心办公室。

目的： 对认证毛竹的采伐、储运和销售过程进行管理，追踪和管理CFCC认证毛竹的来源和物流过程，确保CFCC认证林产品的产销过程和账目得到有效监管和追溯，保证产品的认证森林门是××林业局，确保提供给客户的认证产品均通过CFCC认证。

范围： 适用于认证范围内的所有林产品及其相关活动的成员或承包人。

职责： ××林业局负责竹材产销监管统计工作，林业局、林业站、销售代表负责配合统计工作。

1. 竹材采伐

（1）根据销售代表向中心办的反馈资料，由中心办建立联合体成员毛竹生产统计台账。林业局留有运输证的存根联，各乡林业站留有运输证统计台账及与采伐相关的资料，以便各方核对。

（2）销售代表台账将记录成员的毛竹采伐情况，作为成员生产和销售的重要凭证，以CFCC认证产品销售的材料一律以××林业局开具的发票为准。

（3）坚持合理采伐、凭证运输制度。

2. 竹材运输

（1）成员采伐的非 CFCC 认证材料在运输前，应做上适当的标记或编号，以防止与认证材料混合，当认证与非认证材料同时运输的情况，应分开储运并做好标记。应在运输单中登记车辆编号（承运者）和相应的竹材数量和规格，并防止在过程中混入非认证的材料。

（2）材料如需过磅，应填写过磅单。当竹材作为 CFCC 认证产品销售时，销售代表（亦是成员）应将该信息明确告知收货人，并且将竹材运输证明及检疫证一并交给接收人，材料接收人员要准确记录材料的数量和与成员有关的 CFCC 认证信息。过磅单上应注明 CFCC 认证相关信息，包括 100% CFCC 认证和运输单号。

3. 竹材接收和存储

（1）材料接收人员应将有关成员销售的竹材来源信息明确登记在台账上，包括 100% CFCC 认证和运输单号，并于每月 10 日前将上个月的竹材进出台账记录发送给中心办。

（2）作为 CFCC 认证材料贮存点要设立专门堆放点，要有明显标识，防止认证材料和非认证材料混淆。建立材料入、出库台账，台账中应写明该批次材料的如下信息：① 材料名称；② 时间与数量；③ 成员姓名；④ 运输证号码；⑤ 材料声明：100% CFCC 认证。

4. 竹材销售管理

（1）竹材是联合体森林认证产品。为了方便成员销售以及××林业局采购管理，经成员代表授权，成员为运输及销售方便可以将毛竹委托给其他成员（销售代表）代运，由销售代表集中销售给××林业局。当成员将毛竹不作为认证产品销售时，则不能当做 CFCC 认证材料销售，但是该批次销售数量信息仍然要如实报送联合体中心办公室登记，××林业局也可以通过对成员开出的农副产品收购发票进行统计，以便统计出联合体成员全年 CFCC 认证材料的销售量。

（2）收购专用发票上应注明以下信息：① 成员姓名或成员编号；② ××林业局名称、地址及联系方式；③ 产品名称、规格与数量（重量）；④ 产品声明：100% CFCC 认证；⑤ 运输证号码。

（3）当 CFCC 认证毛竹对外销售时，只能由认证实体——××林业局开具的 CFCC 认证销售发票和出货单或码单，发票和出货单或码单上应注明以下信息：① 客户名称、地址及联系方式；② ××林业局名称、地址及联系方式；③ 产品名称、规格与数量（重量）；④ CFCC 认证证书号；⑤ 产品声明：100% CFCC 认证。

（4）森林认证产品在交付时，应根据运输证和出货单或码单办理产品运输证，并做好销售统计。

（5）根据月度、年度定期进行销售统计。销售统计记录中应详细说明购买方、规格数量（株/重量）、100% CFCC 认证的声明和相应的发票号码等。

5. 记录管理

（1）所有跟踪记录必须真实可靠，而且前后的记录要能相互追溯并一一对应。

如成员的运输记录须与销售代表台账记录吻合，××林业局销售记录须与该客户的购买记录吻合。

（2）林产品的跟踪记录可用记录表的形式，记录应过磅人员、记录人员、承运人和购买方的相关人员的签名。

（3）有关森林认证林产品的生产和销售记录应至少保留5年。

6. 非认证竹材销售管理

中心办对所有的成员销售都要进行识别统计，统计时要分清这两种销售，其中经认证的材料当成非CFCC认证材料销售时，在给客户的发票和交付单证上可以不注明联合体认证证书号、CFCC认证材料声明，但其他流程不变。

7. 产销监管流程

采伐准备→选择承包商→签订（或口头）合同→培训→现场管理→检查验收→开具运输及检疫证→点检过磅→开具发票→销售统计

8. 相关文件和记录

（1）运输证

（2）植物检疫证

（3）过磅单

（4）收购及销售发票

（5）销售（运输）台账

（6）入／出库台账

一、CFCC 认证标识的结构与要素

《中国森林认证标识使用规则》中规定 CFCC 标识（包括英文大写字母"CFCC"）受版权保护，其所有权归中国森林认证委员会（CFCC）所有，并依法注册登记，未经授权，禁止使用。通过 CFCC 认证的企业必须使用 CFCC 标识（CFCC，2012）。

基于 CFCC 标识的使用类型，CFCC 标识分为产品上使用标识和产品外使用标识。

（一）产品上使用标识

CFCC 产品上使用标识的作用是证明该产品所使用的木质原料源自于通过 CFCC 认证的森林，或木质原料的来源是无争议的，或木质原料来源于回收再利用资源。

图 13-1　产品上使用标识图样

图 13-1 是 CFCC 产品上使用标识的中英对照样图。该标识由 CFCC 标志、标识许可号码、认证原料百分比、标识名称、标识声明及 CFCC 官方网站六部分组成。其中，CFCC 标志是由带有两片银杏叶的环和英文缩写字母"CFCC"组成的，标志的颜色为绿色，也可选用黑色和 3D 色，或在底色为单一的非白色情况下选用白色。标识许可号必须与 CFCC 标志同时使用，认证原料百分比表明 CFCC 认证原材料含量占认证产品全部木质原料的百分比，标识名称为中国森林认证，标识声明为"本

产品来源于可持续经营的森林、再生和可控资源",CFCC 官方网站是 www.cfcs.org.cn。

图13-2 互认后产品上使用标识图样

在中国森林认证体系(CFCS)与森林认证体系认可计划(PEFC)实现互认后,在互认领域内,CFCC 标识与 PEFC 标识须捆绑使用,作为互认后的产品上使用标识(CFCC,2015a)。目前互认领域包括森林经营认证和产销监管链认证。图13-2 为互认后产品上使用标识的图样。

非木质林产品上使用标识的作用是证明该产品源自于可持续经营的森林环境,加载非木质林产品标识的产品,要求其原料100%来源于认证资源。

图13-3 产品上使用非木质林产品标识样图

图13-3 是非木质林产品上使用标识的样图,图13-3 与图13-1 的结构大体一致,由 CFCC 标志、标识许可号码、CFCC 官方网站、标识名称、标识声明、产品种类、二维码及产品查询码八部分组成。其中,标识名称为中国森林认证—非木质林产品,声明为"本产品来源于可持续经营的森林",产品种类为山野菜,产品查询码由 CFCC 信息中心提供,图中二维码的信息为进入 www.cfcs.org.cn 输入产品查询码查询。

(二)产品外使用标识

不同的使用者在使用产品外标识时,传递了不同的信息。

(1)认证企业(FM、CoC、NTFP 用户)在使用 CFCC 产品外标识时,传递了该企业已通过 CFCC 认证的信息。

(2)认证机构在使用 CFCC 产品外标识时,传递了该机构已获得 CFCC 授权,并可开展 CFCC 认证的信息。

(3)其他组织在使用 CFCC 产品外标识时,往往是用于开展森林认证教育培训、

图 13-4　产品外使用标识图样

宣传推广等传递森林认证理念的活动。

图 13-4 是 CFCC 产品外使用标识的中英对照样图。该标识由 CFCC 标志、标识许可号码、标识声明及 CFCC 官方网站四部分组成。其中标识声明为"中国森林认证促进森林可持续经营"。

图 13-5　互认后产品外使用标识图样

图 13-5 为互认后产品外使用标识的中英文对照图样。该标识由 CFCC 标识与 PEFC 标识共同组成，作为互认后的产品外使用标识。

二、认证标识的使用

消费者会通过关注产品包装上的认证标识，将标识视作可信依据来判断所购买的产品是否符合环境及社会责任的要求，通过在产品上寻找森林认证标识以确保购买可持续产品并以此支持致力于可持续理念的企业，这一做法对保护森林、支持森林的可持续经营具有重要的意义。

CFCC 是中国森林认证委员会的代表符号，中国森林认证委员会通过森林认证和在林产品上加载标识的方式促进森林可持续经营。通过带有 CFCC 声明和（或）标识的产品，向公众传递了产品的原料源自于可持续经营的森林及其他非争议来源的信息（CFCC，2012a）。因此企业可通过在产品包装上加载 CFCC 标识以满足消费者的期待。当消费者在选购认证产品时，CFCC 标识能够使消费者及企业客户不断认识并重视企业对可持续性实践所做出的承诺。

（一）使用认证标识的前提条件——认证证书

随着越来越多的企业日益意识到森林认证所带来的益处，想要通过在产品包装上加载 CFCC 标识传递并展现企业的可持续承诺。向中国森林认证委员会申请使用 CFCC 标识的先决条件是获得森林认证证书。森林认证证书是证明获证企业的森林、木质产品或非木质林产品符合中国森林认证体系相应标准要求的一种证明文件，是由认证机构按照规定的程序对所有的审核资料和评估报告进行评审、批准后，做出认证决定，认证通过的，认证机构会向被认证企业签发 CFCC 森林认证证书。

CFCC 认证证书的有效期为 5 年，且在 5 年内获证企业不能违反与认证机构之间的协议，并通过认证机构组织的年度审核。若获证企业愿意继续延长证书的有效期，应在证书期满前三个月提出再认证的申请，再认证通过后，认证机构将签发新的认证证书。

图 13-6 是经中国森林认证委员会授权的吉林松柏森林认证有限公司为获证企业黑龙江丰林国家级自然保护区管理局签发的森林认证证书（中国森林认证信息中心，2015）。从该证书上可得知获证单位的名称、地址和邮编，认证依据的标准，认证所覆盖的范围，颁证的日期以及证书有效期的起止年月日，认证注册号，认证机构的名称及其标志，认证机构的印章和其授权人的签字，以及需要说明的内容。

图 13-6 认证机构签发的森林认证证书

获证企业可以在广告、宣传等活动中使用认证证书和有关信息，但必须符合 CFCC 标识使用规程的要求，并且认证机构每年会对获证企业的认证证书和认证标识的使用情况进行监督。如果认证证书遗失或损坏，获证企业可以向认证机构提出补发申请，经核定后由认证机构补发认证证书。在认证证书有效期内，当获证企业的名称、地址、产品、服务发生重大变化时，需要向认证机构申请变更，未变更或者经认证机构调查发现不符合认证要求的，将不能继续使用认证证书。

（二）标识的使用类型

CFCC 标识不仅可以加载在产品上向公众传递产品的原料来源于可持续经营的森林，也可以用于推广 CFCC 认证体系，宣传森林可持续经营的理念等活动。因此 CFCC 标识的使用类型分为产品上使用和产品外使用。

（1）产品上使用。在产品上使用 CFCC 标识可分为三种情况：①直接使用在产品或其外包装上，以及大型箱、装货箱、集装箱等用于产品运输的工具上面；②用于与产品相关的文件上面（如发票、装箱单、广告、宣传册等），且在使用 CFCC 标识时，特指某一特定产品；③标识的任何使用，如可以被买家和公众接受或理解为特指某一特定产品和（或）在产品使用中的原材料产地，将视为产品上使用。

（2）产品外使用。在产品外使用是指在"产品上使用"以外的使用，不与某一特定产品相关联，并且不证明该产品原料来源于认证的森林。主要用于宣传推广CFCC的理念。

结合标识的使用者和标识的使用类型，根据表13-1可以清楚地知道不同的用户群可以申请的使用的标识类型。

表 13-1　标识使用者对应的标识使用范围

用户群	产品上使用标识	产品外使用标识
森林经营认证用户	可以	可以
产销监管链认证用户	可以	可以
非木质林产品用户	可以	可以
认证机构	不可以	可以
其他用户	不可以	可以

三、认证标识使用的申请

不同类型的标识使用者，标识使用的申请程序也各不相同。在使用 CFCC 标识前，需要按照 CFCC 森林认证标识申请使用程序向中国森林认证委员会提交申请。

获证企业在申请标识时，会分为两种情况，一种为不使用非木质林产品认证标识，另一种为使用非木质林产品认证标识。

（一）不使用非木质林产品认证标识的申请程序

申请标识时需由认证机构在 CFCC 官网（http：//www.cfcs.org.cn/）上为获证企

业完成认证信息的注册(包括森林经营、产销监管链、非木质林产品认证)，然后认证企业在CFCC官网下载《获证企业标识使用申请书》(图13-7)，根据填写说明确定申请的标识应用于何种认证的产品，填写完善后，发送至cfcs@ cfcs. org. cn邮箱。

经委员会审批同意，获证企业将获得CFCC标识使用通知书、CFCC标识许可号和《中国森林认证标识使用工具包》。

中国森林认证标识使用

申 请 书

中国森林认证委员会：

我单位已通过中国森林认证审核（认证证书号：__________），特申请使用中国森林认证标识，应用于（□FM、□CoC、□NTFP）认证产品，并承诺按照中国森林认证体系文件要求使用中国森林认证标识。

认证企业（盖章）

年　月　日

涉及非木质林产品的填写说明：
1、森林经营单位，通过FM+NTFP认证和CoC认证后，申请FM标识和NTFP标识，在FM和NTFP前划√。
2、森林经营单位，只销售NTFP原料（未经加工）的，通过FM+NTFP认证后，申请FM标识，在FM前划√
3、NTFP加工企业通过CoC认证后，申请NTFP标识，在NTFP前划√

图13-7　获证企业标识使用申请书

(二)使用非木质林产品认证标识的申请程序

非木质林产品认证标识与其他认证标识有着很大的不同，因此《中国森林认证标识管理规则补充说明—非木质林产品(试行)》提出了以下要求：①森林经营单位，生产和销售非木质林产品的，通过森林经营、非木质林产品认证和产销监管链认证后，申请森林经营认证标识和非木质林产品认证标识；②森林经营单位，只销售非木质林产品原料(未经加工)的，通过森林经营、非木质林产品认证后，申请森林经营认证标识；③非木质林产品加工企业通过产销监管链认证后，申请非木质林产品认证标识(CFCC，2013b)。

根据上述要求，企业确定所申请的标识为非木质林产品认证标识后，需按照“不使用非木质林产品认证标识的申请程序”先获得CFCC认证标识使用通知书，再依据认证结果和可持续经营原则确定非木质林产品产量，核算标识使用数量，填写"非木质林产品认证标识生产信息申请表"向 CFCC 信息中心（cfcs@ cfcs. org. cn）申请标识生产数据，信息核准后，由 CFCC 信息中心按标识数量生成相应数量的 20 位产品查询码。随后，CFCC 信息中心会将标识生产数据发送给认证企业或其指定的印刷单位，认证标识生产完成后，认证企业填报"非木质林产品认证标识样品备案表"并发送 CFCC 信息中心备案。标识印刷完毕后即可在认证产品上使用。

获证企业在使用认证标识的过程中要遵守《中国森林认证标识管理规则》和《中国森林认证标识使用规则》的要求，并按照《中国森林认证标识使用说明》、《中国森林认证非木质林产品标识使用要求》、《中国森林认证标识管理规则补充说明——非木质林产品》的相关要求来规范使用标识。

（三）与 PEFC 互认后联合认证标识的申请程序

在中国森林认证体系（CFCS）与森林认证体系认可计划（PEFC）实现互认后，在互认领域内，CFCC 标识与 PEFC 标识捆绑使用，作为互认后的标识。

（1）已获得 PEFC 标识使用许可的企业和其他用户欲使用 CFCC 标识时，可按照上述方式申请获得 CFCC 标识号、《中国森林认证标识授权使用通知书》和《中国森林认证标识使用工具包》。

（2）已获得 CFCC 标识使用许可的企业和其他用户欲使用 PEFC 标识时，需在 PEFC 中国办公室官网（http：//www. pefcchina. org/）下载《PEFC 委员会颁发的 PEFC 标识使用许可证的说明》，并向 PEFC 中国办公室（info@ pefcchina. org）提交《PEFC 标识使用许可证申请》，由 PEFC 理事会秘书长对申请进行评估，若赞成，PEFC 理事会秘书长会与申请者签订《PEFC 标识使用协议》，由 PEFC 理事会秘书处向申请者发送 PEFC 标识号和标识工具包。根据 CFCC 发布的《中国森林认证标识管理规则补充说明——与 PEFC 互认后标识的使用》的要求，将 CFCC 标识与 PEFC 标识绑定使用。

（3）PEFC 标识使用许可证的有效期与签订协议有效期一致，或与所持的获PEFC 认可的森林认证证书的有效期一致。

注：PEFC 自 2013 年 4 月起不再收取 PEFC 标识使用费。

（四）标识使用的相关程序文件

中国森林认证体系正处于不断完善的阶段，标识的程序性管理也在不断完善。在使用中国森林认证标识时，企业需注意关注标识使用的相关程序文件的时效性，及时查看 CFCC 官网（http：//www. cfcs. org. cn/）和 PEFC 中国办公室官网（http：//www. pefcchina. org/）更新相关信息，并遵守相应文件的要求。

目前正在使用的标识程序性文件共有 11 项，相关文件见表 13-2。

表 13-2　标识使用相关程序文件

制定方	标识使用程序性文件名称
CFCC	《中国森林认证标识管理规则》(试行)
	《中国森林认证标识使用规则》(试行)
	《中国森林认证标识使用说明》(试行)
	《中国森林认证非木质林产品标识使用要求》(试行)
	《中国森林认证标识管理规则补充说明——非木质林产品》
	《中国森林认证标识管理规则补充说明——与 PEFC 互认后标识的使用》
	《CFCC 森林认证标识申请使用程序及认证机构开展认证审核申请程序说明》
	《森林认证非木质林产品标识生产程序》
	《中国森林认证委员会审核标识使用程序》
PEFC	《PEFC 委员会颁发的 PEFC 标识使用许可证的说明》
	《PEFC 标识使用原则》PEFC ST 2001：2008

主要参考文献

丛之华，万志芳．2013．国外森林认证研究综述[J]．林业经济问题，33(1)：88－91．

国家林业局．2010．关于加快推进森林认证工作的指导意见．http：//www．gov．cn/gzdt/2010－09/30/content_ 1713855．htm[2015－09－28]．

国家林业局．2012．中国森林认证 森林经营．中国标准出版社(中华人民共和国国家标准 GB/T 28951－2012)

国家林业局．2014．中国森林认证 森林经营操作指南．中国标准出版社(中华人民共和国林业行业标准 LY/T 2280－2014)

国家林业局．2014．中国森林认证 森林经营认证审核导则．中国标准出版社(中华人民共和国林业行业标准 LY/T 1878－2014)

国家林业局．2006．森林经营方案编制与实施纲要．林资字(2006)227 号

国家认证认可监督管理委员会，国家林业局．2015．森林认证实施规则．http：//www．cnca．gov．cn/tzgg/ggxx/ggxx2015/201506/t20150624_ 25002．shtml[2015－09－28]．

国家质量监督检验检疫总局．2015．认证机构管理办法．http：//www．aqsiq．gov．cn/xxgk_ 13386/jlgg_ 12538/zjl/2015/201508/t20150810_ 446709．htm[2015－09－28]．

亢新刚．2012．森林经理学[M]北京：中国林业出版社

索非·希格曼，斯迪芬·巴斯，尼尔·贾德等．2001．凌林，杨冬生，杨天富等译。森林可持续经营手册【译】．北京：科学出版社．

舒清态，唐守正．国际森林资源监测的现状与发展趋势[J]．世界林业研究，2005，18(3)：33－37．

唐小平，王红春等．国内森林认证发展历程及趋势．林业资源管理．2011．(3)：1－4．

王红春．2014．森林认证审核概论．科学出版社．

王虹，陆文明，凌林等译．2010．森林认证手册(第二版)．中国林业出版社．

王志高．2013．森林资源监督管理工作手册．北京：中国林业版社．

徐斌，陈绍志，付博．中国林业企业开展森林经营认证的动力与经济效益分析．林业经济问题，2014，34(1)：97－102．

徐斌，陈绍志，付博．中国森林认证：问题与挑战[J]．林业经济，2013(11)：82－90．

徐斌，刘小丽．2013．森林认证对林业政策与管理的影响分析．林业资源管理，(1)：6－101．

徐斌．2014．森林认证对森林可持续经营的影响研究．北京：中国林业出版社．

徐斌．2014．森林认证对中国森林可持续经营影响的实证分析．林业经济，36(12)：80－85．

张力．2006．林业法规与执法实务．北京：中国林业出版社

张守攻，朱春全，肖文发等，2001. 森林可持续经营导论. 北京：中国林业出版社.

赵劼，陆文明. 2004. 中国森林认证进程及其发展设想. 中国造纸学报. (s1)：342－344.

中国合格评定国家认可委员会. 2010. 认证机构认可规则. http：//www. cnas. org. cn/extra/col23/1307414257. pdf[2015－09－28].

中国森林认证委员会(CFCC). 2012. CFCC 森林认证标识申请使用程序及认证机构开展认证审核申请程序说明. http：//www. cfcs. org. cn/zh/systemfile－view/69. action[2012－5－12].

中国森林认证委员会(CFCC). 2012. 中国森林认证标识使用规则. http：//www. cfcs. org. cn/zh/systemfile－view/65. action[2015－5－12].

中国森林认证委员会(CFCC). 2012. 中国森林认证标识使用说明. http：//www. cfcs. org. cn/zh/systemfile－view/66. action[2015－5－12].

中国森林认证委员会(CFCC). 2013. 中国森林认证标识管理规则补充说明－非木质林产品. http：//www. cfcs. org. cn/zh/systemfile－view/84. action[2015－5－12].

中国森林认证委员会(CFCC). 2013. 中国森林认证非木质林产品标识使用要求. http：//www. cfcs. org. cn/zh/systemfile－view/67. action[2015－5－12].

中国森林认证委员会(CFCC). 2015. CFCS 与 PEFC 互认后标识使用说明. http：//www. cfcs. org. cn/zh/systemfile－view/83. action[2015－5－12].

中国森林认证委员会(CFCC). 2015. 大事记. http：//www. cfcs. org. cn/zh/defined－view/10. action? menuid＝797[2015－09－28].

中国森林认证委员会(CFCC). 2011. 认证认可程序和对认证机构授权程序. http：//www. cfcs. org. cn/zh/systemfile－view/25. action[2015－09－28].

中国森林认证委员会(CFCC). 2011. 中国森林认证体系介绍. http：//www. cfcs. org. cn/zh/defined－view/7. action? menuid＝797[2015－09－28].

中国森林认证信息中心. 2014－11－5. 首批加载 CFCC 和 PEFC 联合标识的复印纸面世. http：//www. cfcs. org. cn/zh/news－view/413. action[2015－7－10].

中国森林认证信息中心. 2015－04－07. 黑龙江丰林国家级自然保护区管理局获得中国森林认证证书. http：//www. cfcs. org. cn/zh/news－view/324. action[2015－5－12].

中国质量新闻网. 2014－06－11. 非木质林产品认证推动传统林区向生态建设转型. http：//www. cqn. com. cn/news/zgzlb/disi/968364. html[2015－5－12].

中林天合(北京)森林认证中心网站. http：//www. cfcc－ztfc. com/

周峻. 2010. 南方集体林区森林可持续经营管理机制研究[D]. 北京林业大学.

周峻. 苏建兰. 陈金山. 2010. 农户森林经营方案编制的调查分析与评价———以福建省永安市为例[J]. 林业经济. (4)：117－120.

CHENJ, JOHN L I, ROBERT A K. 2011. An exploratory assessment of the attitudes of Chinese wood products manufacturers towards forest certification[J]. Journal of Environmental Management, (92)：2984－2992.

EWALDR, MARKKU S. 2003. Forest certification———an instrument to promote sustainable forest management? [J]. Journal of Environmental Management, (1)：87－98.

JOHANNA J, GUN L. 2011. Can voluntary standards regulate forestry? Assessing the environmental impacts of forest certification in Sweden[J]. Forest Policy and Economics, (13)：191－198.

KIRSTENC, CHRISTIAN P H, JENS F L. 2012. Factors affecting certification uptake———perspectives from the timber industry in Ghana[J]. Forest Policy and Economics, (25)：83－92.

Sophie Higman, James Mayers, Stephen Bass, Neil Judd, Ruth Nussbaum. 1999. The Sustainable Forestry Handbook. UK：Earthscan.

附 录

中国森林认证 森林经营（GB/T 28951—2012）

本标准按照 GB/T 1.1—2009 给出的规则起草。

本标准由国家林业局提出并归口。

本标准起草单位：

中国林业科学研究院

国家林业局科技发展中心

国家林业局调查规划设计院

本标准主要起草人：

张守攻　陆文明　于玲　王红春

李秋娟　梁小琼　徐斌　赵劼

中国森林认证委员会（CFCC）声明，实施森林经营认证是促进森林可持续经营和林产品国际贸易的一种重要市场手段。本标准规定了我国森林经营单位为实施森林可持续经营认证应达到的要求，为森林认证机构开展森林经营认证审核和评估提供了依据。

中国森林认证　森林经营

1　范围

本标准规定了森林可持续经营认证应遵循的指标体系。

本标准适用于具有资质的森林认证机构对森林经营单位的森林经营活动进行审核和评估。

2　术语和定义

下列术语和定义适用于本文件。

2.1　森林认证　forest certification

一种运用市场机制来促进森林可持续经营的工具，包括森林经营认证和产销监管链认证。森林经营认证是通过审核和评估森林经营单位的森林经营活动，以证明其是否实现了森林可持续经营。产销监管链认证是对林产品生产销售企业的各个环节，即从加工、制造、运输、储存、销售直至最终消费者的整个监管链进行审核和评估，以证明林产品的原料来源。

2.2　产销监管链　chain of custody

林产品原料来源信息的处理过程，藉此企业可对认证原料的成分做出准确和可验证的声明。

2.3　森林经营单位　forest management unit

具有一定面积、边界明确的森林区域，并能依照确定的经营方针和经营目标开展森林经营、具有法人资格的森林经营主体。（GB/T 26423－2010，定义 7.4）

2.4　森林认证机构　forest certification body

具有一定能力和资质，经过国家相关机构认可，根据森林经营认证标准和产销监管链认证标准对森林经营单位的森林经营状况或林产品生产销售企业的产销监管链进行审核和评估的第三方机构。

2.5　当地社区　local community

居住在林区内或周边地区、与森林有利益关系的居民形成的社会群体。

2.6　森林权属　forest tenure

森林、林木、林地的所有者或使用者，依法对森林、林木、林地享有占用、使用、收益和处置的权利，包括森林、林木、林地的所有权和使用权。

2.7　利益方　stakeholder

与森林经营有直接或间接利益关系或受其影响的团体或个人，如政府部门、当地社区、林业职工、投资者、环保组织、消费者和一般公众等。

2.8　化学品　chemical

森林经营中所使用的化肥、杀虫剂、杀菌剂、除草剂、激素等化学制品。

2.9 环境影响分析 environmental impact analysis

分析森林经营活动对环境的实际或潜在影响，以规划如何减少或避免负面影响，扩大正面影响的过程。

3 指标体系

3.1 国家法律法规和国际公约

3.1.1 遵守国家相关法律法规

3.1.1.1 森林经营单位备有现行的国家相关法律法规文本，包括《中华人民共和国森林法》、《中华人民共和国森林法实施条例》、《中华人民共和国民族区域自治法》等(参见附录 A)。

3.1.1.2 森林经营符合国家相关法律法规的要求。

3.1.1.3 森林经营单位的管理人员和作业人员了解国家和地方相关法律法规的要求。

3.1.1.4 曾有违法行为的森林经营单位已依法采取措施及时纠正，并记录在案。

3.1.2 依法缴纳税费

3.1.2.1 森林经营单位相关人员了解所需缴纳的税费。

3.1.2.2 森林经营单位依据《中华人民共和国税收征收管理法》、《中华人民共和国企业所得税法》以及其他相关法律法规的要求，按时缴纳税费。

3.1.3 依法保护林地，严禁非法转变林地用途

3.1.3.1 森林经营单位采取有效措施，防止非法采伐、在林区内非法定居及其他未经许可的行为。

3.1.3.2 占用、征用林地和改变林地用途应符合国家相关法律法规的规定，并取得林业主管部门的审核或审批文件。

3.1.3.3 改变林地用途确保没有破坏森林生态系统的完整性或导致森林破碎化。

3.1.4 遵守国家签署的相关国际公约

3.1.4.1 森林经营单位备有国家签署的、与森林经营相关的国际公约(参见附录 B)。

3.1.4.2 森林经营符合国家签署的、与森林经营相关的国际公约的要求。

3.2 森林权属

3.2.1 森林权属明确

3.2.1.1 森林经营单位具有县级以上人民政府或国务院林业主管部门核发的林权证。

3.2.1.2 承包者或租赁者有相关的合法证明，如承包合同或租赁合同等。

3.2.1.3 森林经营单位有明确的边界，并标记在地图上。

3.2.2 依法解决有关森林、林木和林地所有权及使用权方面的争议

3.2.2.1 森林经营单位在处理有关森林、林木和林地所有权及使用权的争议时，应符合《林木林地权属争议处理办法》的要求。

3.2.2.2 现有的争议和冲突未对森林经营造成严重的负面影响。森林权属争议或利

益争端对森林经营产生重大影响的森林经营单位不能通过森林认证。

3.3　当地社区和劳动者权利

3.3.1　为林区及周边地区的居民提供就业、培训与其他社会服务的机会

3.3.1.1　森林经营单位为林区及周边地区的居民(尤其是少数民族)提供就业、培训与其他社会服务的机会。

3.3.1.2　帮助林区及周边地区(尤其是少数民族地区)进行必要的交通和通讯等基础设施建设。

3.3.2　遵守有关职工劳动与安全方面的规定，确保职工的健康与安全

3.3.2.1　森林经营单位按照《中华人民共和国劳动法》、《中华人民共和国安全生产法》和其他相关法律法规的要求，保障职工的健康与安全。

3.3.2.2　按照国家相关法律法规的规定，支付劳动者工资和提供其他福利待遇，如社会保障、退休金和医疗保障等。

3.3.2.3　保障从事森林经营活动的劳动者的作业安全，配备必要的服装和安全保护装备，提供应急医疗处理并进行必要的安全培训。

3.3.2.4　遵守中国签署的所有国际劳工组织公约的相关规定。

3.3.3　保障职工权益，鼓励职工参与森林经营决策

3.3.3.1　森林经营单位通过职工大会、职工代表大会或工会等形式，保障职工的合法权益。

3.3.3.2　采取多种形式，鼓励职工参与森林经营决策。

3.3.4　不得侵犯当地居民对林木和其他资源所享有的法定权利

3.3.4.1　森林经营单位承认当地社区依法拥有使用和经营土地或资源的权利。

3.3.4.2　采取适当措施，防止森林经营直接或间接地破坏当地居民(尤其是少数民族)的林木及其他资源，以及影响其对这些资源的使用权。

3.3.4.3　当地居民自愿把资源经营权委托给森林经营单位时，双方应签订明确的协议或合同。

3.3.5　在需要划定和保护对当地居民具有特定文化、生态、经济或宗教意义的林地时，应与当地居民协商

3.3.5.1　在需要划定对当地居民(尤其是少数民族)具有特定文化、生态、经济或宗教意义的林地时，森林经营单位应与当地居民协商并达成共识。

3.3.5.2　采取措施对上述林地进行保护。

3.3.6　在保障森林经营单位合法权益的前提下，尊重和维护当地居民传统的或经许可进入和利用森林的权利

3.3.6.1　在不影响森林生态系统的完整性和森林经营目标的前提下，森林经营单位应尊重和维护当地居民(尤其是少数民族)传统的或经许可进入和利用森林的权利，如非木质林产品的采集、森林游憩、通行、环境教育等。

3.3.6.2　对某些只能在特殊情况下或特定时间内才可以进入和利用的森林，森林经营单位应做出明确规定并公布于众(尤其是在少数民族地区)。

3.3.7 在森林经营对当地居民的法定权利、财产、资源和生活造成损失或危害时，森林经营单位应与当地居民协商解决，并给予合理的赔偿

3.3.7.1 森林经营单位应采取适当措施，防止森林经营对当地居民（尤其是少数民族）的权利、财产、资源和生活造成损失或危害。

3.3.7.2 在造成损失时，主动与当地居民（尤其是少数民族）协商，依法给予合理的赔偿。

3.3.8 尊重和有偿使用当地居民的传统知识

3.3.8.1 森林经营单位在森林经营中尊重和合理利用当地居民（尤其是少数民族）的传统知识。

3.3.8.2 适当保障当地居民（尤其是少数民族）能够参与森林经营规划的权利。

3.3.9 根据社会影响评估结果调整森林经营活动，并建立与当地社区（尤其是少数民族地区）的协商机制

3.3.9.1 森林经营单位根据森林经营的方式和规模，评估森林经营的社会影响。

3.3.9.2 在森林经营方案和作业计划中考虑社会影响的评估结果。

3.3.9.3 建立与当地社区和有关各方（尤其是少数民族）沟通与协商的机制。

3.4 森林经营方案

3.4.1 根据上级林业主管部门制定的林业长期规划以及当地条件，编制森林经营方案

3.4.1.1 森林经营单位具有适时、有效、科学的森林经营方案。

3.4.1.2 森林经营方案在编制过程中应广泛征求管理部门、经营单位、当地社区和其他利益方的意见。

3.4.1.3 森林经营方案的编制建立在翔实、准确的森林资源信息基础上，包括及时更新的森林资源档案、有效的森林资源二类调查成果和专业技术档案等信息。同时，也要吸纳最新科研成果，确保其具有科学性。

3.4.1.4 森林经营方案内容应符合森林经营方案编制的有关规定，宜包括以下内容：

  ——自然社会经济状况，包括森林资源、环境限制因素、土地利用及所有权状况、社会经济条件、社会发展与主导需求、森林经营沿革等；

  ——森林资源经营评价；

  ——森林经营方针与经营目标；

  ——森林功能区划、森林分类与经营类型；

  ——森林培育和营林，包括种苗生产、更新造林、抚育间伐、林分改造等；

  ——森林采伐和更新，包括年采伐面积、采伐量、采伐强度、出材量、采伐方式、伐区配置和更新作业等；

  ——非木质资源经营；

  ——森林健康和森林保护，包括林业有害生物防控、森林防火、林地生产力维护、森林集水区管理、生物多样性保护等；

  ——野生动植物保护，特别是珍贵、稀有、濒危物种的保护；

——森林经营基础设施建设与维护；

——投资估算和效益分析；

——森林经营的生态与社会影响评估；

——方案实施的保障措施；

——与森林经营活动有关的必要图表。

3.4.1.5 在信息许可的前提下，向当地社区或上一级行政区的利益方公告森林经营方案的主要内容，包括森林经营的范围和规模、主要的森林经营措施等信息。

3.4.2 根据森林经营方案开展森林经营活动

3.4.2.1 森林经营单位明确实施森林经营方案的职责分工。

3.4.2.2 根据森林经营方案，制定年度作业计划。

3.4.2.3 积极开展科研活动或者支持其他机构开展科学研究。

3.4.3 适时修订森林经营方案

3.4.3.1 森林经营单位及时了解与森林经营相关的林业科技动态及政策信息。

3.4.3.2 根据森林资源的监测结果、最新科技动态及政策信息（包括与木材、非木质林产品和与森林服务有关的最新的市场和经济活动），以及环境、社会和经济条件的变化，适时（不超过10年）修订森林经营方案。

3.4.4 对林业职工进行必要的培训和指导，使他们具备正确实施作业的能力

3.4.4.1 森林经营单位应制定林业职工培训制度。

3.4.4.2 林业职工受到良好培训，了解并掌握作业要求。

3.4.4.3 林业职工在野外作业时，专业技术人员对其提供必要的技术指导。

3.5 森林资源培育和利用

3.5.1 按作业设计开展森林经营活动

3.5.1.1 森林经营单位根据经营方案和年度作业计划，编制作业设计，按批准的作业设计开展作业活动。

3.5.1.2 在保证经营活动更有利于实现经营目标和确保森林生态系统完整性的前提下，可对作业设计进行适当调整。

3.5.1.3 作业设计的调整内容要备案。

3.5.2 森林经营活动要有明确的资金投入，并确保投入的规模与经营需求相适应

3.5.2.1 森林经营单位充分考虑经营成本和管理运行成本的承受能力。

3.5.2.2 保证对森林可持续经营的合理投资规模和投资结构。

3.5.3 开展林区多种经营，促进当地经济发展

3.5.3.1 森林经营单位积极开展林区多种经营，可持续利用多种木材和非木质林产品，如林果、油料、食品、饮料、药材和化工原料等。

3.5.3.2 制定主要非木质林产品的经营规划，包括培育、保护和利用的措施。

3.5.3.3 在适宜立地条件下，鼓励发展能形成特定生态系统的传统经营模式，如萌芽林或矮林经营。

3.5.4 种子和苗木的引进、生产及经营应遵守国家和地方相关法律法规的要求，保证种子和苗木的质量

3.5.4.1 森林经营单位对林木种子和苗木的引进、生产及经营符合国家和地方相关法律法规的要求。

3.5.4.2 从事林木种苗生产、经营的单位，应持有县级以上林业行政主管部门核发的"林木种子生产许可证"和"林木种子经营许可证"，并按许可证的规定进行生产和经营。

3.5.4.3 在种苗调拨和出圃前，按国家或地方有关标准进行质量检验，并填写种子、苗木质量检验检疫证书。

3.5.4.4 从国外引进林木种子、苗木及其他繁殖材料，应具有林业行政主管部门进口审批文件和检疫文件。

3.5.5 按照经营目标因地制宜选择造林树种，优先考虑乡土树种，慎用外来树种

3.5.5.1 森林经营单位根据经营目标和适地适树的原则选择造林树种。

3.5.5.2 优先选择乡土树种造林，且尽量减少营造纯林。

3.5.5.3 根据需要，可引进不具入侵性、不影响当地植物生长，并能带来环境、经济效益的外来树种。

3.5.5.4 用外来树种造林后，应认真监测其造林生长情况及其生态影响。

3.5.5.5 不得使用转基因树种。

3.5.6 无林地(包括无立木林地和宜林地)的造林设计和作业符合当地立地条件和经营目标，并有利于提高森林的效益和稳定性

3.5.6.1 森林经营单位造林设计和作业的编制应符合国家和地方相关技术标准和规定。

3.5.6.2 造林设计符合经营目标的要求，并制定合理的造林、抚育、间伐、主伐和更新计划。

3.5.6.3 采取措施，促进林分结构多样化和增强林分的稳定性。

3.5.6.4 根据森林经营的规模和野生动物的迁徙规律，建立野生动物走廊。

3.5.6.5 造林布局和规划有利于维持和提高自然景观的价值和特性，保持生态连贯性。

3.5.6.6 应考虑促进荒废土地和无立木林地向有林地的转化。

3.5.7 依法进行森林采伐和更新，木材和非木质林产品消耗率不得高于资源的再生能力

3.5.7.1 森林经营单位根据森林资源消耗量低于生长量、合理经营和可持续利用的原则，确定年度采伐量。

3.5.7.2 采伐林木具有林木采伐许可证，按许可证的规定进行采伐。

3.5.7.3 保存年度木材采伐量和采伐地点的记录。

3.5.7.4 森林采伐和更新符合《森林采伐更新管理办法》和《森林采伐作业规程》的要求。

3.5.7.5 木材和非木质林产品的利用未超过其可持续利用所允许的水平。

3.5.8 森林经营应有利于天然林的保护与更新

3.5.8.1 森林经营单位采取有效措施促进天然林的恢复和保护。

3.5.8.2 除非满足以下条件，否则不得将森林转化为其他土地使用类型(包括由天然林转化为人工林)：

——符合国家和当地有关土地利用及森林经营的法律法规和政策，得到政府部门批准，并与有关利益方进行直接协商；

——转化的比例很小；

——不对下述方面造成负面影响：

·受威胁的森林生态系统；

·具有文化及社会重要意义的区域；

·受威胁物种的重要分布区；

·其他受保护区域；

——有利于实现长期的生态、经济和社会效益，如低产次生林的改造。

3.5.8.3 在遭到破坏的天然林(含天然次生林)林地上营造的人工林，根据其规模和经营目标，划出一定面积的林地使其逐步向天然林转化。

3.5.8.4 在天然林毗邻地区营造的以生态功能为主的人工林，积极诱导其景观和结构向天然林转化，并有利于天然林的保护。

3.5.9 森林经营应减少对资源的浪费和负面影响

3.5.9.1 森林经营单位采用对环境影响小的森林经营作业方式，以减少对森林资源和环境的负面影响，最大限度地降低森林生态系统退化的风险。

3.5.9.2 避免林木采伐和造材过程中的木材浪费和木材等级下降。

3.5.10 鼓励木材和非木质林产品的最佳利用和深加工

3.5.10.1 森林经营单位制定并执行各种促进木材和非木质林产品最佳利用的措施。

3.5.10.2 鼓励对木材和非木质林产品进行深加工，提高产品附加值。

3.5.11 规划、建立和维护足够的基础设施，最大限度地减少对环境的负面影响

3.5.11.1 森林经营单位应规划、建立充足的基础设施，如林道、集材道、桥梁、排水设施等，并维护这些设施的有效性。

3.5.11.2 基础设施的设计、建立和维护对环境的负面影响最小。

3.6 生物多样性保护

3.6.1 存在珍贵、稀有、濒危动植物种时，应建立与森林经营范围和规模以及所保护资源特性相适应的保护区域，并制定相应保护措施

3.6.1.1 森林经营单位备有相关的参考文件，如《濒危野生动植物种国际贸易公约》附录Ⅰ、Ⅱ、Ⅲ(参见附录 B)和《国家重点保护野生植物名录》、《国家重点保护野生动物名录》等(参见附录 C)。

3.6.1.2 确定本地区需要保护的珍贵、稀有、濒危动植物种及其分布区，并在地图上标注。

3.6.1.3 根据具体情况，划出一定的保护区域和生物走廊带，作为珍贵、稀有、濒危动植物种的分布区。若不能明确划出保护区域或生物走廊带时，则在每种森林类型中保留足够的面积。同时，上述区域的划分要考虑野生动物在森林中的迁徙。

3.6.1.4 制定针对保护区、保护物种及其生境的具体保护措施，并在森林经营活动中得到有效实施。

3.6.1.5 未开发和利用国家和地方相关法律法规或相关国际公约明令禁止的物种。

3.6.2 限制未经许可的狩猎、诱捕及采集活动

3.6.2.1 森林经营单位的狩猎、诱捕和采集活动符合有关野生动植物保护方面的法规，依法申请狩猎证和采集证。

3.6.2.2 狩猎、诱捕和采集符合国家有关猎捕量和非木质林产品采集量的限额管理政策。

3.6.3 保护典型、稀有、脆弱的森林生态系统，保持其自然状态

3.6.3.1 森林经营单位通过调查确定其经营范围内典型、稀有、脆弱的森林生态系统。

3.6.3.2 制定保护典型、稀有、脆弱的森林生态系统的措施。

3.6.3.3 实施保护措施，维持和提高典型、稀有、脆弱的生态系统的自然状态。

3.6.3.4 识别典型、稀有、脆弱的森林生态系统时，应考虑全球、区域、国家水平上具有重要意义的物种自然分布区和景观区域。

3.6.4 森林经营应采取措施恢复、保持和提高森林生物多样性

3.6.4.1 森林经营单位考虑采取下列措施保持和提高森林生物多样性：

  ——采用可降低负面影响的作业方式；

  ——森林经营体系有利于维持和提高当地森林生态系统的结构、功能和多样性；

  ——保持和提高森林的天然特性。

3.6.4.2 考虑对森林健康和稳定性以及对周边生态系统的潜在影响，应尽可能保留一定数量且分布合理的枯立木、枯倒木、空心树、老龄树及稀有树种，以维持生物多样性。

3.7 环境影响

3.7.1 考虑森林经营作业对森林生态环境的影响

3.7.1.1 森林经营单位根据森林经营的规模、强度及资源特性，分析森林经营活动对环境的潜在影响。

3.7.1.2 根据分析结果，采用特定方式或方法，调整或改进森林作业方式，减少森林经营活动(包括使用化肥)对环境的影响，避免导致森林生态系统的退化和破坏。

3.7.1.3 对改进的经营措施进行记录和监测，以确保改进效果。

3.7.2 森林经营作业应采取各种保护措施，维护林地的自然特性，保护水资源，防止地力衰退

3.7.2.1 森林经营单位在森林经营中，应采取有效措施最大限度地减少整地、造林、抚育、采伐、更新和道路建设等人为活动对林地的破坏，维护森林土壤的自然特性及其长期生产力。

3.7.2.2 减少森林经营对水资源质量、数量的不良影响，控制水土流失，避免对森林集水区造成重大破坏。

3.7.2.3 在溪河两侧和水体周围，建立足够宽的缓冲区，并在林相图或森林作业设计图中予以标注。

3.7.2.4 减少化肥使用，利用有机肥和生物肥料，增加土壤肥力。

3.7.2.5 通过营林或其他方法，恢复退化的森林生态系统。

3.7.3 严格控制使用化学品，最大限度地减少因使用化学品造成的环境影响

3.7.3.1 森林经营单位应列出所有化学品（杀虫剂、除草剂、灭菌剂、灭鼠剂等）的最新清单和文件，内容包括品名、有效成分、使用方法等。

3.7.3.2 除非没有替代选择，否则禁止使用世界卫生组织 1A 和 1B 类杀虫剂，以及国家相关法律法规禁止的其他高剧毒杀虫剂（参见附录 A）。

3.7.3.3 禁止使用氯化烃类化学品，以及其他可能在食物链中残留生物活性和沉积的其他杀虫剂。

3.7.3.4 保存安全使用化学品的过程记录，并遵循化学品安全使用指南，采用恰当的设备并进行培训。

3.7.3.5 备有化学品的运输、储存、使用以及事故性溢出后的应急处理程序。

3.7.3.6 应确保以环境无害的方式处理无机垃圾和不可循环利用的垃圾。

3.7.3.7 提供适当的装备和技术培训，最大限度地减少因使用化学品而导致的环境污染和对人类健康的危害。

3.7.3.8 采用符合环保要求的方法及时处理化学品的废弃物和容器。

3.7.3.9 开展森林经营活动时，应严格避免在林地上的漏油现象。

3.7.4 严格控制和监测外来物种的引进，防止外来入侵物种造成不良的生态后果

3.7.4.1 森林经营单位应对外来物种严格检疫并评估其对生态环境的负面影响，在确保对环境和生物多样性不造成破坏的前提下，才能引进外来物种。

3.7.4.2 对外来物种的使用进行记录，并监测其生态影响。

3.7.4.3 制定并执行控制有害外来入侵物种的措施。

3.7.5 维护和提高森林的环境服务功能

3.7.5.1 森林经营单位了解并确定经营区内森林的环境服务功能。

3.7.5.2 采取措施维护和提高这些森林的环境服务功能。

3.7.6 尽可能减少动物种群和放牧对森林的影响

3.7.6.1 森林经营单位应采取措施尽可能减少动物种群对森林更新、生长和生物多样性的影响。

3.7.6.2 采取措施尽可能减少过度放牧对森林更新、生长和生物多样性的影响。

3.8 森林保护

3.8.1 制定林业有害生物防治计划，应以营林措施为基础，采取有利于环境的生物、化学和物理措施，进行林业有害生物综合防治

3.8.1.1 森林经营单位的林业有害生物防治，应符合《森林病虫害防治条例》的要求。

3.8.1.2 开展林业有害生物的预测预报，评估潜在的林业有害生物的影响，制定相应的防治计划。

3.8.1.3 采取营林措施为主，生物、化学和物理防治相结合的林业有害生物综合治理措施。

3.8.1.4 采取有效措施，保护森林内的各种有益生物，提高森林自身抵御林业有害生物的能力。

3.8.2 建立健全森林防火制度，制定并实施防火措施

3.8.2.1 根据《森林防火条例》，森林经营单位应建立森林防火制度。

3.8.2.2 划定森林火险等级区，建立火灾预警机制。

3.8.2.3 制定和实施森林火情监测和防火措施。

3.8.2.4 建设森林防火设施，建立防火组织，制定防火预案，组织本单位的森林防火和扑救工作。

3.8.2.5 进行森林火灾统计，建立火灾档案。

3.8.2.6 林区内避免使用除生产性用火以外的一切明火。

3.8.3 建立健全自然灾害应急措施

3.8.3.1 根据当地自然和气候条件，森林经营单位应制定自然灾害应急预案。

3.8.3.2 采取有效措施，最大程度地减少自然灾害的影响。

3.9 森林监测和档案管理

3.9.1 建立森林监测体系，对森林资源进行适时监测

3.9.1.1 根据上级林业主管部门的统一安排，开展森林资源调查，森林经营单位应建立森林资源档案制度。

3.9.1.2 根据森林经营活动的规模和强度以及当地条件，确定森林监测的内容和指标，建立适宜的监测制度和监测程序，确定森林监测的方式、频度和强度。

3.9.1.3 在信息许可的前提下，定期向公众公布森林监测结果概要。

3.9.1.4 在编制或修订森林经营方案和作业计划中体现森林监测的结果。

3.9.2 森林监测应包括资源状况、森林经营及其社会和环境影响等内容

3.9.2.1 森林经营单位的森林监测，宜关注以下内容：

——主要林产品的储量、产量和资源消耗量；

——森林结构、生长、更新及健康状况；

——动植物（特别是珍贵、稀有、受威胁和濒危的物种）的种类及其数量变化趋势；

——林业有害生物和林火的发生动态和趋势；

——森林采伐及其他经营活动对环境和社会的影响；

——森林经营的成本和效益；

——气候因素和空气污染对林木生长的影响；

——人类活动情况，例如过度放牧或过度畜养；

——年度作业计划的执行情况。

3.9.2.2 按照监测制度连续或定期地开展各项监测活动，并保存监测记录。

3.9.2.3 对监测结果进行比较、分析和评估。

3.9.3 建立档案管理系统，保存相关记录

3.9.3.1 森林经营单位应建立森林资源档案管理系统。

3.9.3.2 建立森林经营活动档案系统。

3.9.3.3 建立木材跟踪管理系统，对木材从采伐、运输、加工到销售整个过程进行跟踪、记录和标识，确保能追溯到林产品的源头。

附 录 A
（资料性附录）
国家相关法律法规

A.1 法律

中华人民共和国标准化法（1988）
中华人民共和国环境保护法（1989）
中华人民共和国进出境动植物检疫法（1991）
中华人民共和国劳动法（1994）
中华人民共和国枪支管理法（1996）
中华人民共和国促进科技成果转化法（1996）
中华人民共和国森林法（1998）
中华人民共和国防沙治沙法（2001）
中华人民共和国民族区域自治法（2001）
中华人民共和国税收征收管理法（2001）
中华人民共和国工会法（2001）
中华人民共和国环境影响评价法（2002）
中华人民共和国水法（2002）
中华人民共和国农村土地承包法（2002）
中华人民共和国安全生产法（2002）
中华人民共和国土地管理法（2004）
中华人民共和国野生动物保护法（2004）
中华人民共和国种子法（2004）
中国人民共和国企业所得税法（2007）
中华人民共和国物权法（2007）
中华人民共和国动物防疫法（2007）
中华人民共和国水污染防治法（2008）
中华人民共和国水土保持法（2010）

A.2 法规

森林采伐更新管理办法（1987）
森林病虫害防治条例（1989）
中华人民共和国陆生野生动物保护实施条例（1992）
中华人民共和国水土保持法实施条例（1993）

中华人民共和国自然保护区条例（1994）

中华人民共和国野生植物保护条例（1996）

中华人民共和国进出境动植物检疫法实施条例（1996）

中华人民共和国植物新品种保护条例（1997）

中华人民共和国土地管理法实施条例（1998）

中华人民共和国森林法实施条例（2000）

退耕还林条例（2002）

森林防火条例（2008）

A.3 部门规章

森林和野生动物类型自然保护区管理办法（1985）

林木林地权属争议处理办法（1996）

国有森林资源资产管理督查的实施办法（试行）（1996）

林木良种推广使用管理办法（1997）

中华人民共和国植物新品种保护条例实施细则（林业部分）（1999）

林木和林地权属登记管理办法（2000）

天然林资源保护工程管理办法（2001）

占用征用林地审核审批管理办法（2001）

林木种子包装和标签管理办法（2002）

林木种子生产、经营许可证管理办法（2002）

国家林业局林木种苗质量监督管理规定（2002）

林木种子生产经营许可证年检制度规定（2003）

引进林木种子苗木及其它繁殖材料检疫审批和监管规定（2003）

天然林资源保护工程档案管理办法（2006）

林木种子质量管理办法（2006）

注：以上部门规章均为国家林业局或原林业部颁布。

A.4 禁用或严格限制使用化学品文件

中国禁止或严格限制的有毒化学品名录（第一批）（1998）

中国禁止或严格限制的有毒化学品目录（第二批）（2005）

国家明令禁止使用的农药等（农业部公告第 199 号）（2002）

国家明令禁止使用的农药等（农业部公告第 322 号）（2003）

国家明令禁止使用的农药等（农业部、工业和信息化部、环境保护部公告第 1157 号）（2009）

国家明令禁止使用的农药等（农业部、工业和信息化部、环境保护部、国家工商行政管理总局、国家质量监督检验检疫总局公告第 1586 号）（2011）

附　录　B
（资料性附录）
国家签署的相关国际公约

濒危野生动植物种国际贸易公约

关于特别是作为水禽栖息地的国际重要湿地公约

联合国气候变化框架公约

生物多样性公约

联合国关于在发生严重干旱和/或沙漠化的国家特别是在非洲防治沙漠化的公约

国际劳工组织公约

国际植物新品种保护公约

附　录　C
（资料性附录）
相关技术规程和指南

国家重点保护野生动物名录(1988)

国家重点保护野生植物名录(第一批)(1999)

濒危野生动植物种国际贸易公约秘书处公布禁贸物种和国家名单(2001)

森林经营方案编制与实施纲要(2006)

中国森林可持续经营指南(2006)

GB/T 18337.3 – 2001 生态公益林建设　技术规程

GB/T 15163 – 2004 封山(沙)育林技术规程

LY/T 1607 – 2003 造林作业设计规程

LY/T 1646 – 2005 森林采伐作业规程

LY/T 1706 – 2007 速生丰产用材林培育技术规程

LY/T 1690 – 2007 低效林改造技术规程

LY/T 1692 – 2007 转基因森林植物及其产品安全性评价技术规程

LY/T 2007 – 2012 森林经营方案编制与实施规范

LY/T 2008 – 2012 简明森林经营方案编制技术规程